U0208619

高校社科文库
University Social Science Series

教育部高等学校
社会科学发展研究中心

汇集高校哲学社会科学优秀原创学术成果

搭建高校哲学社会科学学术著作出版平台

探索高校哲学社会科学专著出版的新模式

扩大高校哲学社会科学科研成果的影响力

黄宛峰／著

# 秦汉人的
# 居住环境与文化

## The Living Environment and Culture of
## Qin and Han Dynasties

光明日报出版社

**图书在版编目（CIP）数据**

秦汉人的居住环境与文化 / 黄宛峰著 . -- 北京：光明日
报出版社，2009. 10（2024.6 重印）
（高校社科文库）
ISBN 978－7－5112－0431－8

Ⅰ.①秦… Ⅱ.①黄… Ⅲ.①居住环境—研究—中国—秦汉
时代②文化史—研究—中国—秦汉时代 Ⅳ.①X21②K232.03

中国版本图书馆 CIP 数据核字（2009）第 183857 号

秦汉人的居住环境与文化
QINHANREN DE JUZHU HUANJING YU WENHUA

著　者：黄宛峰

责任编辑：苑　琛　　　　　　　责任校对：韩甲辰　杨信昌
封面设计：小宝工作室　　　　　责任印制：曹　净

出版发行：光明日报出版社
地　　址：北京市西城区永安路 106 号，100050
电　　话：010-63169890（咨询），010-63131930（邮购）
传　　真：010-63131930
网　　址：http：//book. gmw. cn
E－mail：gmrbcbs@ gmw. cn
法律顾问：北京市兰台律师事务所龚柳方律师

印　　刷：三河市华东印刷有限公司
装　　订：三河市华东印刷有限公司
本书如有破损、缺页、装订错误，请与本社联系调换，电话：010-63131930

开　　本：165mm×230mm
字　　数：243 千字　　　　　　　印　　张：13.5
版　　次：2009 年 10 月第 1 版　　印　　次：2024 年 6 月第 2 次印刷
书　　号：ISBN 978－7－5112－0431－8－01

定　　价：65. 00 元

# 前 言

衣食住行是人类生活的四种基本要素，其中居住文化的内涵尤为丰厚，因为居所相对延续时间比较长，它可以世代相传，服饰、饮食、行旅之物均赖此而保存和传承。对于定居的汉民族而言，尤其如此。村落是汉文化薪火相传的故土与家园。汉民族聚族而居，生死相依，住宅（阳宅）、墓地（阴宅）被视为与家族命运血肉不可分割的整体。一个家族可以败亡，一个村落可以毁灭，但重建的人家和村庄一定是旧家园的延续，人们对旧居风物也一定是刻骨铭心。汉代是汉民族初步形成的时期，汉民族安土重迁、不忘根本的这一特色鲜明的民族性格，正奠基于汉代。

—

本书以秦汉人的居住环境与文化为研究对象，主要基于如下认识：

1. 秦汉人的居住模式与文化对后世有深远影响

秦汉是中国大一统王朝初创与巩固的时期，是中国历史上一个划时代的里程碑。此期所形成的社会制度与文化精神，奠定了中国传统文化的基础，长期支配着中国历史的发展方向。秦汉居住文化具有丰厚的内涵，从规模空前的京师、皇宫、皇家苑囿营建，到"一堂两内"（即延续至今的"三间房子"）民居的普及；从居所选址到入住后的种种禁忌；从住宅外观到室内陈设，无一不体现出这个特殊时代的思想意识与价值追求，其居住范式与理念往往为后世所遵循，历久而不衰。

2. 秦汉居住文化研究的相对薄弱

国内学术界对于中国古代衣食住行的研究是随着民国时期西方学说的传入、社会史的兴起而展开的，建国后长期沉寂，20世纪70、80年代以后才逐渐活跃起来。从1911年张亮采出版《中国风俗史》中涉及衣食住行的内容起，到沈从文完成于20世纪60年代的《中国古代服饰研究》，再到20世纪80年代以后陆续出版的《中国饮食史》、《中国服饰通史》等，人们对古代社会生活的了解日渐深入。在当前的文化寻根热潮中，返真归朴、崇尚自然之风再度勃兴，中国古代的村落生活、衣食住行也为更多的学者所关注。许嘉璐先生2002年出版《中国古代衣食住行》一书，篇幅不大，仅12万字，主要解释先秦文献中有关衣食住行的典型词汇，到2005年已第4次印刷，由此可见时人旨趣之一斑。

有关中国古代居住文化的通论性著作，有丁俊清先生《中国居住文化》（1997年）、陈平先生《居所的匠心》（2004年）、王振复先生《中华建筑的文化历程：东方独特的大地文化》（2006年）等。而断代的居住文化著作则很少见到。明清的宫殿与民居，由于时代距今不远，研究成果较多，此前的居住文化研究明显薄弱。秦汉居住文化便是有待开掘的园地。以往涉及秦汉居住的论著，主要侧重于建筑史或风俗史的角度。前者，如刘叙杰先生主编的《中国古代建筑史》一书中有《汉代建筑》的专章，论文有刘敦桢先生的《两汉第宅杂观》、《汉长安城及未央宫》① 等；后者，如1985年出版的林剑鸣等先生合著《秦汉社会文明》中对衣食住行等风俗的论述，2003年出版的彭卫、杨振红先生所著《中国风俗通史·秦汉卷》中有《居住与建筑风俗》一章。以上成果对笔者极具启发意义，但由于角度不同，对于秦汉人整体的居住风貌与文化心理有待于进一步的探讨。本书将秦汉人的居住方式与居住理念作为一种文化现象进行研究，从源头上把握汉民族性格的某些重要特征、汉文化的某些特色，在一定程度上具有汉民族文化心理探源的意义。

本书的主要内容，是探讨秦汉人的居住文化从形式到内容所呈现的内涵：居住的生态环境与人文环境；居住的时代特征与区域性特征；居所建筑与装饰的时代特色；阳宅与阴宅的营建与禁忌，其过程中反映的民族文化心理。注重各阶级、各阶层的居住方式与风尚，注重秦汉大一统王朝"移风易俗"过程中居住环境的变化以及对民族文化心理的塑造。

本书选择秦汉这一汉民族形成的重要时期，选择居住这一实用功能与象征意义并具的家族生存之所，将居住文化与汉民族的形成联系起来进行综合考察，是一个尝试，希望得到专家学者的指正。

二

居住文化不同于时代性、变异性较强的思想文化，它的沿袭性、传承性

---

① 载《中国营造学社汇刊》第3卷第3期，1932年出版。

强，宫殿建筑、村落模式、房屋样式可能延续数百年甚至数千年不变。但在社会产生变革的时期，居住风貌也会产生重要的变化。秦汉便是前所未有的大一统的新时代，此期的居住文化出现了诸多不同于先秦的气象。

此期的中国版图辽阔，幅员广大。生态环境比较好，气候温暖，是中国气候史上的第二个温暖期。秦汉皇家园囿上林苑地处西北，然而从全国各地乃至外国移栽来的奇花异木在这里都可以生存。全国各地自然环境不同，均有其特色产品。司马迁在《史记·货殖列传》中曾有排比句曰："……水居千石鱼陂，山居千章之材。安邑千树枣；燕、秦千树栗；蜀、汉、江陵千树橘；淮北、常山以南，河济之间千树萩；陈夏千亩漆；齐鲁千亩桑麻；渭川千亩竹"，这里是约数，司马迁要说明的是，谁若拥有这样的"千"字号资产，大致便可以"与千户侯等"。但这是在各地物产基础前提下的论述，如果没有各地茂密的植被，丰富的物产，明显的区域经济优势，司马迁不可能列举如此众多的特色产品。由此约略可见秦汉时期大的生态环境，亦可见当时的人们习惯于着眼天下，纵论天下风物。

从具体的居住环境而言，首先是京都、皇宫、皇家苑囿、帝陵空前绝后的巨大规模与雄伟气魄。其中尤以宫殿最为壮观。有学者曾用"气吞山河"来形容秦朝宫殿的个性与风貌，非常传神。秦朝营建的阿房宫呈现出超常规的体量，帝都咸阳周围的宫殿又以阁道、复道联结而成群体建筑。其巨大规模作为大一统王朝开端的重要标志，彰示着秦人统一天下的伟业。汉承秦制，秦王朝的宫室制度，秦始皇寓于帝都与宫殿建筑中的政治理念，为汉代的政治家和思想家所继承和发挥。西汉初年未央宫的营建，汉武帝时期建章宫的营建，均秉承秦朝风范。

汉代诸侯王国宫殿范围的浩大，地下陵墓的豪华，同样令人惊叹。诸侯王作为刘姓宗室，其政治势力虽然在汉武帝时期遭到重大打击，但仍有较强的经济实力去营建宫室。汉代人"事死如事生"，考古发掘所见的徐州楚王陵、龟山汉墓，广州的南越王墓等，其规模之大正可与文献所载的诸国豪华宫殿相印证。

其次是出现了富商、地方豪族的大型院落与庄园。秦汉实行重农抑商与打击地方豪族的政策，但富商大贾、豪强大姓仍以不可遏制的势头发展起来。两汉之际的南阳樊氏庄园已可"闭门成市"；东汉中后期的庄园又被称为坞堡、坞壁，它们已是生产、生活、军事防护三合一的功能齐全的居住场所。

最后是"一堂二内"民居的普及。"一堂二内"即一间堂屋、两间卧室组成的住宅，这种住宅先秦已经出现，秦汉时期随着个体小家庭成为社会最基本的生活单位，"一堂二内"的民居普及开来。河南省内黄县三杨庄近年来发掘清理出的4处庭院遗址及其周围的农田遗迹，保留了成组的庭院布局与农田原始面貌，专家初步判断是西汉晚期的聚落遗址。四处院落规整有序，正是以"一堂两内"的三间房子为基本单元组成了庭院，庭院之外便是农田，住宅与住宅之间相距较远。带有"益寿万岁"文字的瓦当反映出住户的朴素愿望。它首次较全面地为我们展示了汉代中原聚落的真实场景，对了解中国古代居住文化具有典型意义。

秦汉时期的房舍，不管是深宅大院还是高楼连阁，均是在"一堂两内"基础上的重复与组合。而"三间房子"的模式在偏远的农村仍在延续。植根于农业文明的"三间房子一头牛，老婆孩子热炕头"的谚语能使人回味和领悟很多东西。

## 三

秦汉人居住的社会环境相对比较宽松。在四百余年的统一局面下，南北文化的交流，中原华夏族与周边少数民族的交流，中国与异域国家的交流，开阔了人们的眼界和心胸，汉民族初步形成。秦汉处于统一王朝建立与巩固的时期，各项制度比较疏阔，宫室、住宅营建并没有严格的规定，所以诸侯王、富商、豪族可以"连栋数百"。此期北方少数民族尚未对中原农业文明造成根本威胁，佛教初入亦未对中国文化产生重大影响。这是一个相对纯净的汉民族文化生成的时代，是汉民族的童年时代。而一个民族从娘胎里带来的印记是不可磨灭的。居住场所是有形的，居住理念和文化其实也是有"形"可循的。秦汉时期的居住模式与居住理念给后世以深远的影响，可以说成为一种民族文化基因代代传承。如建造房屋与坟墓过程中的风水思想，聚族而居的生活方式，家族观念，墓祭方式，乡土观念等等。它们潜移默化地塑造着一代又一代中国人的性格。

中国作为世界上唯一的文化未曾中断过的礼仪之邦，文明古国，人们的居所有着独特而丰富的内容。甚至可以说，正是农业社会世代承袭、"百姓日用而不知"的衣食住行铸造了中华民族乐天知命、中庸宽厚的性格。如何保留中国古代居住文化的精华与童贞，发扬它的长处，展示其文化内涵与民族风采，是我们的责任。秦汉人的居住环境与文化值得我们去研究，去关注。

黄宛峰

二〇〇九年五月于杭州

# CONTENTS 目　录

前　言　／1

第一章　一统天下：时代精神与居住风貌　／1

　第一节　统一局面与阔大的宫殿建筑风格　／1

　　一、"称成功"的纪念碑　／1

　　二、神仙说的盛行与楼阁建筑　／4

　第二节　秦汉人居住的自然环境与人文环境　／5

　　一、自然环境　／5

　　二、聚族而居的人文环境　／6

　　三、居处礼仪　／10

　第三节　住宅营建的礼法与实际　／13

　　一、"别尊卑"的礼仪规范　／13

　　二、"良田广宅"的追求　／15

第二章　"百郡千县"：城市居住环境　／17

　第一节　城市分布格局　／17

　　一、城市特色　／17

　　二、城市的分布　／21

　第二节　都城　／23

　　一、秦都咸阳　／23

　　二、"秦、汉之所极观"——西汉长安　／24

三、东汉洛阳　／27

四、都城风貌　／29

第三节　郡县城市与市井风情　／37

一、边城　／37

二、县城　／41

三、城市居民　／47

四、市井风情　／48

第三章　"非壮丽无以重威"：帝王宫殿苑囿　／50

第一节　"气吞山河"的秦朝宫室　／50

一、咸阳宫殿群　／50

二、秦始皇巡游与行宫营建　／55

第二节　汉代帝宫的营建与居仪　／59

一、西汉宫殿风采　／59

二、东汉洛阳宫殿　／67

三、宫庭居仪　／68

第三节　苑囿之兴　／70

一、上林苑的营建　／70

二、"海中三神山"的影响　／74

第四节　宗室居所的尊贵　／75

一、王国宫殿　／75

二、园林化的自然情趣　／78

三、个性化的王宫装饰风格　／79

第四章　"重殿洞门"：官吏、贵族住宅与居处礼仪　／81

第一节　权贵第舍　／81

一、受赐甲第　／81

二、外戚、官吏住宅　／82

第二节　居处礼仪　／84

一、前堂后室的居习　／84

二、尊卑有序的礼仪 / 86

三、居所的娱乐 / 87

第五章 "在朝则美政，在野则美俗"——文人学士居所 / 95

第一节 学舍 / 95

一、京师学舍 / 95

二、郡国学舍 / 98

第二节 游士之居 / 100

一、"忘忧馆"的逍遥者：诸侯王国的文人 / 100

二、游士寓居之所 / 100

第三节 文人的家居生活 / 102

一、士大夫 / 102

二、经师与著书者 / 104

三、隐士 / 106

第六章 "楚人安楚，越人安越"：特色各异的民居 / 109

第一节 不同地域的民居风格 / 109

一、北方少数民族民居 / 109

二、西域诸国 / 113

三、西南夷 / 113

第二节 农业民族的定居生活 / 114

一、五口之家 / 115

二、"一堂二内"的民居与民众生活 / 116

三、"中家"之居 / 122

四、强宗大族住宅 / 124

五、楼房的出现 / 128

六、聚落 / 131

第七章 居室装饰与陈设 / 134

第一节 居室装饰 / 134

一、居室外观 / 134

二、居室内部装饰　／138

　第二节　居室布置与陈设时尚　／144

　　一、居室用具　／144

　　二、居室陈设时尚　／148

　　三、居室卫生　／153


第八章　从人居到魂居——阴宅文化演绎　／156

　第一节　阴阳流变　／156

　　一、"事死如事生"　／156

　　二、墓域第宅化　／161

　　三、墓室：天人合一的形象展示　／161

　第二节　帝王陵墓　／165

　　一、开秦汉厚葬之先的秦始皇陵　／165

　　二、汉代帝王、贵族陵墓营建　／169

　第三节　"生人有里，死人有乡"——民间祠堂与墓室　／172

　　一、民间祠祭　／172

　　二、地下墓室　／175

　　三、聚族而居的家族墓地　／181


第九章　秦汉人的居住环境与居住禁忌　／182

　第一节　居住禁忌与民族文化心理　／182

　　一、阴阳学说的流行　／182

　　二、建筑与居住禁忌　／183

　　三、家居诸忌　／190

　第二节　移风易俗与汉文化的传播　／193

　　一、尚武与崇文　／193

　　二、"化民成俗"　／199


主要参考书目　／201

后　记　／202

# 第一章

# 一统天下：时代精神与居住风貌

　　秦汉是中华文化奠基与基本定型的重要时期。秦王朝开创了"大一统"中央集权制的政治格局，汉王朝探索并逐步健全了与这种政治体制相配套的各种制度。土地私有制与商业的发展，使官僚、豪族、富商的经济实力不断增强。自夏商周三代到战国异彩纷呈的思想与学说，林林总总，经时代大潮的冲刷过滤，或沉淀，或升腾，儒家学说最终成为统治思想。政治、经济、思想文化诸方面的重大变化，必然导致社会风尚的演变，秦汉人的居住因之也呈现出不同于前代的某些重要特点。

## 第一节　统一局面与阔大的宫殿建筑风格

### 一、"称成功"的纪念碑

　　秦汉时期的中国，幅员空前辽阔。秦朝结束了长期以来诸侯割据的局面，其疆域"东至海暨朝鲜，西至临洮、羌中，南至北向户，北据河为塞，并阴山至辽东"，① 西起临洮、东至辽东的万里长城彰示着秦王朝的泱泱国威。西汉极盛时的范围，东至乐浪郡（今朝鲜平壤一带），南到九真郡（今越南河内之南），西面开通河西四郡，北至大漠。两汉之际，匈奴趁中原内乱，一度控制西域，并进至汉朝北部边境。东汉前期，汉王朝多次出击匈奴，迫使匈奴远徙西方。东汉辖境"东乐浪，西敦煌，南日南，北雁门，西南永昌。四履之盛，几于前汉。"② 秦汉雄风起于前所未有的广阔疆域与豪迈开放的时代精神。

　　秦始皇、汉武帝、汉光武帝三个皇帝在位时期是秦汉社会具有里程碑意义的三个重要阶段。

---

① 《史记·秦始皇本纪》。
② （清）顾祖禹：《读史方舆纪要》卷2，《历代州郡形势》。

公元前 221 年，秦始皇统一六国后的第一件大事，便是令群臣"议帝号"，认为"今名号不更，无以称成功，传后世"，大臣们亦纷纷赞扬秦始皇的功劳"自上古以来未尝有，五帝所不及"，① 这并非全是阿谀顺旨之词。春秋战国经历了长期的诸侯割据，有实力的国家均有一统天下的愿望，秦国不过是最后的胜利者而已。"普天之下莫非王土，率土之滨莫非王臣"在先秦只是一种政治理想（夏商周三个王朝均未能实际统领各地的诸侯方国），而在秦朝君臣看来，这种理想已经变为现实。在大臣们"议帝号"的基础上，秦始皇创造了"皇帝"这个新名词。秦王朝的建立，皇帝制度的确立，郡县制全面而彻底的推行，标志着一个新时代的开始。

汉武帝在位期间是西汉王朝国力强盛，生机勃勃的时期。汉武帝一改西汉前期清静无为的治国方略，在政治、经济、思想文化、对外政策诸方面进行大刀阔斧的改革，文治武功赫然，将西汉社会推至极盛。

如果除去王莽短暂的新朝不计，那末汉光武帝刘秀是中国历史上第一个儒生出身的开国皇帝。刘秀于武功不如汉武帝，文治方面则过之。在西汉中后期儒学逐渐发展的基础上，刘秀大力倡导读经，宣称"以柔道理天下"，② 继之的明帝、章帝因循其制，儒家思想得以空前普及。

秦汉不断巩固的统一局面使南北文化的交流与传播更为便利。同时，国家开拓边境的需要，镇压东方地区反叛势力的需要等因素，促使大批移民出现，加快了民族融合的步伐。秦汉在中国历史上具有继往开来的地位，是汉民族形成过程中最为关键的时期。在汉民族共同心理素质形成的过程中，秦汉宫殿建筑的作用不可忽略。

崇大、超常规是秦汉宫殿建筑的时代风格。前所未有的大一统政治局面与不断强化的皇权至上的观念造就了一座座巍峨的宫殿。先秦以来例行"前朝后寝"的宫室制度，宫殿作为帝王生活起居、发号施令的固定场所，历来是建筑装饰的重点。春秋战国时期各国王宫无疑是本国最壮丽的建筑，而六国统一于秦之后，在秦始皇看来，原有的宫殿均不足以体现他的功德和秦王朝的尊严。秦始皇以政治家的眼光，充分利用山川形胜的阔大雄伟营造高台建筑，使宫殿建筑成为至尊无上的皇权的象征。

秦汉宫廷建筑之巍峨壮观，装饰之富丽堂皇，在当时的文学作品中多有反

---

① 《史记·秦始皇本纪》。
② 《后汉书·光武帝本纪》。

映。东汉前期的班固在其名作《两都赋》中形容西汉宫室之气派曰：

树中天之华阙，丰冠山之朱堂，因环材而究奇，抗应龙之虹梁，列棼橑以布翼，荷栋桴而高骧。雕玉瑱以居楹，裁金壁以饰珰，发五色之渥采，光焖朗以景彰。於是左右平，重轩三阶，闺房周通，门闼洞开，列钟虡於中庭，立金人於端闱，仍增崖而衡，临峻路而启扉。

秦阿房宫、西汉未央宫，均是借助高亢的地势夯土为台，宫殿雄踞其上。华阙、朱堂，高耸伟峙；虹梁、翼展，别致精巧；楹檐之上，则金玉为饰，五光十色。钟鼓、铜人，大壮其威。秦汉大一统王朝的雄伟气势尽彰于此。

荀子曾说："为人主上者，不美不饰之不足以一民也；不富不厚之不足以管下也；不威不强之不足以禁暴胜悍也"。① 秦始皇令人在咸阳北阪仿造的六国宫殿，是彰示其统一大业的纪念碑；大兴土木营建的阿房宫，则是其除旧布新，"称成功"的代表作。本为秦国旧都的咸阳由此充分展现出新王朝囊括天下，包举宇内的雄伟气魄。秦二世胡亥深谙其理，秦始皇去世后，有大臣"请且止阿房宫作者"时，被二世断然拒绝，其理由便是"先帝起诸侯，兼天下……作宫室以章得意。"②

宫殿的宣威慑民作用，无论是贵族出身的秦始皇、秦二世，还是郡吏出身的李斯，县吏出身的萧何，书生贾谊，认识都很到位。李斯在狱中为自己申辩时，正话反说，以主持"修驰道，兴游观，以见主之得意"做为自己的"罪过"之一。③ 汉初第一任丞相萧何主持营建的未央宫高大雄伟，富丽堂皇，萧何的名言便是"天子以四海为家，非壮丽无以重威"④。汉文帝时期的贾谊曾反复论述等级制的重要性，他说："人主之尊比如堂，群臣如陛，众庶如地。故陛九级上，廉远地，则堂高；陛亡级，廉近地，则堂卑。高者难攀，卑者易陵，理势然也。……等级分明，而天子加焉，故其尊不可及也。"⑤ 贾谊以宫室建筑比喻等级制的作用，可以说是对秦汉宫殿政治文化功能最贴切最形象的阐释。儒学是精致高深而又朴素简易的文化，所谓"极高明而道中庸"，举凡目之所及，从天地山川到屋宇上下，它均能与等级联系起来。而以宫室喻尊卑贵贱，对等级制的演绎可谓淋漓尽致。皇宫并不是单纯意义上的朝见与居住之

---

① 《荀子·富国》。

② 《史记·秦始皇本纪》。

③ 《史记·李斯列传》。

④ 《史记·萧相国世家》。

⑤ 《汉书·贾谊传》。

所，它代表着皇权的独一无二，至尊无上。与此相适应，从三公九卿到郡县官吏，都要有符合其身份的官署居宅与威仪。唯其如此，才能烘托出位于金字塔顶的皇帝那可望不可及的独尊形象。正如饱受战争之苦的战国诸子异口同声，均向往天下"定于一"那样，秦汉的政治家、思想家们无不极力维护皇帝的绝对权威，强调宫室制度的重要性。秦始皇、汉武帝豪迈自信的性格在宫殿建筑中得以充分的体现，秦汉皇宫阔大的建筑正是时代精神的特写。

有学者曾将秦朝修建的驰道、长城、阿房宫、始皇陵称为秦朝"政治空间造型"的四大代表作，形象而深刻地指出，"如果说驰道是帝国向自己臣民显示皇权力量的内部象征，那么长城就是帝国向蛮夷敌寇显示自己皇权威严的外部象征。如果说阿房宫是皇权在现实世界的建筑造型，那么始皇陵就是皇权在想象世界的建筑造型。"① 的确，秦始皇正是通过这些旷古未有的巨大工程"以夸天下"，显示自己"自上古以来未尝有"的巨大功德。而阿房宫在"四大代表作"中无疑最为重要，因为只有它才可能集中而全面地向世人展示皇权的赫赫威势。汉承秦制，未央宫、建章宫的营建，无一不体现出皇权的无上尊严。

### 二、神仙说的盛行与楼阁建筑

统治阶级的思想在社会上无疑居于主导地位。除以宫室巍峨彰示独尊外，秦始皇、汉武帝出于个人喜好而大规模举行的求仙活动亦在秦汉时期产生了巨大的社会影响。盛极一时的神仙说尤与汉武帝的痴迷仙术有关，方士们投其所好经常向武帝提及的"神仙好楼居，不及高显，神终不降"之说，武帝深信不疑，② 因而有飞廉观、延寿观等高耸入云的楼阁出现，这是先秦未曾有过的高层建筑。上有好者，下必甚焉。从汉墓中出土的陶楼及汉画像石、画像砖中众多的楼房形象，可知民间有造楼之风尚。且楼台之上往往有西王母与玉兔的形象，它真切地反映出时人向往仙境的心态。东汉王充在《论衡·辨祟》中说："鸟有巢栖，兽有窟穴，虫鱼介鳞各有区处，犹人之有室宅楼台也。"举眼前与身边习见之事物喻理，是王充常用的论证方法，可见时人视"楼"与"室宅"一样普通。当然，楼房非一般百姓所能修建，贵族、富商等才有能力兴建，东汉中后期各地豪强大姓建造的邬壁多有高楼，明显地用于防卫。但不管楼房建造的初衷与动机如何，汉代建筑中楼房营构的出现，标志着居住质量

---

① 雷戈：《秦汉之际的政治思想与皇权主义》，上海古籍出版社，2006 年版，第 491～494 页。
② 《汉书·武帝记》。

的明显提高。

　　秦汉是我国建筑的第一个发展高峰。社会的需求促使建筑技术的进步，而建筑技艺的不断发展又催生了新的欲望。中国古代建筑以木构架为特色，早在夏代，木结构已成为房屋主要的结构形式，但此期是土木混合结构，以土结构为主。抬梁式架构中的大梁常用跨度在汉代才基本定形。汉代宫殿陵寝建筑遗址中，杜陵东陵门、闽越国"东冶"城宫室所见之大梁跨度一般在 7 米左右。未央宫前殿等大型宫殿建筑，其主梁的跨度估计在 10 米左右。随着木结构技术的发展，梁柱构架的稳定性提高，东汉时期，"原来以土结构为核心的土木混合结构向以木结构为骨干的土木混合结构转化，最终舍弃了大夯土台——墉，而直接在地面上建造建筑群。"① 咸阳一号宫殿 6 室、7 室，在壁柱上置枋梁，再根据室内跨度架设大梁。梁上密集排列不规则的方形断面肋木，木料及施工过程均比较考究，但宫室的基本结构体系仍为单层建筑，占地面积大，尺度不高。而出土的东汉中晚期陶质明器与画像砖中，塔楼形象较多。一般为两层或三层，最高达七层。东汉突破了夯土为台筑宫殿，"美宫室"必须借助于"高台榭"的传统营建模式，表明建筑结构已产生了重大变化。

## 第二节　秦汉人居住的自然环境与人文环境

　　人类的居住环境包括自然环境与人文环境。自然环境指地理空间、山川河流、土壤植被、物产气候等等。人文环境包括文化传统、教育设施、宗教、艺术、家庭伦理等等。

### 一、自然环境

　　秦汉时期的中国版图辽阔，幅员广大。我国著名气象专家竺可桢先生在《中国近五千年来气候变迁的初步研究》一文中把中国近五千年来的气候变迁划分为四个时期：考古时期、物候时期、方志时期、仪器观测时期。物候时期从公元前 1100 年到公元 1400 年，分为六个阶段，秦汉属于第二个阶段的晚期。② 这是中国气候史上的第二个温暖期。当时的生态环境比较好，气候温暖，各种植物得以茁壮成长。秦与西汉皇家园囿上林苑地处西北，然而从各地移栽来的奇花异木在这里都可以存活。全国各地均有其特色产品，司马迁在

---

　　① 杨鸿勋：《宫殿考古通论》，紫禁城出版社，2001 年版，第 319 页。
　　② 竺可桢：《中国近五千年来气候变迁的初步研究》，《考古学报》，1972 年第 1 期。

《史记·货殖列传》中曾有一系列的排比句："……安邑千树枣；燕、秦千树栗；蜀、汉、江陵千树橘；淮北、常山以南，河济之间千树荻；陈夏千亩漆；齐鲁千亩桑麻；渭川千亩竹"，这里是约数，司马迁要说明的是，谁若拥有这样的资产，便可以"与千户候等"。但这是在各地物产基础前提下的论述，没有区域经济优势，司马迁不可能列举如此众多的特色产品。黄河中下游是传统的农业发达区域，同时有丰富的林业资源。汉武帝率领将士堵塞黄河决口时，在黄河下游的淇园一带砍伐竹子，作盛石块的容器，说明当时有茂盛的竹林。张衡作《南都赋》，赞颂他的家乡南阳物产丰盛，其中提到桔和柑，那是后世所不见的。长江流域和岭南地区更是植被繁茂。

秦汉是大一统王朝的开创期，是汉民族初步形成的时期，社会的整体文化氛围逐渐趋于一致。但一直到东汉末年，各地域文化仍有比较鲜明的特色。秦朝统一天下后，"车同轨，书同文"迅速地推行，"行同伦"则非短期内所能为。汉朝自贾谊响亮地提出"移风易俗"后，汉代儒生一直积极地倡导。社会大文化的背景相同，而地域文化有其特色，政治一统与区域特色并存，多元化与一元化相辅相成，每个家庭都是一个文化传承的场所，汉文化正在"百姓日用而不知"的环境中形成。

## 二、聚族而居的人文环境

孟子曾将"仰足以事父母，俯足以蓄妻子"作为男子的职责来议论，并认为其前提是有"五亩之宅，树之以桑"，"百亩之田，勿夺其时"，这样"八口之家可以无饥矣"[①]。家庭中应包括父母、妻子、儿女三代人。这种小家庭是春秋战国以来社会变革的产物。秦国商鞅变法以一家一户为国家征收赋税徭役的基本经济单位。规定家有二男必另立门户。秦汉王朝将秦国的这一制度推广开来，随着小农经济的发展，个体家庭成为社会的基本细胞，朝廷征收租赋的基本单位。"同居共财"虽已不可能，但聚族而居的居住方式却延续下来。人们生于斯老于斯的土地、房屋仍相互毗邻，同宗同族的血缘关系仍在，祖先的坟墓与祭祀仍时时唤起人们的记忆。聚族而居的个体家庭虽隶属于郡县的行政管理，而不是宗子或族长，但同宗同族的人们仍有赈济互助的义务，族党互助是人们应尽的义务。兄弟之情，同居之义一直被倡导。

《风俗通义》引《春秋井田记》曰："人年三十，受田百亩，以食五口。

---

① 《孟子·梁惠王上》。

五口炎一户，父母妻子也"。应劭曰："同居上也，通有无次也，让其下耳。"
认为世代同堂共炊最好；通有无即同门而异财，经济上虽各自独立的，但尚能
互通有无为其次；最下为分居，尽管有让财之事。蔡邕"与叔父从兄同居三
世不分散，乡党高其义。"① 而蔡邕有女无男，人丁少大概是其合居的原因之
一。两汉之际南阳湖阳樊重，"三世共财，子孙朝夕礼敬"，② 是为人们推崇的
家族居住方式。东汉流行的童谣"察孝廉，父别居"，对分家显然持否定的
态度。

　　而实际情况则比较复杂。"礼有分异之义，家有别居之道"，③ 在秦汉时期
是为社会所认可的观念，分家的情况很普遍。《汉书·地理志》记载河内"俗
刚强，多豪杰，侵夺，薄恩礼，好生分。"颜师古注"生分"曰："谓父母在
而昆弟不同财产"。又记载"颍川，韩都。士有申子、韩非刻害余烈，高仕
宦，好文法。民以贪遴争讼生分为失"，"颍川好争讼分异"。汉初陆贾将家产
给五个儿子均分，晋代石苞"临终分财物与诸子"，④ 得到后世的赞许，认为
他们有效地"绝其后争"，避免了子孙的家产纠纷，是"古之贤达"。而实际
上分家的过程以及分家以后小家庭与大家庭的关系是相当复杂的。贾谊曾言
"借父耰锄，虑有德色；母取箕帚，立而谇语"，⑤ 刻画的便是分家之后的场
景。父子关系，婆媳关系，妯娌关系很容易以财利为中心而斤斤计较。也正因
为如此，汉代的儒生们一直倡导家庭中父慈子孝，兄友弟恭的伦理，所以我们
在史籍中看到的往往是对"同居共财"的肯定和赞扬。在这些家庭中，更重
兄弟情谊，手足之情。兄弟情与夫妻情相比，似乎更为重要。汉初名相陈平，
"少时家贫，好读书，有田三十亩，独与兄伯居。伯常耕田，纵平使游学。……
其嫂嫉平之不视家生产，曰：'……有叔如此，不如无有'，伯闻之，逐其妇
而弃之。"⑥ 陈平的哥哥无疑是从家族的长远利益考虑的。东汉人姜肱和他的
两个弟弟"俱以孝行著闻。其友爱天至，常共卧起。及各娶妻，兄弟相恋，
不能别寝，以系嗣当立，乃递往就室。"⑦而《谢承书》记载的却与此有出入：
姜肱对继母恪尽孝道，父亲去世，继母尚年轻，他和兄弟们"同被而寝，不

---

① 《后汉书·蔡邕传》。
② 《后汉书·樊宏传》。
③ 《后汉书·许荆传》。
④ 《晋书·石苞传》。
⑤ 《汉书·贾谊传》。
⑥ 《史记·陈丞相世家》。
⑦ 《后汉书·姜肱传》。

入房室，以慰母心。"似乎以此举排除继母年轻丧夫的伤感。此事被后世所称颂。南北朝时张弘策"兄弟友爱，不忍暂离。虽各有室，常共卧起，世比之姜肱兄弟。"① 韦放，"于诸弟尤雍穆，每当远别及行役，夫初还，常同一室卧起，时比之三姜。"②

夫妻情较兄弟的手足情，似乎为远。孟光、梁鸿举案齐眉的故事为人们所熟知。《后汉书·逸民传》：襄阳人庞公，为隐士，"夫妻相敬如宾"。《后汉书·仇览传》："（仇览）虽在宴居，必以礼自整。妻子有过，辄免冠自责，妻子庭谢，候览冠，乃敢升堂。"这与兄弟手足之情的亲密无间明显不同，也与魏晋玄学盛行时期贵族活泼自然的夫妻关系明显有别。有学者引用《礼记》中关于夫妻居室、浴室要分开等记载，指出："古礼对夫妇的规范是尽量将他们分开，而与兄弟们的亲密相处正好相反"，③ 是有道理的。因为家族制强调的是子孙繁衍，宗门广大，兄弟是宗族支柱，妻子则是依附者。

但在实际的家庭生活中，有各种情况。《古诗十九首》中有《孤儿行》，描写一个富家出身的苦孩子之生活际遇：

孤儿生，孤子遇生，命独当苦！父母在时，乘坚车，驾驷马。父母已去，兄嫂令我行贾。南到九江，东到齐到鲁。腊月来归，不敢自言苦。头多虮虱，面目多尘。大兄言办饭，大嫂言视马。上高堂，行取殿下堂，孤儿泪下如雨。使我朝行汲，暮得水来归。手为错，足下无菲。怆怆履霜，中多蒺藜，拔断蒺藜肠肉中，怆欲悲。泪下渫渫，清涕累累。冬无复襦，夏无单衣。居生不乐，不如早去，下从地下黄泉！春气动，草萌芽。三月蚕桑，六月收瓜。将是瓜车，来到还家。瓜车反覆，助我者少，啖瓜者多。愿还我蒂，兄与嫂严，独且急归，当兴校计。乱曰："里中一何浇浇，愿欲寄尺书，将与地下父母，兄嫂难与久居。"

从诗中"南到九江，东到齐到鲁"的语气看，这里描述的应是中原的一个富贵之家。这个家庭本是一对夫妇，两个儿子。大儿子娶了媳妇，一家五口。老夫妇死后，小弟尚未成家，成了兄嫂的奴仆。看来一般情况是兄弟均成家后才正式分家产的。兄嫂的刻薄寡恩，孤儿的孤苦无依，奔波之苦、贫瘠之苦和精神之恐惧，展现出一幕现实的生活场景。他的瓜车倒地，众人争啖，无奈中，他哀求众人吃瓜后留下瓜蒂，否则他回去无法交帐。可见兄嫂之威，钱财计算

① 《南史·张弘策传》。
② 《南史·韦叡附兄叡子放传》。
③ 阎爱民：《汉晋家族研究》，上海人民出版社，2005 年版，第 440 页。

之精细。而"兄嫂难与久居"，则是概括了无数家庭现象后得出的结论。

《后汉书·缪肜传》：（缪肜）"少孤，兄弟四人，皆同财业。及各娶妻，诸妇遂求分异，又数有斗争之言。"缪肜闭门思过，谓个人德行未至，不能正其家，据说"弟及诸妇闻之，悉叩头谢罪，遂更为敦睦之行。"缪氏姒娣"数有斗争之言"的根源应在于家庭财产的分割比例。

《太平御览》卷421所引的《续齐谐记》记载汉代一个分而复合的大家庭：

（汉成帝时，田真兄弟三人）家巨富，而殊不睦，忽共议分财，金银珍物各以斗量。田业生资，平均如一。唯堂前一紫荆树，花叶美茂，共议欲破为三，人各一分。待明就截之。是夕树即枯死……兄弟相感，更合财产，遂成纯孝之门。

这当然是附会之事，有意义的是这一记载反映了人们对于分家的看法，它借助于神灵与孝感之类，表达了对同居共财，家庭和睦的肯定和赞扬。

《后汉书·独行列传》则记载一幕欲分家而未成的场景：

（陈留人）李充，家贫，兄弟六人同食递衣。妻窃谓充曰："今贫居如此，难以久安，妾有私财，愿思分异。"充伪酬之曰："如欲别居，当酝酒具会，请呼乡里内外，共议其事。"妇从充置酒宴客。充于坐中前跪白母曰："此妇无状，而教充离间母兄，罪合遗斥。"便呵叱其妇，逐令出门。妇衔涕而去，坐中惊肃，因遂罢散。

这种"兄弟六人同食递衣"的情况在秦汉时期是不多见的。社会上普遍存在的小家庭的现实，使李充妻子积攒起了私房钱，并计划着分家以后的生活，说明私有财产观念的存在。李充的所作所为显然过分，也许当时兄弟间的析产往往有宗亲或邻里的参与，乡党舆论的关注，而李充的目的是在大庭广众面前揭露其妻的"离间母兄"之罪并休之，对于他的妻子来说实在绝情，然而他的行为却为社会舆论所肯定。

综上所述，秦汉家庭的主要形态是独立的小家庭。而小家庭与大家族的分聚离合及其矛盾是经常存在的。兄弟间分家析产为必然，"同居共财"只是一种理想化的家族模式，在实际生活中是少数而不是多数，是个别而不是一般。但在汉代儒学普及的过程中，同居共财又往往为社会舆论所肯定，所提倡，在社会上起到潜移默化的作用。从根本上讲，脆弱的个体小家庭也需要家族的凝聚力与支撑力。《史记·越王勾践世家》中记载一件事：范蠡的中子因杀人被楚国囚禁，范蠡考虑长子会因吝惜钱财而误事，派少子带黄金救之。长子坚持要去，范蠡不听，长子说："家有长子曰家督。今弟有罪，大人不遣，乃遣少弟，是吾不肖。"愤而欲自杀，范蠡不得已，派大儿子去，结果未能救回儿子的生命。这应是中国史籍中第一次出现"家督"的词汇。日本人借用这一词汇后，赋予其深刻内涵，实行一子继承制，家督继承制成为战败以前日本社会通行的继承制度。① 中国是诸子均分财产，但长子在家族中仍有不可替代的权威，血缘亲情在聚族而居的环境中自然而然地得到强化。《周礼·遂人》："五家为邻，五邻为里，四里为赞"。《孟子·滕文公上》谓"乡里同井，出入相友，守望相助，疾病相扶持"，这是血缘亲情、邻里情、乡亲情的真实写照，也是古代社会值得留恋的淳朴乡情。秦国商鞅变法的什伍连坐制正是建立在人们不愿连累宗族邻里的感情基础之上。农业社会的人们安土重迁，具有浓厚的乡土意识。西汉后期，汉元帝废除陵邑制度时，曾说："安土重迁，黎民之性；骨肉相附，人情所愿"，认为迁徙关东人于关中守陵"令百姓远弃先祖坟墓，破业失产，亲戚别离，人怀思慕之心，家有不安之意"。② 王逸《楚辞章句》题"汉侍中楚郡王逸叔师作"，在《九思》序中点明自己的写作目的："逸与屈原同土共国，悼伤之情与凡有异，窃慕向褒之风，作颂一篇，号曰《九思》"。可见浓郁的乡土意识植根于当时的的家庭与家族。

### 三、居处礼仪

钱穆先生在《孔子与心教》一文中曾说："中国人不必有教堂，而亦必须有一训练人心使其与大群接触相通之场所，此场所便为家庭。中国人乃在家庭里培养其良心，如父慈子孝兄友弟恭等是也。故中国人的家庭，实即中国人的教堂。"③ 家庭教育是潜移默化的过程。《礼记·曲礼》谓：礼有"经礼三百，曲礼三千"，礼的规定比较繁复，而其基本精神和宗旨是"缘人情而制礼"。儒家的礼"极高明而道中庸"，它标示出的是一个很高的精神境界，而实际要作的则是从日常的普通礼仪开始。席地而坐，尊卑有序，礼让谦恭，和合温馨，是汉代画像石中经常表现的主题，是当时生活的缩影。

席地而坐是先秦至两汉时期的家居特点。而秦汉尤其是两汉时期，没有像先秦那样严格的礼制约束，礼仪似乎也平民化，无论身份高低，室内都有席作为坐卧起居必备之物，不过数量和质地不同而已。《礼记·礼器》曰："天子

---

① 李卓：《中日家族制度比较研究》，人民出版社，2004 年版，第 50 页。
② 《汉书·元帝纪》。
③ 《思想与时代》第 21 期。

之席五重，诸侯之席三重，大夫再重。"《周礼·春官·司几筵》中讲到五席：莞、藻、次、蒲、熊。郑玄注释曰，熊席是熊皮褥子，为国君所用。《吕氏春秋·分职》：卫灵公曾问曰："天寒乎？"宛春曰："公衣狐裘，坐熊席，陬隅有灶，是以不寒"。可见席是随季节变换。据《西京杂记》未央宫的昭阳殿中有熊席。这是贵族专用之物。一般形制的席为六尺。《淮南子·说林》："今有六尺之席，卧而越之"。居延汉简中有"六尺席"的记载，也有三尺余的。长沙马王堆出土的两条席子均长2.2米，一般席子的长度应在六尺左右。大席可供多人同坐，一般的家居中，大席应较多。

席坐礼仪可表达人们丰富的内心感情。《曲礼》："群居五人，则长者必异席"，以显示对长者的尊敬。在朝会宴饮等场合，要向某人表示敬意，必须离席而立。《汉书·灌夫传》记载说："蚡起为寿，坐者皆避席伏。已婴为寿，独故人避席，余半膝席"。"避席"与"膝席"，表达的感情便明显不同。

侧席表达的是哀伤之情。原涉为著名的侠客，赴宴过程中，得知友人丧母而无财力办丧事，因而在酒席上"侧席而坐"。《汉书·原涉传》师古注曰："礼，有忧者，侧席而坐。今涉恤人之丧，故侧席。"

绝席即专席，为某人设置专席是表示对他的尊重。东汉朝廷中有"具独坐"，为特殊的官员而设。坐次的位置很重要，汉代人以坐东向西为尊贵。《史记·武安侯传》记载说："坐其兄盖侯北乡，自坐东乡。"

朝堂或寝宫中均席地而坐。东汉光武帝极力倡导儒学，经常让众儒生在朝堂讲论经义。一次，令讲经胜者加一席，有一位儒生重坐至五十余席。学舍中也是同席而坐。东汉末华歆与管宁坐于一席读书，"有乘轩冕过门者，宁读如故，歆废书出看。宁割席分坐曰：'子非吾友也。'"①

席居的来源，有不同的看法。有学者认为，蹲居与箕居不但是夷人的习惯，可能也是夏人的习惯。跪坐却是尚鬼的商朝统治者的起居法，并演变成了一种供奉祖先、祭祀神天以及招待宾客的礼貌。周朝人商化后，加以光大，发扬成了礼的系统，而奠定了三千年来中国礼教文化的基础。② 有的学者则认为汉代"是中国席居制度的中心时期"，而汉朝的席居制度"毫无疑义是继承了楚国的生活方式"，因为长期保持上堂脱履、登席脱袜的这种居住制度，不可

---

① 《世说新语·德行》。
② 李济：《跪坐蹲居与箕踞》，《中央研究院历史语言研究所集刊》24本、1953年6月。

能在黄河流域产生和保持，而只能来自热带，来自南方。① 不管源自何地，汉代席居是普遍现象，广泛存在于南方、北方社会的各个阶层。

在先秦，尊卑有序，房间内所设座次朝向不同，席、几的质地、花纹都不同。《尚书·顾命》："牖间南向，敷重篾席，纯，华玉仍几。西序东向，敷重底席，缀纯，文贝仍几。东序西向，敷重丰席，画纯，雕玉仍几。西夹南向，敷重笋席，玄纷纯，漆仍几。"如此摆设，席居礼仪自然肃整。秦汉时期皇族中也有不循礼制者。西汉后期刘向《新序·杂事》第五载：秦始皇宴会群臣，其子胡亥将大臣们脱在阶下的鞋子中比较漂亮的通通踩坏。这属于皇子王孙的恶作剧，而一般下层民众对于循规蹈矩的席居也不习惯。《礼记·曲礼》要求"坐毋箕"。刘邦出自平民，为人随便，颜师古注《汉书》中刘邦"箕踞"曰："谓曲两脚，其形如箕。"但刘邦贵为皇帝后，礼仪也逐渐规范。刘邦曾特许重臣萧何"剑履上殿"，不必脱履，而一般人是必须脱履入席的。

与席配套的有镇。镇的用途是压住席角，使之平整。常以金属或玉石制作。汉代常见的有人形镇、动物形镇等，以动物形为多。

三国时与汉的习俗相去不远。《益部耆旧传》："张充为州治中从事，刺史每日坐高床，为从事设席于地。"这里的床与席均应设于办公场所中，由此可知宴会中尊与卑、老与幼的座次排列。

席地须着深衣，在室内尽见其雍容揖让的风度。东汉中后期胡床传入中原，而魏晋南北朝时期席地而坐仍是主流。

人们的座具还有榻。西晋人挚虞《决疑要注》："殿堂之上，唯天子居床，其余皆幅席，席前设筵"。② 这里的床应为榻。杜预征吴还，"独榻，不与宾客共也。"③ 二人共坐一榻，称为合榻，一般为关系亲近者。如《三国志·吴书·鲁肃传》说："合榻对饮"。《三国志·吴书·诸葛融传》说："合榻促坐"。讲的都是二人共坐一榻的情形。

家庭宴饮场合讲究和合、其乐融融的氛围，要尽量避免不愉快的事情。《风俗通义·佚文》："坐不移樽。俗说：凡宴饮者，移转樽酒，令人斗争。"

汉代的家庭中，居家迎来送往有一定的礼仪。子弟自小随父兄习礼，若不知礼仪，便被人讥笑。《论衡·程材》"家人子弟，生长宅中，其知曲折，甚于

① 张良皋《匠学七说》"一说筵席——古中国席居之谜"，中国建筑工业出版社，2002 年版。
② 《艺文类聚》卷 63《居处部》三。
③ 《世说新语·方正篇》，刘注引《语林》。

宾客也。""家人子弟，学问历几岁，人问之曰：'居室几年，祖先何为？'不能知者，是愚子弟也。"人们"居室"自小长大的过程，便是熟习家庭礼仪的过程。

文帝时曾为太中大夫的石奋，年老后家住长安戚里，与其子、孙生活在一起，应有较大的宅院。石奋曾规定子孙为官者出入闾里的礼仪，据说闾里化其礼让。《汉书·石奋传》：石奋及其四个儿子官皆至二千石，景帝称石奋为"万石君"。石奋特别注重礼仪，"子孙为小吏，来谒归，万石君必朝服见之，不名。子孙有过失，不谯让，为便坐，对案不食。然后诸子相责，因长老肉袒固谢罪，改之，乃许。"石奋注重言传身教，若有子孙在旁，虽然是很随便的场合，他也必然是衣冠整齐。他是从家族的长保富贵着眼，要子孙恪守礼制，循规蹈矩。这是一般官吏的家庭礼仪教育。而会稽豪族焦征羌，横行乡里，步骘与卫旌到他家中献瓜，他不开门，令骘、旌坐于窗前，从窗户中接见，故意凌辱他们，[①] 焦征羌因此而成为士人的笑柄。

汉画像石墓中往往在墓门两侧刻持笏门吏。笏是拜见主人时递上的名片。刻绘持笏门吏，代表着墓主人的身份地位及其广泛的社会交往。门奴、婢女、门吏是汉画中经常出现的形象。从其谦恭的姿态可见汉代社会中尊卑贵贱等级的森严。

居住礼仪作为儒家礼乐文化的切入点与主要载体，在汉文化形成过程中起到了重要作用。

## 第三节　住宅营建的礼法与实际

### 一、"别尊卑"的礼仪规范

《礼记·礼器》曾论及礼的不同体现形式：

礼有以多为贵者。天子七庙，诸侯五、大夫三、士一。……天子之席五重，诸侯之席三重，大夫再重。……

有以少为贵者。天子无介，祭天特牲。……

有以大为贵者。宫室之量，器皿之度，棺椁之厚，丘封之大，此以大为贵也。……

有以小为贵者。宗庙之祭，贵者献以爵，贱者献以散，……

有以高为贵者。天子之堂九尺，诸侯七尺，大夫五尺，士三尺。……

---

① 《三国志·步骘传》。

有以下为贵者。至敬不坛，扫地而祭。……

礼有以文为贵者。天子龙衮，诸侯黼，大夫黻，士玄衣纁裳。……

有以素为贵者。至敬无文。……

多少、大小、高下、文素，本为相反的概念，而在儒家的解释中，凡"最"均可作为至尊者的特权体现方式。当然，儒家最终要说明的是"先王之制礼也，不可多也，不可寡也，唯其称也"，① 但秦汉统治者从中读懂的主要是"高"、"大"、"文"、"多"。在他们看来，能够集此诸"贵"于一身者唯有皇宫，只有它才有资格和权利殚全国之人力物力，以天下奉一人。从统治本能与直觉出发，他们充分利用宫殿以彰示前所未有的威势，以震慑臣民。可以说，中国沿袭已久的崇大之风，正是从秦汉宫殿开其端倪。

宫殿从外观到内部设施，都要体现出等级性。比如汉代的阙，作为礼仪性建筑，它代表主人的身份。《公羊传·昭公二十五年》："设两观，成大路，天子之礼也。"汉代统治者对此曾有明确的解释。《白虎通义》谓："门必有阙者何？阙者，所以饰门，别尊卑也。"汉代宫廷均有阙，阙的规格应有规定。阙的形制有单出阙、双出阙、三出阙等，三出阙似乎只有皇帝能够使用。

皇宫内部的陈设，等级制体现得最为鲜明。《西京杂记》载："汉制天子玉几，冬则加绨锦其上，谓之绨几。以象牙为火笼，笼上皆散华文。后宫则五色绫文。""夏设羽扇，冬设缯扇。公侯皆以竹木为几，……不得加绨锦。"皇帝御用的物品独一无二，与公卿绝不相同。但逾越等级的事也时有发生。西汉权臣霍光死后，其夫人改变霍光生前所定的茔制，"起三出阙"，被世人视为僭越礼制。②

宫室建筑自然非皇室莫属，在民间，衣食住行四要素中，住宅最容易体现出贫富差别。衣食行可能随时有变化，住宅则从建造到居住，稳定而持久，其过程体现着家庭的综合实力，凝聚着家庭的希望。乡村中豪族与贫民的区别，观其住房便清清楚楚。

汉代是儒家学说确立其统治地位并渐次普及于民间的时期。儒家强调等级性，对不同身份的人从衣食住行到言谈举止，从形式到内容，从礼仪到实质精神，都有明确的规定与阐述，包括皇帝在内。孔子曾反复论述等级制的必要性，强调大臣的衣食住行必须与其官秩等级相符合，否则将"上难乎其上，

① 《礼记·礼器》。
② 《汉书·霍光传》。

下难乎其下"。从汉初儒家的代表人物贾谊开始，两汉的儒生们一直倡导礼治，他们沿袭先秦以来"礼不下庶人，刑不上大夫"的传统，强调从皇帝到各级官吏再到平民百姓，无论是生活起居还是车马出行，都要有明显的外在标志。皇帝也不能为所欲为，要以"天命"为指归；皇宫也要有限制，并非无度。尤其是汉初君臣从方方面面总结亡秦教训时，秦始皇的盛修宫室更是被他们一再论及，深以为戒。陆贾《新语·无为篇》有"秦始皇骄奢靡丽，好作高台榭、广宫室。则天下富豪制屋宅者，莫不仿之。设房闼，备厩库，缮雕琢刻画之好，博玄黄琦玮之色，以乱制度"之说。汉代士人为统治者计之深远，在论及衣食住行时，从劝谏君主的角度出发，往往持"今不如古"的论调。从汉初的贾谊，到盐铁会议上的贤良文学，西汉后期的贡禹、丙吉，再到东汉的王符、仲长统，无不如此。盐铁会议上的六十多位贤良文学是从全国各地奉诏而来，他们与官方代表桑弘羊展开针锋相对的辩论时，屡屡抨击社会风气。其中比较集中言及居住状况的，如《盐铁论·散不足篇》："古者，采椽茅茨，陶桴复穴，足御寒暑，蔽风雨而已。……今，富者井干增梁（房梁上有藻井）"，墙壁、栏杆、地面均有装饰。儒生们认为长此以往，帝将不帝，必须限之以等级。西汉中期以后，王公贵族的住宅雕饰成风，扬雄针对这种社会现象，主张"墙以御风，宇以蔽日，寒暑攸除，鸟兽攸去"即可，过度营建宫室甚至会导致"人力不堪而帝业不卒"。[1] 儒生们在上疏中常将"田宅"连在一起，抨击豪族"连栋数百"的现象。秦汉流行"事死如事生"的思想，阴宅仿阳宅而为，东汉后期的崔寔对民间营建"高坟大寝"的现象，表示出"是可忍，孰不可忍"的愤慨。[2] 两汉时期不绝于耳的"限田宅"的呼声，在实际政治中的作用微乎其微，但作为一种道德规范和社会舆论，一直存在。

## 二、"良田广宅"的追求

统治者或儒家的主观意愿和道德宣传难以阻止世俗社会对物质生活的渴求，随着社会经济的发展，崇利求富，炫耀富贵，及时享乐成为秦汉社会风尚。为遏制富商大贾势力，汉初曾规定"商人不得衣丝乘车"，但文景时期商人已结驷连骑，卓王孙等人富倾一方，住宅豪华，"田池射猎之乐，拟于人

---

① （清）严可均校辑：《全上古三代秦汉三国六朝文·全汉文》卷54，《将作大匠箴》，中华书局1958年版。

② 《后汉书·崔寔传》。

君"。① 从中央到郡国，活跃于政治舞台上的官吏，为皇帝所重用的权贵，以及各地的豪强、富商大贾，竞相夸富，追求生活的享受成为一种趋势。司马迁在《史记·货殖列传》中引用的"天下熙熙，皆为利来；天下攘攘，皆为利往"是流行于当时的谚语，它生动而形象地反映了普遍存在于社会各阶层的求富趋利的心态。充溢于秦汉瓦当、铜镜中的"安乐富贵"、"千秋万岁富贵"、"千秋万岁宜富安世"、"君宜高官"等文字，《古诗十九首》中"为乐当及时，何能待来兹"的诗句，反映的是时人不可遏止的对富贵的渴求。拥有"良田广宅"是富有的主要标志，它理所当然地成为人们的追求目标。

经济社会的发展，物质生活的丰富，上流社会改善居住条件，追求住宅的形式美与装饰美，是一种必然的趋势。董仲舒曾指出当时的新贵"因乘富贵之资力……广其田宅，博其产业，畜其积委"。② 民间富豪的居室有"连栋数百"者，更有"穷极技巧"者。秦汉时期地面建筑遗迹很难保留，汉墓的形制以及画像石、画像砖上大量的建筑图像，陶楼，陶仓房等，折射出当时富贵人家深宅大院，前堂后室的居住情景。

普通民众的居住条件也得到明显的改变。封建经济的长足发展，促使居住质量普遍提高。从战国晚期与秦末的战火中走出，西汉文景时期社会经济逐步发展起来，作为人们起居之所的住宅自然也在悄无声息地发生着变化。秦砖汉瓦历来为人们所称颂，砖瓦成为基本的建筑材料。在中原地区，半地穴式的房屋仍有相当数量，而五口之家通常的居住模式"一堂两内"，已完全在地面上营建。富贵人家的大型院落多为数代同居，三合院、四合院成为基本的建筑布局。汉代形成的各种类型的民居，在我国古代一直沿袭下去。汉代的院落形式今天仍能觅其踪影。

秦汉的统治者以雄伟壮丽的宫殿园囿建筑显示他们的尊严与权势，贵族用高楼连阁雕梁画栋显示他们的富有。普通民众的居住条件则差异较大。"一堂两内"的院落最为常见，富裕者可有两重院落，贫寒者只能以破席为门。

秦汉是统一王朝的开创阶段，制度比较疏阔，住宅营建并无后世那些严格的规定。统一的王朝，专制的政治体制要求等级有序，但经济发展的活力不可遏制。此期的居住呈现出一种比较自由的状态。

---

① 《史记·货殖列传》。
② 《汉书·董仲舒传》。

# 第二章

# "百郡千县"：城市居住环境

秦朝短命，有关城市的情况，文献中记载较少。汉朝存在四百余年，经济得到长足的发展。西汉都城长安与东汉都城洛阳是全国的政治中心、文化中心，也是商业中心。春秋战国以来久负盛名的一些城市焕发出新的生机。同时，随着统一王朝疆域的扩展，郡县制的确立与巩固，一批新的城邑也发展起来。

东汉王符在《潜夫论·浮侈》中言及洛阳商人与虚伪游手者众多的情况时说："天下百郡千县，市邑万数，类皆如此。"所谓"百郡千县"是有依据的。《汉书·地理志》载：西汉平帝时"凡郡国一百三，县邑千三百一十四，道三十二，候国二百四十一。"《续汉书·郡国志》载：东汉顺帝时全国有105个郡国，县级行政区1180个。可见自西汉到东汉，郡国的数目基本上没有改变。"市邑万数"则比较空泛。有学者认为，"市邑"应指有市的乡邑。① 而乡邑与郡治或县城毕竟有明显的区别。这里主要着眼县级以上城市。

## 第一节　城市分布格局

### 一、城市特色

关于秦汉时期城市的性质与特色，学术界看法不一。这个问题非本书论述范围，但它涉及到城市的居民成分、居住环境、城市的面貌等，在此略作陈说。

20世纪上半叶，陶希圣先生曾提出，汉代城市既是商业发展的结果，也是商业繁荣的标志。② 20世纪80年代初，何兹全先生进一步明确："战国秦

---

① 张继海：《汉代城市社会》，社会科学文献出版社，2006年版，第222页。
② 陶希圣：《西汉经济史》，商务印书馆1931年版。

汉时期的城市，有着繁荣的城市经济生活，一个城市就是一个地区的经济中心，它的经济势力可以操纵一个广大地区的农村经济生活和农民的命运。魏晋南北朝的城市只不过是一个地方政府的所在地或一个军事要地。"① 2000 年由《历史研究》编辑部组织的一次笔谈中，何兹全先生再次强调，战国秦汉是城市国家，人口一般围着城市居住。远离城郭的地区，人口越来越少。汉代城市人口大约占总人口的 40% 左右。② 俞伟超先生也认为："人口集中于城市的情况，在战国至汉代（至少在西汉），在我国历史上是仅见的。这样的历史，完全可以说是城市的历史。"③

胡如雷先生则认为，在封建城市形成过程中，起关键作用的因素不是商品经济的繁荣，而是统治者的军事和政治需要。战国秦汉时期城市的成批出现与郡县制的确立有密切关系。郡县治所是国家的政治和军事据点，不是因工商业人口自然集中而形成的城市。据王符《潜夫论·浮侈》等描述，汉代郡县城市中绝大部分居民是官僚、地主、军队和游手等消费人口，工商业者是绝对的少数。④ 傅筑夫先生提出，中国古代的城和西方古代的城不同。欧洲中世纪的城是工商业中心，是独立于封建领主控制之外的一种自由的城市。中国的城是统治阶级根据统治者政治、军事需要有目的兴建的，从建筑的地点、面积的大小，到城墙的高度、城门郭门的数目、市场的位置、建筑物的排列，均有一定的制度。战国以前的城市，实际上是有围墙的农村。秦汉到明清，城市的性质和作用没有改变。⑤

以上看法，或多或少与建国后社会发展形态争论的背景有关。但后者的论证显然更具说服力。

日本学者对中国古代城市与乡村聚落及其功能也有较多的研究。20 世纪50、60 年代，日本学者宫崎市定曾发表系列论文，提出中国先秦两汉是都市国家的观点。他认为汉代的乡、聚、亭与县的性质相同，只不过小一些，它们的四周也有城郭，汉代人口的绝大部分都住在这些都市里，远离城郭的零星人

---

① 何兹全：《汉魏之际封建说》，《读史集》，上海人民出版社，1982 年版，第 13 页。

② 何兹全：《中国古代社会形态演变过程中三个关键性时代》，《历史研究》2000 年第 2 期。

③ 俞伟超：《中国古代都城规划的发展阶段性》，《先秦两汉考古学论集》，文物出版社，1985 年版，第 40 页。

④ 胡如雷：《中国封建社会经济形态研究》，三联书店，1979 年版，第 245 ~ 286 页。

⑤ 傅筑夫：《中国古代城市在国民经济中的地位和作用》，载《中国经济史论丛》上册，三联书店，1980 年版，第 321 ~ 386 页。

家很少。① 从这个意义上说，"都市国家"当然是可以成立的。《史记·货殖列传》中有"名国万家之城，带郭千亩亩钟之田"等排比的句子，将城、郭、田连在一起，秦汉时期有许多这样的乡邑。但这里所谓的"都市"概念与我们通常所理解和使用的"都市"和"城市"的概念显然是有区别的。

秦汉是中国古代社会经济蓬勃发展的时期，城市生活是比较活跃的。战国时期，各地商业已有一定的基础。秦汉天下统一，为商人周游天下提供了更为便利的条件。都城和中原一些郡城以及地处交通要道的县城随着人口的增多，消费水平的提高而日趋繁荣。司马迁的《史记·货殖列传》就是在这种背景下产生的，它可以说是中国历史上第一篇商人与商业文化的专论。但农业经济是决定性的因素，秦汉的商业与城市建立在农业社会的基础之上。笔者曾对汉代所谓"商人兼并农人"问题进行过粗浅的探讨，认为西汉时期导致农民流亡的主要原因并不是商业的繁荣，商人的兼并，而是政府的赋税和自然灾害，西汉朝廷制订的"流民法"有助于说明这个问题。② 秦汉是专制主义中央集权制确立和巩固的时期，商人可以因经商而富比王侯，也可以因朝廷的一道诏令而倾家荡产。商人资本被纳入政府的视野，朝廷有权随时没收商人的资产。汉武帝时商贾中家以上大抵破产，便是国家财政产生危机时对商人资产的强行剥夺。重农抑商是秦汉的传统政策，为保证政府赋税徭役的供应，统治秩序的稳定，必须扶植和巩固小农经济。秦汉商业的确繁荣，但城邑是农业社会的结构。中西方的封建城市有明显的不同，西欧中世纪的城市，居民是有自由权的市民；中国城市中的居民置于国家强有力的管理之中。汉代的城市也是如此。

中国古代都城选址首先从政治、军事、经济等方面着眼，先秦时期列国林立，都城选址尤其要从军事角度考虑。秦孝公十二年（前350）以咸阳为都城，秦朝统一天下仍以此为都，秦朝于前206年灭亡，咸阳作为都城达144年之久。《咸阳县志》谓咸阳"南临渭水，北依九峻，左挟崤函，右控巴蜀。"这是秦国的根据地，战国中后期据此远交近攻，步步为营，逐渐向东方扩大地盘。其地势的险要，经济的富庶是秦长期定都于此的重要因素。

西汉初年，刘邦及其臣下关于都洛阳还是都关中的讨论，主要是从"用武"的角度考虑。刘邦及其功臣绝大多数出身草莽，在推翻秦王朝后，对于京师所在位置及其规划并无通盘的考虑。汉高祖五年，刘邦欲定都洛阳，齐人

---

① 见刘俊文主编：《日本学者研究中国史论著选译》第3卷，中华书局，1993年版，第1～29页。
② 黄宛峰：《西汉时期的商业资本与小农经济》，《中州学刊》，1982年第2期。

刘敬主张定都关中，其理由主要有两条，一是关中"地被山带河，四塞以为固"，二是素为"膏腴之地"，经济富庶。① 然而"群臣皆山东人"，均不愿意远离家乡，争言定都洛阳之利。最后重臣张良一言定鼎，言洛阳地盘小，"田地薄"，关中沃野千里，地势易守难攻，其实是重申了刘敬的两条意见。② 但由于他的身份特殊，其谋略为大家所信任，刘邦即日由洛阳启程，遂定都长安。

东汉定都于洛阳，有诸多因素。

一是长安暂时不可得。刘秀在河北称帝后，长安为更始帝刘玄所占据。且长安地理位置偏于西北，从东方运粮到京师比较困难，这个问题西汉后期已比较突出。汉宣帝时大司农中丞耿寿昌曾上书，对"岁漕关东粟四百万斛以给京师，用卒六万人"的"故事"提出改进的建议。西汉末年，长安又遭到毁灭性的破坏。赤眉起义"烧长安宫室，市里，……民饥饿相食，死者数十万，长安为墟，城中无人行，宗庙、园陵皆发掘，惟霸陵、杜陵完"。③ 刘秀长期在长安游学，又曾接触当时的官吏，对长安的情况应当是了解的。④

二是刘秀的基本力量在洛阳周围。刘秀从南阳起事，在颍川扩大兵力，又转战河北，南阳、颍川、河北豪族是刘秀依靠的主力，黄河中游两岸是他的根据地。

三是洛阳有深厚的文化积淀。洛阳具有"天下之中"的地理优势和礼乐文化传统。早在商末周初，洛阳便被视为"土中"、"中国"，西周以洛邑为陪都，使之成为东方重镇。春秋战国时期，周天子虽然已威风不再，但洛邑毕竟为周王室所在，作为唯一的天子之都，它是华夏族凝聚人心的一面旗帜。儒家重经典，史载周公在洛阳制礼作乐，老子为周的守藏史，孔子到洛阳问礼等等，均为洛阳的文化盛事，洛阳的礼乐文化传统常为儒生所津津乐道。王莽建立的新朝，刘秀建立的东汉，在都城的选择上都开始宣扬"文"的因素，实际上是在充分考虑政治、军事诸因素前提下的一种文饰。但这种文饰建立在洛阳本身具有文化内涵，王莽、刘秀在儒家文化素养的基础上，发掘洛阳的文化资源，为己所用。王莽甚至将许多县改为亭，"郡县以亭为名者三百六十，以应符命文也。"洛阳为先秦名都，正可大做文章。王莽始建国五年，一度欲将

---

① 《史记·刘敬列传》。

② 《史记·留侯世家》。

③ 《汉书·王莽传》。

④ 《汉书·食货志》。

都城由长安迁往洛阳，他曾以"玄龙石文"中有"定帝德，都洛阳"的符命为由，宣传迁都之事，在长安百姓中造成极大的影响，准备盖房起屋的人家一时不敢操办。① 虽然最终未能迁都，但王莽欲借"符命"之威达迁都目的，可见洛阳在王莽这位以恢复周礼为号召的政治家心目中地位之重要。刘秀定都洛阳显然也有他文化上的考虑。《东观汉记·光武皇帝纪》载：刘秀"案图谶，推五运，汉为火德。周苍汉赤，水生火，赤代苍，故上都洛阳。"汉代盛行天人感应说，五行相生相克说，刘秀明确汉为火德，继承周统，洛阳便与传说中的周公在洛阳制礼作乐之事联系起来，承续了周的仁厚之德。刘秀虽为刘邦的九世孙，但他这一支早已疏离皇族，他建立的东汉王朝名为"汉家中兴"，实乃新创，从图谶、五德终始说中寻找根据，论证洛阳的正统性、神秘性，是刘秀明智的选择。

京师如此，地方城邑的政治文化功能也很鲜明。春秋战国长期争霸战争，使各地满布大大小小的城邑，秦汉王朝将先秦城邑纳入统一王朝的行政体系之中，进行严格的管理。秦始皇曾堕毁城郭，以加强秦王朝对东方地区的控制。贾谊《过秦论》中有秦朝"堕名城"的说法，《史记集解》引应劭的解释曰："坏坚城，恐人复阻以害己也。"汉则大修城郭，在地方上建立起一个个牢固的统治据点。汉六年（前201），汉高祖"令天下县邑城"，② 即命令全国所有的县城一律修筑城垣。《汉书·高帝纪》附张晏注曰："皇后、公主所食曰邑，令各自筑其城也。"师古曰："县之与邑，皆令筑城。"实际邑并不止于皇后、公主食邑。战国秦汉的县邑常连称，邑应包括一些与县大致相当或稍小的城邑。洛阳发现的汉代河南县城遗址，城墙以夯土筑造，周长5400余米，基宽6米以上。城址平面接近方形，"只有西城墙随涧河的曲折流向而斜向内凹，使西北墙角形成抹角。"③ 城墙高筑，防御严密，这便是统一王朝在各地的统治据点。遍布全国的郡县治所，将统一王朝的政令畅通无阻地贯彻到最基层的乡里。没有这些郡县城市，"海内一统"便只能是海市蜃楼。

## 二、城市的分布

秦汉时期咸阳、长安、洛阳三大都城中，长安、洛阳有稳定持续的发展。

① 《汉书·王莽传》。

② 《汉书·高帝纪》。

③ 中国社会科学院考古研究所编：《新中国的考古发现和研究》，文物出版社，1984年，第398页。

施坚雅曾指出:"中国最早的城市体系,是在华北与西北发展起来的,中心分别是黄河西部泛滥平原与渭河下游流域。但这些体系原来是相当有限的,经历近一千年的城市发展,直至汉代,才扩大到足以适应整个大区需要的程度。我们可以论证,在西北,只有到了唐代,才有充分整合的大区规模的城市体系;在华北,则要到北宋时。"① 他所说的汉代两个城市体系中心,即以长安为中心的关中和以洛阳为中心的中州。关中和河洛自三代以来即为传统的农业区域。咸阳、长安位于渭水流域,洛阳位于伊洛二水交汇处。土地肥沃、水源充足,是长安、洛阳立都的重要前提。东汉定都洛阳后,还有不少大臣议论迁回旧都长安之利,未被采纳,可见长安之巨大影响。洛阳此后为曹魏、北魏首都,基础奠定于东汉。

汉代的地方行政体制实行郡国并行制。郡治所在的城市一般为一郡之中经济富庶、交通便利的县城。诸侯王国虽在西汉时期实力不断削弱,但一国之中拥有数城的情况仍很普遍。如梁国在汉文帝时"北界泰山,西至高阳(今河南杞县西南),四十余城,多大县。"② 县级城市是各地的统治中心。县作为历代行政区划的基层组织,从秦至今,沿而不改。这是中国社会长期稳定的重要原因之一。

《史记·货殖列传》列举西汉初年至武帝时著名的城市有长安、杨、平阳、温、轵、邯郸、燕、洛阳、临淄、陶、睢阳、江陵、陈、吴、寿春、合肥、番禺、颍川、宛寻。除长安、洛阳外,多数是郡城。这些城市除寿春、合肥、江陵地处长江以北,吴和番禺两城位于长江以南外,绝大多数位于北方黄河流域的经济发达区。它们地理位置优越,交通便利,物产丰富,具有明显的优势。如"齐带山海,膏壤千里,宜桑麻。"③

《盐铁论·通有》中汉昭帝时御史大夫桑弘羊的话曰:"燕之涿、蓟,赵之邯郸,魏之温、轵,韩之荥阳,齐之临淄,楚之宛邱,郑之阳翟,周之三川,富冠海内,皆为天下名都,非有助之耕其野而田其地者也,居五诸之冲,跨街衢之路也。故物丰者民衍,宅近市者家富。"与《史记·货殖列传》所列城市的名称大同小异。荥阳、临淄、阳翟、江陵、寿春、颍川均为春秋战国时期的国都,文化发达,交通便利,人口众多,长盛不衰。

---

① (美)施坚雅:《导言:中华帝国的城市发展》,施坚雅主编《中华帝国晚期的城市》,中华书局,2000年版,第15页。

② 《史记·梁孝王世家》。

③ 《史记·货殖列传》。

秦汉的四百余年中，全国范围内城市的分布情况，呈现北方城市密集，南方稀少的状态。北方城市集中分布于黄河中下游和淮河流域。这一区域的城市多为先秦以来长期发展的都邑。北部边疆由于统一王朝军事防御的需要，增加了为数众多的边城。东南吴越地区的会稽山阴（今浙江绍兴）等地，城邑呈发展态势。如上虞县城有书馆，有学生百人，①说明其文化已比较发达。

汉末战争频仍，中原人口流徙者众，很多城邑成为废墟。献帝时仲长统所谓："以及今日，名都空而不居，百里绝而无民者，不可胜数"，②是当时的真实写照。

## 第二节　都　城

### 一、秦都咸阳

秦朝首都咸阳依秦国都城旧址而扩建之。咸阳城位于渭水北岸，规模有限。秦始皇雄才大略，锐意进取，咸阳城主体格局已不可改变，为了呈现统一王朝的新形象，体天象地，便将咸阳城的宫殿与城外的离宫别馆以甬道、复道等连接起来，形成蔚为壮观的宫殿群。公元前 220 年，在骊山墓与宫殿之间又"筑甬道，自咸阳属之。"甬道，《史记正义》引应劭之说："谓于驰道外筑墙，天子于中行，外人不见。"复道为上下两重，地面以夯土筑成，其上以木构架道路。《史记集解》引如淳解释曰："上下有道，故谓之复道。"秦始皇建阿房宫时"为复道，自阿房渡渭，属之咸阳。"仿造六国宫殿时，"自庭门以东至泾、渭，殿屋复道周阁相属。"③

秦王朝时期的咸阳城，文献记载不多。秦始皇曾将侯生车裂于市，"临四通之街"，即东西南北交叉的十字路口，以收杀一儆百之效。位极人臣的李斯与其子亦被腰斩于咸阳市。④咸阳的街道应为方正之形。

咸阳以山川河流为屏障，文献未发现有关秦城墙的明确记载，迄今为止的考古发掘亦未发现秦朝咸阳城墙的遗址。中国古代的城一般在四周建有高大的城墙以守御城中，在没有山川阻隔的平原上，人们在较远的地方即可遥望到城

---

① 《论衡·自纪篇》。

② 《后汉书·仲长统传》。

③ 《史记·秦始皇本纪》。

④ 《史记·李斯列传》。

墙，筑城修墙是必须的。从贾谊《过秦论》"堕名城"来看，先秦一般的城都有墙。秦灭魏时，根据大梁（今河南开封市）城地势较低的特点，引水灌城，"三月城坏"，土筑城墙经三月浸泡而倒塌，魏王不得已而投降。① 秦无城墙，可能与秦国的地理位置与政治形势有关。秦国地处西陲，在东进过程中周围无强大的敌国，统一东方后，咸阳城周围不断有工程兴建，大概未及建造城郭，秦王朝已被推翻了。

### 二、"秦、汉之所极观"——西汉长安

自汉高祖定都长安到王莽新朝，长安经二百余年的经营，成为气度恢弘的繁荣都市。班固《西都赋》中说汉家王朝"图皇基於亿载，度宏规而大起，肇自高而终平，世增饰以崇丽，历十二之延祚，故穷奢而极侈。"其实，汉初并无"宏规"，汉武帝时期在经济发展的基础上大建宫室园囿，又迁徙不少富商、吏民于此，长安的大都市优势方得以充分体现。

西汉定都长安后开始建设都城，起初并没有完整的规划方案。咸阳经秦末战火已成焦土一片，汉朝廷先将渭南的秦代离宫兴乐宫整修扩建，改名长乐宫，作为施政与皇帝起居之地。随即在长乐宫以西建未央宫，两年后建成。同时还营建了北宫。公元前194年，汉惠帝下令开始营建长安城墙。《汉书·惠帝纪》："三年春，发长安六百里内男女十四万六千人城长安，三十日罢。"注引郑氏之说："城一面，故速罢。"集中如此众多的人力在一个月之内修一面城墙，看来筑城有一定计划。而长乐宫、未央宫均位于城南，可能是先修南面城墙。同年"六月，发诸侯王、列侯徒隶二万人，城长安。"《史记·吕太后本纪》引《汉宫阙疏》："（孝惠帝）四年筑（长安城）东面，五年筑北面。"《汉书·惠帝纪》："五年春正月，复发长安六百里内男女十四万五千人，城长安，三十日罢。……九月，长安城成。"此后又建起西市。长安已初具帝都规模。

长安城墙高大，角楼耸立。《史记·吕太后本纪》引《汉旧仪》曰："（长安）城方六十三里，经纬各十二里"，《三辅黄图》称"周曰六十五里"，又载：城墙"高三丈五尺，下阔一丈五尺，上阔九尺，雉高三版"。《汉旧仪》载"城下有池围绕，广三丈，深一丈，石桥六丈，与街相直"。据勘察，长安城城墙周长25700米，约合汉代六十二里多，证实了文献记载的可信。经实

① 《史记·魏世家》。

测，长安城的东墙6000米，南墙7600米，西墙4900米，北墙7200米。其中东城墙保存得最好。城外有城壕，距城墙一般30米，深3米。①

秦汉的都城建设具有体天象地、大气磅礴的特点。日本学者驹井和爱曾指出：

中国古代都市计划有两个特点，一是模仿《考工记》，另一个特点是象天。《吴越春秋》卷五记范蠡筑城，"观天文、拟法于紫宫，筑作小城"。《史记·秦始皇本纪》：始皇"作信宫渭南，已更命信宫为极庙，象天极"。又"自阿房渡渭，属之咸阳，以象天极阁道，绝汉抵营室"。《三辅黄图》讲到咸阳故城说："引渭水，灌都，以象天汉。"都城中甚至有人工河道。易县燕下都是象天的一个例子。长安城面朝后市，城郭的南墙象南斗，北墙象北斗，集中了上述两个特点。②

驹井和爱主要以秦汉都城为例来说明中国古代都城的象天，目光是精到的。秦汉的都城、宫室制度凝聚了中国古代政治文化的核心内容，奠定了封建王朝的帝都规划框架。其都城、宫殿、园囿规模与气魄之大，在中国历史上空前绝后。作为大一统王朝开端与确立的重要标志，秦汉都城、宫殿象天的特征最为突出鲜明。咸阳宫"端门四达，以制紫宫，象帝居。渭水贯都，以象天汉。横桥南渡，以法牵牛"，在秦始皇看来天经地义。③ 紫宫为星座名，古代天文学家分天体恒星为三垣，紫宫居中垣，为天帝的居室，人间帝王对应天上的星宿，秦始皇的皇宫自然应该是紫宫。阿房宫"周驰为阁道，自殿下直抵南山。表南山之颠以为阙。为复道，自阿房渡渭，属之咸阳，以象天极绝汉抵营室也（以仿紫宫经银河抵达营室星的样子）。"④ 咸阳城以及咸阳宫、阿房宫的"象天"，是毫无疑义的。

长安城的形状，究竟是"象天"建为斗城，还是依宫殿与河流的自然走向而偶合南斗北斗之状，则有争议。长安城的平面为不规整的矩形，除东面平直外，南北西三面墙均有曲折，南城墙基本依长东宫未央宫宫墙的走向而筑，北面有渭水。《三辅黄图》中明确说，长安"城南为南斗形，北为北斗形，至今人呼汉京城为斗城是也。"有学者认为这是附会，因二宫在前，后修城墙，故"不惜委折迁就，包二宫于内，好事者遂有南斗之称。其北城滨渭，若作

① 刘庆柱、李毓芳著：《汉长安城》，文物出版社，2003年版，第14～15页。
② 参见驹井和爱：《曲阜と易水》，《中国都城·渤海研究》，雄山阁，1977年版，第45～47页。
③ 《三辅黄图》。
④ 《史记·秦始皇本纪》。

方城，西北隅必当渭之中流，故顺河之势，成曲折迂回之状，亦非尽类北斗也"。① 但长安城的确是城南呈南斗形，城北呈北斗形。如果依自然地势筑城，它也可以是另外的样子，不会如此巧合。秦汉时期盛行天人合一的思潮，秦宫室制度往往为汉所继承，《三辅黄图》、《三辅旧事》的记载应当是可信的。②

汉武帝建元三年（前138）修起上林苑，元狩三年（前120）凿昆明池，太初元年（前104）筑建章宫，太初四年（前101）营建明光宫、桂宫。长安城基本布局已定。西汉末王莽于长安城南郊又修建起明堂、辟雍等京城独有的礼制建筑。

长安城的街道规整，布局严谨。首先是城门的"一门三道"。长安城每面有三个城门，东城墙由北而南是宣平门、清明门、霸城门，南城墙自东向西有覆盎门、安门、西安门，西城墙自南而北是章城门、直城门、雍门，北城墙自西向东是横门、厨城门、洛城门。从已发掘的城门遗址看，每座城门均由两条并列的隔墙将其分为三个门道，每个门道宽8米左右。从霸城门发掘所见汉代车辙痕迹，知其宽1.5米，那么一个门道可容四辆车，三个门道可供十二辆车并列出入。十二座城门以霸城门、西安门最为壮观，因为霸城门与长乐宫相对，西安门与未央宫相对。霸城门、西安门门道的隔墙宽达14米，城门面阔52米；而宣平门、直城门、横门隔墙宽4米，城门面阔32米。③

其次是城内的"一道三涂"。它与城门的"一门三道"对应。八座城门延伸出八条大街通向城内，构成了长安城街市基本布局。霸城门、覆盎门为长安宫的门卫，西安门、章城门为未央宫的门卫，地位特殊，除此四门之外，其余八座城门均开辟直通城内的道路。八条大街中，最长的街道是南面城门的安门大街，为南北向，长5400米，几乎贯穿全城。最短的街道是北面城门的洛城门大街，亦为南北向，长800米。东西向的雍门大街长2890米。宣平门大街3800米。清明门大街3100米。直城门大街2900米。宽45～56米不等，每条大街均有两条排水沟，将其自然分为三条道路。中间的道路宽20米，两侧的道路各宽约12米。城内大街的中道为驰道，专供皇帝行走。《太平御览》卷一九五引《洛阳记》曰："宫门及城中大道皆分作三。中央御道，两边筑土墙，高四尺余，外分之。惟公卿、尚书章服道从中道，凡人皆行左

① 《刘敦桢文集》（一）《大壮室笔记》，中国建筑工业出版社，1982年版。
② 《史记·吕太后本纪》注引《三辅旧事》："城形似北斗"。
③ 刘庆柱、李毓芳著：《汉长安城》，文物出版社，2003年版，第14～15页。

右。"应是沿袭西汉之制。《西都赋》载："建金城其万雉，呀周池而成渊。披三条之广路，立十二之通门。"与此相符。《西都赋》中的"池"，即指护城河。"三条广路"、"十二通门"指每面城墙三门，总共十二门，十二条道路。

《三辅决录》载："长安城，面三门，四面十二门……三涂洞辟，隐以金椎，周以林木"。城内宫殿、官署、仓库等已占据近三分之二的地盘，再加上市场、道路等必要设施，居民住宅受到较大限制。长安城中有160个里，《三辅旧事》载城内"室居栉比，门巷修直"。西汉平帝元始二年（公元2年）曾"起五里于长安城中，宅二百区以居贫民"，[①] 大概是临时应急。

长安城外林木环绕，众多离宫别馆，星罗棋布，风景优美。《西都赋》曰：长安"其阴则冠以九嵕，陪以甘泉，乃有灵宫起乎其中。秦、汉之所极观，渊、云之所颂叹。……西郊则有上囿禁苑，林麓薮泽，陂池连乎蜀、汉，缭以周墙，四百余里，离宫别馆，三十六所，神池灵沼，往往而在。"

长安城的规模、气派屡为汉代文人所赞颂，亦为智者所批评。扶风平陵人梁鸿有感于汉代宫室富丽而作《五噫歌》曰：

陟彼北邙兮，噫！

顾瞻帝京兮，噫！

宫室崔巍兮，噫！

民之劬劳兮，噫！

辽辽未央兮，噫！

梁鸿目睹帝京"宫室崔巍"，将两汉帝京联系了起来，遂生"民之劬劳"的感叹，寥寥四字，沉痛万分。元代散曲家张养浩经过潼关，眺"望西都"时则有"宫阙万间都做了土。兴，百姓苦；亡，百姓苦"的喟叹。[②] 都市繁荣，宫室巍峨，均建立于民众的血汗之上。

## 三、东汉洛阳

东汉洛阳城北依邙山，南濒洛水。晋皇甫谧《帝王世纪》曰：洛阳城垣东西长"六里十一步"，南北长"九里一百步"。陆机《洛阳记》载："洛阳旧有三市：一曰金市，在（北）宫西大街内；二曰马市，在城东；三曰羊市，在城南。"据考古发掘，知城内南北向大街有六条，东西向大街有五条。南北

---

① 《汉书·平帝纪》。
② 《山坡羊·潼关怀古》。

宫之间有复道。

文献记载东汉洛阳城有十二城门，门皆双阙。《洛阳伽蓝记》的序中谓西面有广阳门、雍门、上西门等四门；北面有夏门、谷门两座门；东面有三门：上东门、中东门、望京门；南面有四门：开阳门、平门、小苑门、津门（因对洛阳浮桥，故称津门）。经考古发掘可知，东墙长约4200米，南墙2460米，西墙3700米，北墙2700米。今存部分墙身。东汉至魏的洛阳城门遗址亦部分存在，已发掘的夏门遗址有三条门道，与文献所载相符。①

《续汉书·百官志》刘昭注引蔡质《汉仪》曰："洛阳，二十四街，街一亭"，洛阳街道纵横，交通繁忙，城门等处有时甚至因拥挤而发生争端。《后汉书·鲍永传》注引《东观记》：赵王刘良从城外回来，入夏城门，在城门门道中因道路不通畅，与一位官员的车辆互不避让而发生矛盾。

张衡《西京赋》谓："高祖都西而泰，光武处东而约"，高祖之所以"泰"，萧何已作出了解释，即开国之都，"非壮丽无以重威"，光武帝的"约"，应与其儒家风范有一定关系。且洛阳有旧宫室可以利用，刘邦未都长安时，曾在洛阳南宫与群臣议论楚败汉胜的原因，洛阳原有的宫室到东汉仍存。东汉确实不象秦朝和西汉那样大兴宫室。而在时人的诗文中，洛阳仍是宫室辉煌，劳民过度。东汉末年人边让曾作《章华台赋》，借古讽今。章华台为春秋时楚灵王所建，赋中谓其"穷土木之技，殚珍府之实，举国营之，数年乃成，设长夜之淫宴，作北里之新声"，实际反映的是汉代宫廷的面貌。大学者蔡邕生活于桓灵之世，他在前往洛阳的途中曾作《述行赋》："皇家赫而天居兮，万方徂而星集。贵宠扇以弥炽兮，金守利而不戢"，"穷变巧于台榭兮，民露处而寝湿。消嘉谷于禽兽兮，下糠秕而无粒"，在他的笔下，民众生活的困苦，与宫室的巍峨，权贵的荒淫，成为鲜明的对比。

《古诗十九首》中有《青青陵上柏》：

青青陵上柏，磊磊涧中石；

人生天地间，忽如远行客。

斗酒相娱乐，聊厚不为薄；

驱车策驽马，游戏宛与洛。

洛中何郁郁！冠盖自相索；

长衢罗夹巷，王侯多第宅。

---

① 刘叙杰主编：《中国古代建筑史》第一卷，中国建筑工业出版社，2003年版，第398～399页。

两宫遥相望，双阙百余尺；

极宴娱心意，戚戚何所迫？

这首诗是一位失意之士眼中的洛阳。桓灵时期，政治腐败，外戚宦官竞修第宅，洛阳形成甲第连云的壮观景象。繁华京城，冠盖相望。诗中"长衢罗夹巷，王侯多第宅；两宫遥相望，双阙百余尺"四句，正是帝都气派的真实写照。

### 四、都城风貌

首都的规模和风貌是独一无二的。欧洲城市有教堂等开放的公众集中场所，道路呈放射状。秦汉的京都是封闭式的，人们生活在城垣之中，基本是棋盘式的交通系统。秦为大一统王朝的开端，都城有不少新的设施，呈现出开创期的生机。

1. 京城气派与贵族气息

《东城高且长》写洛阳城东三门的非凡气势曰："东城高且长，逶迤自相属；回风动地起，秋草萋已绿。"京师自有一种威严的气势。京师中，除皇宫、官署代表着国家最高政治权威外，还有外国使节邸第，地方郡国的驻京机构等。

京师供外国使节居住之地被称为蛮夷邸。[①] 汉朝通西域后，开始了与西域诸国乃至更远地区的联系，京师的外国使者是重要的桥梁。

京师有各郡邸第，主要供上计吏以及郡中其它官员到京师奏事居住。因此它荟萃各地方言。《汉书·朱买臣传》写朱买臣被拜为会稽太守后在京师郡邸的一幕曰：

初，买臣免，待诏，常从会稽守邸者寄居饭食。拜为太守，买臣衣故衣，怀其印绶，步归郡邸。值上计时，会稽吏方相与群饮，不视买臣。买臣入室中，守邸与共食，食且饱，少见其绶。守邸怪之，前引其绶，观其印，会稽太守章也。守邸惊，出语上计掾吏，皆醉，大呼曰："妄诞耳！"守邸曰："试来视之。"其故人素轻买臣者，入内视之，还走，疾呼曰："实然！"坐中惊骇，白守丞，相推排陈列中庭拜谒。买臣徐出户，有顷，长安厩吏乘驷马车来迎，买臣遂乘传去。

常年的守邸者当然是本郡人，所以朱买臣能寄寓在这里混饭吃。郡邸有中

---

① 《汉书·西域传》。

庭，有大门。会稽郡邸离丞相府的距离应不远，所以朱买臣能步行怀印而至。从"会稽吏相与群饮"到朱买臣"入室中"、"少见其绶"，再到"徐出户"、"遂乘传去"，看来郡邸地方宽敞，门户俨然。

首都与生俱来地具有新贵的气派。皇亲国戚多，达官贵人多，依附皇族、外戚的家族也享受特权，在京师的住所不同凡人。东汉洛阳的"北阙甲弟"皆为功臣权贵之家。贵族或豪门交游广泛，门庭若市，有奴仆专门替主人掌管迎来送往之事。戚里则为外戚居住的区域。《史记·万石张叔列传》曰：石奋"徙其家长安中戚里，以姊为美人故也"。《史记索隐》："小颜云：'于上有姻戚者皆居之，故名其里为戚里。'《长安记》，戚里在城内。"

西汉初还建有新丰县，是专门为刘邦的父亲解闷的。《西京杂记》载：

太上皇徙长安，居深宫，凄怆不乐。高祖窃因左右问其故，以平生所好皆屠贩少年、酤酒卖饼、斗鸡蹴鞠，以此为欢。今皆无此，故以不乐。高祖乃作新丰，移诸故人实之。太上皇乃悦。故新丰多无赖，无衣冠子弟故也。高祖少时常祭枌榆之社。及移新丰亦还立焉。高帝既作新丰，并移旧社，衢巷栋宇物色惟旧。士女老幼相携路首，各知其室；放犬羊鸡鸭于于通涂，亦竞识其家。其匠人吴宽所营也。移者皆悦其似而德之，故竞加赏赠，月余致累百金。

新丰故城位于陕西省临潼县新丰镇西南 2.5 公里的沙河村南，遗址为长方形的城池，东西 600 米，南北 670 米，四周是宽约 7 米的夯土城墙，城墙外有宽 12 米的壕沟。[①] 新丰城完全模仿刘邦家乡丰邑而建，故乡风情、故乡人，三秦旧地增添了楚文化的情调。由此可推知如五陵原的居住环境，定是有各地的方言与风情。

东汉灵帝时宦官张让权盛一时，不少人为做官而送礼上门，"时宾客求谒（张）让者，车恒数百千辆。"[②] 这也是京师独特的政治景观。宦官本为皇宫的奴仆，向为士人所不齿，但宦官因依托皇权而身价百倍，威风凛凛。扶风人孟佗为尽快见到张让，用钱财买通了张让"典任家事"的监奴。当孟佗去拜见张让时，"后至，不得进"，监奴却"率诸苍头迎拜于路"，和孟佗一起进门。等待在门外的人们以为孟佗与张让关系密切，争相送钱财给他。孟佗用此钱财去贿赂权要，竟然顺利得到官位。

京师还有一些特殊的居处，如廷狱。这是体现国家机器职能的设施。《风

---

① 林泊：《陕西临潼新丰遗址调查》，《考古》1963 年第 10 期。

② 《后汉书·宦者列传》。

俗通义·佚文》："廷者，阳也，阳尚生长。狱者，阴也，阴主刑杀。故狱皆在廷北，顺其位者。"汉代盛行阴阳五行学说，宫廷建筑尤其注重与天象的相符。应劭的说法应有根据。

秦以严刑峻法著称，有关监狱的记载却不多。咸阳城中应有监狱，李斯受赵高陷害而入狱，"拘执束缚"，"榜掠千余"，榜，即捶打。李斯"不胜痛"而成招，欲见二世后再申辩。赵高令人诈称御史、侍中，轮番去狱中审讯李斯，李斯起初具实申辩自己并无谋反之心，即遭毒打，待秦二世派的人去审讯，李斯认为仍是赵高所派之人，不敢再言实情。秦二世二年七月，李斯父子从狱中押出，被腰斩于咸阳市。①

汉代监狱刑法亦重。西汉的魏其候因犯罪而"衣赭，关三木"，赭衣是罪犯的囚服。《后汉书·党锢列传》载：东汉一百余名党人在洛阳狱中倍受酷刑，范滂等党人领袖"皆三木囊头，暴于阶下"，注曰："三木，项及手足皆有械，更以物蒙覆其头也。"

洛阳谷门外有行刑的场所。《后汉书·袁安传》载：犯人张俊上书自讼，值"廷尉将出谷门，临行刑，邓太后诏驰骑以减死论。"洛阳的马市也是行刑示众的地方。中平元年十月，起义领袖张角已死，被"发棺断头，传送马市"。② 各地被镇压的谋反者，也被押至京师示众。《后汉书·质帝纪》注引《东观记》：九江人马勉自称"黄帝"，率众起义，并置办有关用品，被处死，"传勉头及所带玉印，鹿皮冠，黄衣诣洛阳，诏悬夏城门外，章示百姓。"

由于皇室经常有各种工程，京师附近还有不少服劳役的刑徒。秦始皇陵园西侧偏南部发现三处墓地159座墓坑，清理了99座。秦始皇陵的修建旷日持久，刑徒们居住在荒野之上，条件极其简陋。从赵背户村发现的修陵人员墓地瓦文得知，死者是东方六国征调来的"居赀劳役"者，即无力偿还官府钱财而服劳役的人，他们以此抵偿债务。赵背户村159座秦墓绝大多数为长方形墓。汉景帝阳陵西侧也发现了数万平方米的刑徒墓地，1972年时挖出29座刑徒墓，出土人骨架35具，有的身上带有刑具。

京城附近的陵邑之设显示了皇权的威严。迁豪是秦及西汉的政策，西汉后期才废止迁民实陵。东方地区的富豪与贵族被强行迁徙到关中一带，拱卫京师，形成了民风驳杂的五陵原。

---

① 《史记·李斯列传》。
② 《后汉书·灵帝纪》。

陵邑为守帝陵而设，因而离陵园很近。如长陵邑位于长陵陵园之北，呈南北长方形，残存城墙最高处达 6 米，但东面无墙，与《关中记》所记的"长陵城有南、北、西三面城，东面无城，随葬者皆在东，徙关东大族万家，以为陵邑"完全相符。《史记·外戚世家》：武帝得知有一姊在民间，随即驱车寻之，至长陵，"当小市西入里，里门闭，暴开门，乘舆直入此里，通至金氏门外止"，为防其逃走，"使武骑围其宅"。由此条史料可见，长陵邑里门高大，有人管理，按时关闭。《汉书·食货志》描述文景之治天下安定、经济富庶的生活情形时有"守闾阎者食粱肉"之语。"守闾阎者"在陵邑应更为尽心。

京师附近有大片的功臣墓地。功臣们生前的第宅要靠近皇宫，以示尊崇，死后的坟墓也要靠近帝陵，可谓生死相依。如西汉的萧何、周勃、霍光、霍去病，东汉"历事六帝"的"中庸宰相"胡广等，均葬于京师帝陵附近。"汉陵的陪葬墓都在帝陵的东边或东北边，现存 175 座。现存陪葬墓最多的是长陵，有 63 座。"距汉高祖长陵较近的杨家湾 4 号、5 号墓，推测可能是周勃、周亚夫父子的墓。"4 号墓全长 80 多米，深 24.5 米；5 号墓全长 65 米许，有多台阶墓道；有墓门、中庭、后堂。"后堂中发现了巨大的棺椁，棺椁四周填塞木炭。① 除功臣之外，与皇帝亲近者也常葬于帝陵周围。如哀帝宠臣董贤被赐以"珠襦玉柙"，又令将作大臣在义陵旁为董贤造坟，"内为便房，刚柏题凑，外为徼道，周垣数里"，门阙甚盛。②

洛阳城北的邙山是墓葬区，不少王公贵族葬于此地。《古诗十九首》中《去者日以疏》曰："出郭门直视，但见丘与坟。……自伤多悲风，萧萧愁杀人。"《驱车上东门》一诗曰："驱车上东门，遥望郭北墓。白杨何萧萧，松柏夹广路。下有陈死人，杳杳即长暮。潜寐黄泉下，千载永不寤。……"上东门是洛阳东面城墙三门中最北边的城门，出门即可望见北邙山。"陈死人"、"潜寐黄泉下"、"杳杳即长暮"、"千载永不寤"，描绘的是凄凉阴森的场景，它很自然地引发出诗人"人生忽如寄"的感慨。

2. 浓郁的文化氛围

京都的文化氛围，是其它地方无法比拟的。而长安与洛阳的文化面貌又有不同。西汉初年的"布衣将相之局"厚重少文，刘邦和诸将刚攻入秦宫时看

---

① 中国社会科学院考古研究所：《新中国的考古发现和研究》，中国文物出版社，1984 年版，第411 页。

② 《汉书·佞幸传》。

到珍宝无数，美女如云，想到的便是享乐，唯独萧何收拾秦朝帐簿，准备此后征收税赋之用。定都长安后，朝廷中的乡土气息仍然很浓。西汉中期以后，方彬彬多文学之士。东汉初年，光武帝刘秀入洛阳，仅运载图书的车即达两千余辆。诸儒云集京师，"抱负坟册者"不可胜数。刘秀大力倡导经学，明帝为表示尊崇儒学，亲自到辟雍讲经。《后汉书·儒林列传》记其情形曰：明帝"坐明堂而朝群后，登灵台以望云物，袒割辟雍之上，尊养三老五更。飨射礼毕，帝正坐自讲，诸儒执经问难于前，冠带缙绅之人，圜桥门而观听者盖亿万计。"这里不乏夸张之辞，但东汉洛阳经学氛围浓厚是毋庸置疑的。直至东汉末年，蔡邕等人立熹平石经于太学时，儒生们抄写经文的车辆仍堵塞街巷。①

洛阳城中有书肆，游学洛阳的王充因贫穷买不起书，常到书肆看书。东观作为皇家图书馆，典籍丰富，被称为"道家蓬莱阁"，更吸引着众多的士人。《西都赋》谓："都人士女，殊异乎四方"，长期生活于京都，天子脚下，士人的服饰与举止言谈有一种优越感，与京都之外的人有明显的区别。

3. 繁荣的市场

京师的市场荟萃四方货物，具有地方城市不可企及的优势。西汉时期对外交往方兴未艾。张骞通西域，在当时被视为"凿空"之举。河西四郡的开通，使中国人得以欣赏与品味西域风物。长安城中客商云集，市场供应极为丰富，"殊方异物，四面而至"。② 城中"街衢洞达，闾阎且千"，街市人来人往，熙熙攘攘。《西都赋》说到市中"列肆"众多时谓："九市开场，货别隧分。人不得顾，车不得旋。阗城溢郭，旁流百廛。红尘四合，烟云相连"。《西京赋》：廓开九市，"旗亭五重，俯察百隧。……瑰货方至，鸟集鳞萃。鬻者兼赢，求者不匮。……彼肆人之男女，丽美奢乎许史。若夫翁伯浊质，张里之家，击钟鼎食，连骑相过"。翁伯、浊氏、质氏，均为卖饮食的商人。长安市场上日常用品应有尽有。司马迁在《史记·货殖列传》中，罗列了市场上众多的商品种类，应主要以长安为蓝本。平帝时，王莽笼络士人，得到不少人赞誉，王崇上书中说：王莽"克身自约"，"粢食逮给"全部依赖市场，每天到市场上购买，无隔夜之储。③ 由此可见长安市场中商品的丰富。

西汉后期，长安市场上各色人等都有。"酒市赵君都、贾子光，皆长安名

---

① 《后汉书·蔡邕传》。

② 《汉书·西域传》。

③ 《汉书·王莽传》。

豪，报仇怨养刺客者也。"① 看来酒市中是藏龙卧虎之地，大约酒市这种特殊的场所更容易宴饮结友。长安市中还有占卜的场所，贾谊在朝中做官时曾约人一起去市里拜访当时有名的卜者。②

《西都赋》、《西京赋》、《三辅黄图》均谓长安有九市，陈直先生在《三辅黄图校证》一书中认为，长安诸市"今可考者，有柳市、东市、西市、直市、交门市、孝里市、交道亭市七市之名，此外尚有高市"。③ 柳市在长安城西。④ 长安城的东市、西市是最有名的。有的学者认为，长安市场集中在城西，城东为官僚贵族居住区。城西接近中渭桥，商贾云集。⑤ 有的学者则认为东市以商业活动为主，西市以手工业作坊为主。东市"东靠宣平门内长安城中主要居民区，南近达官贵人的北阙甲第，西邻西市的手工业作坊区，"方便了东市的商业活动。⑥ 据勘探，东市、西市之内各有东西向或南北向的道路。市的四面均辟两门，形成一市八门。东西两市之间的横门大街发现一处大型的汉代建筑群遗址，建筑群中央的主体建筑东西 147 米，南北 56 米，⑦ 约为管理市场的官署所在。《三辅黄图》载："当市楼有令署，以察商贾货财买卖之事，三辅都尉掌之。"

西市位于长安城西北隅，曾发现铸币作坊遗址，陶俑、砖瓦等作坊遗址。东市屡见于文献记载，吴章"坐要（腰）斩，磔尸东市门"。⑧ 晁错、成方遂、刘屈厘均被斩于东市。可见东市为人流密集的闹市区。

洛阳在战国秦汉时期一直是繁华的都市。它位于天下之中，洛阳人"东贾齐鲁，南贾梁楚"，⑨ 周游郡国，非常活跃。西汉初年，经战国以来无数战争的洗劫，许多名城都萧条冷清，洛阳仍以其整齐的市容得到汉高祖刘邦的由衷赞叹，说明其城市经济持续发展。此期商业文化兴盛的标志，一是经商风气之浓。《史记·苏秦列传》载：洛阳人苏秦出外游说不成，"大困而归。兄弟嫂妹妾皆笑之，曰：'周人之俗，治产业，力工商，逐什二以为务。今子释本

① 《汉书·游侠传》。
② 《史记·卜者列传》。
③ 陈直：《三辅黄图校证》，陕西人民出版社，1980 年版，第 31 页。
④ 《汉书·游侠传》。
⑤ 黄留珠：《周秦汉唐文明》，陕西人民出版社，1999 年版，第 315 页。
⑥ 刘庆柱、李毓芳：《汉长安城》，文物出版社，2003 年版，第 165 页。
⑦ 刘庆柱、李毓芳：《汉长安城》，文物出版社，2003 年版，第 161 页。
⑧ 《汉书·云敞传》。
⑨ 《史记·货殖列传》。

而事口舌，困，不亦宜乎！'"这里值得注意的是，苏秦的家人很自然地将工商与农业等同，均视为"本"，与秦国商鞅变法以后的本末观便有明显的区别，"逐什二以为务"被他们视为理所当然，说明洛阳人经商已经比较普遍。《史记·货殖列传》也有记载曰："洛阳街居在齐秦楚赵之中，贫人学事富家，相矜以久贾，数过邑不入门。"洛阳经商风气之盛，使人们有时径直将"周人"作为商人的代表，司马迁在讲到邹鲁一带兴起经商之风时，说邹鲁之人"好贾趋利，甚于周人"。二是富商大贾之众。洛阳商人在战国两汉都很有名。《史记·货殖列传》载：洛阳人师史转运货物的车辆以百计，"贾郡国，无所不至"，富至七千万家财。"商贾之富，或累万金"的现象，在洛阳比较普遍。三是经商谋略的出现。战国时期，洛阳人白圭已成为人们赚钱生财的楷模，"天下言治生祖白圭"。白圭采取"人弃我取，人取我予"的经商办法，"趋时若猛兽鸷鸟之发"。白圭有言曰："吾治生产，犹伊尹、吕尚之谋，孙吴用兵，商鞅行法是也。其智不足以权变，勇不足以决断，仁不能以取予，强不能有所守，虽欲学吾术，终不告矣。"白圭在长期商业活动中形成的一套经商理论或曰经商哲学，可视为洛阳商业文化发达的重要标志。

东汉时期的洛阳空前繁荣。作为京师，它人口众多，商业繁盛为天下之最，同时又是中外文化交汇之地。汉灵帝爱鼓琴吹箫，喜胡箜篌、胡笛、胡乐、胡舞，及胡服、胡床、胡坐、胡饭，京都贵戚皆仿灵帝之为，胡地风俗盛行洛阳，并波及中原。东汉胡舞画像资料基本出土于今河南，画像所见胡舞者多为深目高鼻的男子，服装以束衣紧绔为特征，胡人在当时的洛阳应比较活跃。东汉王符《潜夫论·浮侈》中的一段文字为人们所熟知："今举世舍农桑，趋商贾，牛马车舆，填塞道路，游手为巧，充盈都邑，治本者少，浮食者众。……今察洛阳，资末业者什于农夫，虚伪游手什于末业。"这里应当注意的是王符所言"浮食者"、"虚伪游手"者，在京师无疑远较地方城市为多。它包括的社会阶层比较复杂。京师达官贵人云集，从之求仕者多，为之服务的侍从亦众。还有一些游荡于城乡之间的无业者。王符讲到"今人奢衣服，侈饮食，事口舌而习调欺。或以谋奸合任为业，或以游博持掩为事。丁夫不扶犁锄，而怀丸挟弹，携手上山遨游，或好取土作丸卖之，外不足御寇盗，内不足禁鼠雀。或作泥车瓦狗诸戏弄之具，以巧诈小儿，此皆无益也。"这些"游手"给京师的治安带来了较大的隐患。

京都还有一些商人利用皇室浩大的用度赚钱。西汉宣帝时，茂陵有两家商人出数千万钱购置存储用于丧葬的炭、苇等物品，欲待皇室急用时，高价售出。后逢昭帝去世，"用度未办"，正是他们赚钱的好时机。但大司农田延年却奏言商贾以此求利，非民臣所为，请没收其货入官。商人愤而出钱雇人索求田延年之罪，发现他虚报公事用度而获利，结果田延年被迫自杀。① 由此可见京都商人的经商之道与政治能量，同时从一个侧面也可以说明京师商业的某些特点及特殊的市场风貌。

4. 较为完备的城市设施

都城设施中，仅从给水、排水系统一项，即可看出当时城市规划与建设的水平。

咸阳发现地下排水管道多处。排水系统均由水池、漏斗、圆状排水管组成，"有的水池漏斗下面，水管呈弯形，最高点与落水口平行，从而形成虹吸，加速了水的流速，防止沉淀和停滞。"② 设计比较科学。

长安人口众多，用水量大。城内主要的供水渠道是一条明渠。它从城西南的章城门引沇水，至城东面的清平门附近流出长安城。从明渠故道遗迹可知其走向为：章城门——沧池——椒房殿——天禄阁西边——出未央宫——北宫南郊——长乐宫北——长乐宫东北，入清明门。昆明池与沧池是长安城重要的给水设施。昆明池位于长安城外西南郊，沧池位于未央宫西南部。昆明池引水经未央宫及长乐宫后注漕渠。长安城内宫殿、官署、居民住宅等生活用水应为井水。未央宫椒房殿发现的水井井台为方形，边长 3.5 米，井径 1.54 米，深 8.3 米；桂宫第二号宫殿水井井台亦为方形，边长 3 米，井径 1.4 米，深 5 米。③

长安城的排水系统也比较完善。桂宫西北部三号建筑遗址 7 号房子之下，发现了宽 0.9 ~ 1.12 米，高 0.88 ~ 1.12 米砖筑的排水渠，"渠壁以长条砖砌成，顶部用于子母砖券顶，渠底夯打处理。渠顶券砖在汉代房屋地面以下约 0.92 米"。这条渠长 14.6 米，东西两端在 7 号房子之外成为明渠。显然是在建造房子前有统一的规划，排水渠必须经过房屋或院墙的地方，渠便由明渠变为暗渠，先行铺设渠道再盖房屋。宫殿中的排水管道多为五角形陶质水管道，一般为底部平面、上部为尖形。有的地方排水量大，便设置并排的两排管道，或上下两层的水管道，有的呈并排兼双层的排列。如长乐宫发现的双层五角形水管道，排列方法是"下层并排三排五角形水管道，平底在下，尖顶在上，

① 《汉书·田延年传》。
② 徐卫民：《秦都城研究》，陕西人民教育出版社，2000 年版，第 79 页。
③ 刘庆柱、李毓芳：《汉长安城》，文物出版社，2003 年版，第 40 页。

上层并列两排五角形水管道，平底在上，尖顶在下，上层水管道尖顶插入下层管道尖顶之间。这组水管道宽1.32，高0.75，已清理长度12.95米。"①

都城人家的院落中一般植有树木。如长安城中的王吉院中有枣树，② 刘向家中"有大榆树。"③《汉书·食货志》载：王莽曾规定，城郭中"宅不树艺者为不毛，出三夫之布。"街道的植树则由官府统一管理。《后汉书·百官志》有京师植树于道边的记载，属于将作大匠的职掌范围："将作大臣一人，二千石。……掌修作宗庙，……并树桐梓之类列于道侧。"还有一些撒水设施。如洛阳皇宫周围，因土路灰尘大，"作翻车渴乌施于桥西，用洒南北郊路，以省百姓洒道之费。"④ 从皇宫、街道，乃至民宅，京师的环境整洁而清幽。

## 第三节　郡县城市与市井风情

### 一、边城

秦汉时期，北方的匈奴族势力强大，不断南下侵扰中原农业区域，因而边城建设成为当时常备不懈的任务。

是否有城郭，是区分中原华夏族与北方草原部落的重要标志。东汉顺帝永建五年（130），梁商给马续的书中说："良骑野合，交锋接矢，决胜当时，戎狄所长，而中国之所短也。强弩乘城，坚营固守，以待其衰，中国之所长，而戎狄之所短也。"⑤ 筑城高守为华夏族之长，北部边境尤其如此。

目前全国发现秦汉大小城址约600多座，其中边城就有100多座，占全部城址的六分之一。它们分布在西起甘肃、东至辽宁的秦汉长城沿线内侧的20多个边郡故地，《史记》、《汉书》及《后汉书》中提到的匈奴及鲜卑南下所及的郡大约有20个，《汉书·宣帝纪》云："中国为内郡，缘边有夷狄障塞者为外郡"。陈梦家指出："北边边塞西自敦煌，东至乐浪凡二十一边郡"，⑥ 主要是朔方、五原、云中、定襄、雁门、代郡、上谷、渔阳、右北平、辽西、辽东、玄菟、敦煌、酒泉、张掖、武威郡，以及位置稍南的西河、北地、安定、

① 刘庆柱、李毓芳：《汉长安城》，文物出版社，2003年版，第43页。
② 《汉书·王吉传》。
③ 《艺文类聚》卷88引桓谭《新论》。
④ 《后汉书·张让传》。
⑤ 《后汉书·南匈奴列传》。
⑥ 《汉简所见居延边塞与防御组织》，见《汉简缀述》，中华书局，1980年版。

太原郡等。即今内蒙古西部地区，陕西、山西、河北北部，甘肃、宁夏、内蒙古东部，辽宁西部也有一部分。

西汉前期的晁错是一位干练的政治家。他透彻地分析了匈奴族和汉族的优劣长短，比较游牧部落与农耕民族的不同曰：“胡人衣食之业不著于地，……非有城郭田宅之归居，如飞鸟走兽于广野，……往来转徙，时来时去，此胡人之生业，而中国之所以离南亩也。”① 针对匈奴族游牧部落的这种特点，他上书建议：

令远方之卒守塞，一岁而更，不知胡人之能，不如选常居者，家室田作，且以备之。以便为之高城深堑，具蔺石，布渠答，复为一城其内，城间百五十步。要害之处，通川之道，调立城邑，毋下千家，为中周虎落。先为室屋，具田器，乃募罪人及免徒复作令居之；不足，募以丁奴婢赎罪及输奴婢欲以拜爵者；不足，乃募民之欲往者。皆赐高爵，复其家。予冬夏衣，廪食，能自给而止。……

晁错的设想，是以坚固的城堡对付居易不定的匈奴。此议为文帝所采纳，开始募民迁徙于北部边塞。这似乎仍是军事性质，权益之计，缺乏长远打算。此后晁错又上奏曰：

臣闻古之徙远方以实广虚也，相其阴阳之和，尝其水泉之味，审其土地之宜，观其草木之饶，然后营邑立城，制里割宅，通田作之道，正阡陌之界，先为筑室，家有一堂二内，门户之闭，置器物焉，民至有所居，作有所用，此民所以轻去故乡而劝之新邑也。为置医巫，以救疾病，以修祭祀，男女有昏（婚），生死相恤，坟墓相从，种树畜长，室屋完安，此所以使民乐其处而有长居之心也。

臣又闻古之制边县以备敌也，使五家为伍，伍有长；十长一里，里有假士；四里一连，连有假五百；十连一邑，邑有假侯：皆择其邑之贤材有护，习地形知民心者，居则习民于射法，出则教民以应敌。……服习已成，勿令迁徙。幼则同游，长则共事。夜战声相知，则足以相救；昼战目相见，则足以相识；欢爱之心，足以相死。……②

这是中原通常的“一堂两内”的居住模式，从相地到盖房，从衣食到祭祀，从生到死，都照搬内地。不同的是，这里是边塞，以习战为主，因而更侧

① 《汉书·晁错传》。
② 《汉书·晁错传》。

重半军事化的训练，可谓最早的民兵制度。

徙内地民众以实边塞的办法秦朝即已实行。蒙恬北击匈奴以后，"迁北河、榆中三万家"；① 而晁错的徙民计划显然更为周密，谋划非常到位，其建议为汉王朝所重视，西汉前期一直在充实北部边疆。汉元狩年间的徙民主要屯驻在长城沿线的朔方郡至河西地区。②

从内地迁徙至北部边境的人们主要居住于城内，县城成为汉朝与匈奴争夺的地盘。《史记·绛侯周勃世家》："定雁门郡十七县，云中郡十二县。……定代郡九县。……定上谷十二县，右北平十六县，辽西、辽东二十九县，渔阳二十二县。"这一带是汉朝与匈奴反复争夺的地区。从《汉书·地理志》、《后汉书·郡国志》记载看，幽州、并州、凉州、交州郡的县城数量比其他各州都多，即使按该地区全部人口计算，每座城市也不足 2 万人，远低于其它地区。人少城多现象非常明显，其军事防御性质突出。

从内蒙古境内的几座古城遗址，大致可见汉代北部边城星罗棋布的情形。

内蒙古东部奈曼旗的沙巴营子古城，城址为正方形，每边长度约 450 米，城墙全部由夯土版筑而成。城北垣有两处望楼，从发掘的一处可知，这是两层的木构建筑，下层是储藏粮食的仓库，上层是了望台。城西有居民区及手工业作坊遗址。③

内蒙古自治区潮格旗境内的朝鲁库伦古城，是汉武帝时期建立的城堡。此城较沙巴营子古城为小，每边长 120 余米，城垣为石筑，城内中部、西部发现石建房屋与院落遗址多处。其中依西墙南端的一处遗址，东西广 23 米，南北长 20 米，墙厚 0.6 米。有学者认为可能是屯驻此城的府衙所在。④

内蒙古准格尔旗川掌乡的广衍故城，在城内距东城墙 60、北城墙 100 多米的地方，有一处南北 130 米、东西约 30 米的高地，地面瓦片密集，出土有"长乐未央"、"千秋万岁"文字瓦当和云纹瓦当，当是古城的中心建筑区。中心建筑东南有一处手工业遗址，有坩埚、铜渣、铁渣、各种泥范、石范和半两、一铢、大泉五十钱币以及铜镞等遗物。⑤ 古城的年代约在战国至西汉末

---

① 《史记·秦始皇本纪》。

② 《汉书·武帝纪》。

③ 刘叙杰主编：《中国古代建筑史》第一卷，中国建筑工业出版社，2003 年版，第 362 页。

④ 刘叙杰主编：《中国古代建筑史》第一卷，中国建筑工业出版社，2003 年版，第 505 页。

⑤ 徐龙国：《北方长城沿线地带秦汉边城初探》，载《汉代考古与汉文化国际学术研讨会论文集》，齐鲁书社，2006 年版，第 33~48 页。

期。古城的中心建筑、手工业遗址以及周围发现的同时期的墓地，均反映了内地文化的特征，随葬品大部与中原相同，但同时也表现出畜牧经济的特点，如用牛首、牛蹄和牛羊肉随葬，以牛首衔环、牛首和马首形带钩作为装饰品等。说明草原民族的文化也自然而然地影响着汉民族。

内蒙古和林格尔汉代壁画墓中所显示的宁城县城，大城之中建有一个小城，即都尉府城，它位于大城北部，是全城的政治、军事中心。从壁画上看，宁城县四面有宽厚的城墙，有三座城门。

上述边城的形制大致相仿，均有牢固的城墙，城内有比较完备的生活设施，居民应相对稳定。东汉初年，由于北方紧张，边民曾大量内徙。其后南单于与汉和好，建武二十六年（50），"云中、五原、朔方、北地、定襄、雁门、上谷、代八郡民归于本土。遣谒者分将施刑补理城郭"。章怀注引《东观记》曰："时城郭丘墟，扫地更为，上悔前徙之。"① 要重新建城筑廓，所以刘秀后悔当初的内徙边民之举。可见边城一般是防守严密，城中生活气息浓厚。

北方的军事防御体系是由边城与烽台构成的。边城之间是沿长城而筑的众多烽台。

长城是秦汉朝廷防御北方匈奴等游牧民族南下的军事工程。《史记·蒙恬列传》载：秦将蒙恬率三十余万众，"筑长城，因地形，用制险塞，起临洮，至辽东，延袤万余里。于是渡河，据阴山，逶蛇而北。暴师于外十余年，居上郡。"作为北部屏障，长城沿线有为数众多的城堡，城堡中有官署、兵营、仓库、民居等。还有无数的烽台，烽台下边便是戍卒们的栖身之地。这里常以围墙围起几间房屋，守一个烽隧约有两三名戍卒。如甘肃敦煌马圈湾发现的西汉烽隧遗址，为三间居室。烽隧的外边有水井、厕所、畜圈等。

汉代的居延即今甘肃北部额齐纳河流域有大量的屯戍吏卒。如甲渠侯官辖28个侯部，110个烽燧，每个烽燧配制戍卒 2～3 人，吏卒带家属者，官府供其衣食，他们也从事屯田及杂务等，因此，居延烽燧中有供戍卒居住的集体住房，亦有居家住房。由居延汉简可知，戍卒中家属多者甚至有父母、妻子、儿女、儿媳等。第六燧卒宁盖邑与父亲、母亲、妻子一起生活。有的戍卒家中上至 67 岁的老人，下至 1 岁的小孩，都在这里生活。发掘的鄣坞为甲渠侯官，坞比彰大一倍。彰、坞内部均有房屋建筑，应为甲渠侯和吏卒的住室。甲渠侯官南约 5 公里处的甲渠第四燧，烽火台同有的坞长 21 米，宽 15.2 米，有住房

---

① 《后汉书·光武帝纪》。

五间，坞门向东。①

1957 年在辽阳市北郊三道壕遗址发掘约 1 万平方米，有居住房址 6 处，水井 11 口，砖窑 7 座。铺石道路两段。居址一般长 20～38 米，宽 13～22 米，屋内有炉灶，屋外有窖穴、水井，屋顶用瓦。居室使用云纹和"千秋万岁"瓦当，有农具，有兵器，陶片上刻划有"昌平"字样和"军厨"戳记，可能是两汉之际辽东郡襄平（王莽新朝改称"昌平"）县附近的一处屯戍据点。作为常驻的军事屯驻地点，这里也有相应的生活配套设施，并有交易货物的集市。《金石萃编》卷13《史晨飨孔庙碑》记载说：灵帝建宁二年（169），"史君念孔沟渎、颜母井去市辽远，百姓酤买，不能得香酒美肉，于昌平等下立会市。因彼左右，咸所愿乐。"

## 二、县城

平帝时，"凡县、道、国、邑千五百八十七"。② 具体而言，是"县邑千三百一十四，道三十二，侯国二百四十一"。③ 道、侯国与县平级，邑也如此，均都有统治中心。据此，西汉末年时全国有县城一级的城市 1500 多个。东汉初年，县城数量减少很多。《后汉书·光武帝纪》载建武六年诏曰："今百姓遭难，户口耗少……县国不足置长吏可并合者，上大司徒、大司空二府。"并省了四百余县，④ 县城数量剩下 1100 多个。《续汉书·郡国志》记顺帝永和五年（140）有县、邑、道、侯国 1180 个，看来东汉县城数基本上保持在这个数目。

《汉书·地理志》记载有元始二年各郡国的户口，包括一些县的户数，如长安（80800）、成都（76256）、茂陵（61087）、洛阳（52839）、鲁（52000）、长陵（50057）、陵（49101）、宛（47547）、阳翟（41650）、彭城（40196）。这 10 个县应是当时全国人口最多的大县。一般县的户数与之相差甚大，如曲逆城。《史记·陈丞相世家》：高帝七年（前200），刘邦"南过曲逆，上其城，望见其屋室甚大，曰：'壮哉县！吾行天下，独见洛阳与是耳。'"曲逆城中房舍整齐，所以引起刘邦的感叹。他问起随从的御史："曲逆户口几何？"回答曰："始秦时三万余户，间者兵数起，多亡匿，今见五千

---

① 中国社会科学院考古研究所：《新中国的考古发现和研究》，中国文物出版社，1984 年版，第 408 页。

② 《汉书·百官公卿表》。

③ 《汉书·地理志》。

④ 《汉书·光武帝纪》。

户。"无论大县（如长安）、小县（如曲逆），住在县城中的人毕竟有限。

如河南县城位于涧河东岸，东周王城的中部，县城的平面略近正方形，周垣的总长约为5400余米，面积约2平方公里。城墙夯筑，墙基平均宽度为6.3米。城址内发现多处排水设施。在县城西北部发现了一条南北向大道，宽15.34米，已清理出80米长。河南县城位于中原腹心地带，人口比较密集。但从县城面积和容纳量来看，居住的人口不会太多。

有的县城则规模较大。《水经注》卷27《沔水》曰："（南郑）大城……城内有小城，南凭津流，北结环雉，金墉漆井，皆汉所修筑。……水南即汉阴城也，相承言吕后所居也。"

一些保存完好的先秦宫室在秦汉时期为文人所瞩目。如吴（苏州），司马迁"适楚，观春申君故城，宫室盛矣哉！"[1] 这里给人们留下的是历史记忆，有其深厚的文化内涵。

一县之属中，还有一些小城。《后汉书·郡国志》说颍川郡襄城县有西不羹，定陵县有东不羹。《水经注》卷21《汝水》曰："汝水又东南流泾西不羹城南"。《春秋左传》昭公十二年，楚灵王曰："昔诸侯远我而畏晋，今我大城陈、蔡、不羹，赋皆千乘，诸侯其畏我乎？"《东观汉记》曰："车骑马防以前参药，勤劳省闼，增长率封侯国襄城羹亭千二百五十户，即此亭也。"

县城为一县行政中心之所在，居住环境在一县之中为优。而郡治所在的县又为一郡之大县，一方的政治、经济、文化中心，兹以南阳郡治宛县为例。

南阳郡的经商之风在汉代一直比较盛行。《史记·货殖列传》载：南阳与颍川原来同为"夏人之居也，夏人政尚忠朴，犹有先王之遗风。……秦末世，迁不轨之民于南阳。南阳西通武关、郧关，东南受江、汉、淮。宛亦一都会也，俗杂好事，业多贾，其任侠，交通颍川，故至今谓之'夏人'"。《汉书·地理志》讲得更明确："秦既灭韩，徙天下不轨之民于南阳。故其俗夸奢，上气力，好商贾渔猎，藏匿难制御也。"韩地被迁往南阳的"不轨之民"究竟是贵族、豪强抑或是商贾，不得而知。这些移民给南阳风俗带来了变化，确为事实。如大梁（今河南开封市）以冶铁致富的大商人孔氏被迁往南阳，"大鼓铸，规陂池，连车骑，游诸侯，因通商贾之利"，并与南阳"游闲公子"交往，因而名气更大，盈利更多，"家致富数千金，故南阳行贾尽法孔氏之雍容"。南阳工商业战国时已比较发达，宛地制作的铁兵器以其锋利而闻名天

---

① 《史记·春申君列传》。

下。汉代农商并重，商业长盛不衰。《史记·货殖列传》讲："秦、夏、梁好农而重民，三河、宛、陈亦然，加以商贾。"汉宣帝时，南阳太守召信臣曾针对南阳风俗进行治理，"南阳好商贾，召父富以本业"。召信臣的具体做法，一是劝农功兴水利，开通沟渎，兴修水利工程，使民得其利，蓄积有余。二是止奢靡之风，"禁止嫁娶送终奢靡，务出于俭约"，斥罢甚至严惩游手好闲者。《汉书·循吏列传》赞曰："其化大行，郡中莫不耕稼力田，百姓归之。"然而一直到两汉之际，南阳的一些名门仍是农商并重。刘秀的舅家湖阳樊氏"世善农稼，好货殖"。① 东汉时，南阳为"帝乡"，奢靡之风屡禁不止。南阳汉画像石中众多的车骑出行、宴饮歌舞场面，形象地说明了皇亲国戚、富商大贾的豪华生活。"仕不至二千石，贾不至千万，安可比人乎！"这是南阳（今河南邓州）人宁成的一句名言。做官就要做高官，经商就要做富商，正是南阳经商风气的一个写照。

南阳郡的大环境如此，作为郡治所在的宛市，在秦汉时期为五都之一，以商业活跃而闻名。西汉中期的盐铁会议上，桑弘羊曾言："宛、周、齐、鲁，商遍天下。"桑弘羊为洛阳商人之子，时为御史大夫，自然熟悉各地商业情况，在商业城市中首列宛，可知南阳一带经商之风的影响。如刘秀曾卖谷于宛，粮食是当时交易的大宗。② 宛人李通"世以货殖著姓"，"居家富逸，为间里雄，以此不乐为吏"。③《史记·高祖本纪》："宛，大郡之都也，连城数十，人民众，积蓄多。"所以它成为与京师洛阳并列的游乐去处。《古诗十九首》中的《青青陵上柏》："斗酒相娱乐，聊厚不为薄；驱车策驽马，游戏宛与洛。"这里有外地来的游客，本地的官吏也常在市中休闲娱乐。"府县吏家子弟好游敖，不以田作为事"，《后汉书·种拂传》："南阳郡吏好因休浴，游戏市里。"

南阳人张衡在《南都赋》中，对宛市的城市环境有着生动的描述。南都即宛，《昭明文选》李善注引挚虞说："南阳郡治宛，在京之南，故曰南都。"其实主要还是因南阳及"光武旧里"的政治原因。据说桓帝时议欲废南都，故张衡作是赋，盛称此都"是光武所起处，又有上代宗庙，以讽之。"《南都赋》写宛市周围形势，有崇山峻岭的雄伟，也有激浪长沙的清丽，山明水秀，

---

① 《后汉书·樊宏传》。

② 《后汉书·光武帝本纪》。

③ 《后汉书·李通传》。

景色宜人。这里矿产丰富，树木丛笼，有走兽飞鸟，水族龙蛇，也有瓜芋菜蔬，山果香草。有各种美酒以及"献酬既交"的宴会，载歌载舞的"跋祭"，放马驱逐的田猎，多姿多彩的游乐。古香古色，宫室旧庐，先朝遗风，皇家气魄，德风功业，应有尽有，犹如一幅丰富广阔的艺术画卷。暮春三月．春暖花开之时，人们纷纷来到郊野河边游青，情景尤为生动："于是暮春之禊，天已之辰。方轨齐轸，被于阳濑。朱帷连岗，曜野映云。男女娇服，络驿缤纷。致饰程盅，便绍便娟。微眺流涕，蛾眉连卷……"接下来写儿童的歌，妇女的舞，成群结队的男子催马射猎，炫武逞强，展示出一幕生机勃勃而又太平和悦的生活场景，洋溢着浓郁的生活气息。

宛城是富庶的城市，游乐的场所，同时作为郡级行政机构所在，它又是威严的，甚至不乏恐怖的气氛。《汉书·翟方进传》载一事曰：

（翟义）年二十出为南阳都尉。宛令刘立与曲阳侯为婚，又素著名州郡，轻义年少。义行太守事，行县至宛，丞相史在传舍。立持酒肴谒丞相史，对饮未讫，会义亦在，外吏白都尉方至，立语言自若。须臾义至，内谒径入，立乃走下。义既还，大怒，阳以他事召立至，以主守盗十金，贼杀不辜，部掾夏恢等收缚立，传送邓狱。恢亦以宛大县，恐见篡夺，白义可因随后行县送邓。义曰："欲令都尉自送，则如勿收邪！"载环宛市乃送，吏民不敢动，威震南阳。

立家轻骑驰从武关入语曲阳侯，曲阳侯白成帝，帝以问丞相。方进遣吏敕义出宛令。宛令已出，吏还白状。方进曰："小儿未知为吏也，其意以为入狱当辄死矣。"

这里所涉及的两个主要人物——翟义与王立，均朝中有人。翟义为丞相翟方进之子，王立与权重一时的外戚王氏联姻。两人均在南阳做官，翟义为南阳都尉，到县时可以行郡太守事，王立为宛县令，又瞧不起翟义。两人一场意气之争的结果是，王立被困于车上绕宛市示众，并被送邓县监狱。《汉书·地理志》所载南阳郡三十六县中，唯邓县标出有"都尉治"。"邓狱"为南阳都尉直接掌管的监狱，所以翟义将王立送往邓狱。王立最后虽经疏通而放出，而以宛令之尊在宛市被缚游街示众，毕竟于名分地位有辱，在南阳定引起极大的震动。

王莽曾为新野侯。王莽长安败亡后，李松等人"传莽首诣更始，悬宛市，百姓共提击之，或切食其舌。"①

---

① 《汉书·王莽传》。

宛市还是士人集中的地方。"宛为大都，士之渊薮"，① 士人很活跃。

由南阳郡宛县可推知当时较富庶的县城之大致环境与风情。

郡县城市中，还有一种特殊的居所：传舍。汉代县城均有传舍。这里附带论及之。

"传舍"之名，战国已有。《史记·廉颇蔺相如列传》：秦昭王"舍相如广成传"。而传舍遍布全国，则是随着秦汉王朝的巩固与发展逐渐形成的。秦汉的传舍属于国家信息传递系统，免费为传送公文的吏卒、过往的官吏以及朝廷特许的某些人提供食宿。传舍的得名，依颜师古注《汉书·郦食其传》的说法，一是因人来人往，川流不息，"传舍者，人所止息，前人已去，后人复来，转相传也"；二是"谓传置之舍也"，驿传所置之舍。住传舍的人须出具凭证，方能入住。《风俗通义·佚文》载："诸侯及使者有传信，乃得舍于传耳。今刺史行部，车号传车，从事督邮。"刺史巡视郡国时，应住在传舍。据云梦秦简《传食律》，不同身份的人在传舍中有不同的饮食标准。

汉代在县级以上行政机构均设有传舍，是为保证国家政令畅通无阻地传至四面八方，有时也居住一些临时性的客人。《汉书·龚胜传》载：昭帝时，涿郡韩福以德行征至长安后，未被重用而归乡，昭帝特意下令"行道舍传舍，县次具酒肉，食从者及马。"哀帝时，王莽秉政，楚人龚胜、琅邪邴汉请辞官回乡，王莽令"赐帛及行道舍宿"如"韩福故事"。可见由长安出发，北至涿郡，东到琅邪，南至楚地，遍布传舍。而传舍并非接纳所有的公车特征者。中山人祝恬为公车所征，到汲县得病，"止客舍中"。诸儒生言于汲令应融，应融到客舍探望后，才带其"宿止传中"，数十日后康复。②

宣帝时，扬州刺史何武到郡国巡视，往往先到学校见诸儒生，再"入传舍"，应当是住在传舍。③

边远地区如西北的敦煌、居延，南方的桂阳均有传舍。东汉初年，桂阳太守卫飒到郡后即"凿山通道五百余里，列亭传，置邮驿"，④ 以加强统治。

作为常设的吏卒止息之所，传舍的食宿设置比较完善。敦煌悬泉汉代传舍遗址的坞院约 2500 平方米，院内有 20 余间房屋，房间大小不等，大的房屋达36 平方米，小的只有 9 平方米。有马厩 3 间。居延汉简中所见传递文书的方

① 《后汉书·梁冀传》。

② 《风俗通义·穷通》。

③ 《汉书·何武传》。

④ 《后汉书·循吏列传》。

式有"行者走"、"马驰行"、"驿马行"等数种，应为步行与骑马两类传递方式。传递路程较远的吏卒多乘马。由此处出土的汉简简文可知，传舍有丰富的食物储备，如鸡、鱼、牛肉、羊肉、酒、粟等。① 郦食其到高阳传舍时，"沛公方踞床，令两女子洗，"② 传舍中有床，有烧水淋浴的设备。贵州出土的用于取暖的铁炉刻有"武阳传舍比二"的铭文。③ 窦氏入选皇宫时，与其弟"决于传舍，丐沐沐"，④《史记索隐》释曰："丐者，乞也，沐，米潘也。谓（窦）后乞潘为弟沐"。米潘即米汁一类的流汁。传舍中的沐浴场所与盥洗用具，看来是必不可少的设施。

由于传舍有完备的食宿与安全设施，战乱之时，它往往成为聚兵起事者的存身之地。《汉书·郦食其传》载：刘邦从沛地招兵买马，至陈留高阳，"止高阳传舍"。两汉之际，刘秀转战河北，"至饶阳，官属皆乏食。光武乃自称邯郸使者，入传舍。传吏方进食，从者饥，争食之。传吏疑其伪，乃椎鼓数十通，绐言邯郸将军至，官属皆失色。"⑤ 传舍中的击鼓用于应对紧急情况、突发事件，以及迎送官吏之场合。

秦汉的亭也是官员的临时寄宿之地。汉代十里一亭，有亭长，亭作为最基层的行政单位，常有官员宿于此。如西汉刘宠因为清正而为民众爱戴，"尝出京师，欲息亭舍，亭吏止之，曰：'整顿洒扫，以侍刘公，不可得止，'宠无言而去。"⑥ 东汉明帝时郎官赵孝"尝从长安还，欲止邮亭，亭长闻孝当过，洒扫待之"。⑦ 亭有治安保卫的功能。所以汉画像石、画像砖中亭的形象往往为楼房，因楼上可瞭望。亭楼上可以住人。《风俗通义·怪神》：汝南郡属吏郑奇在离亭六七里处遇一美貌妇人，请求坐车，郑奇驱车载之"入亭，……随上楼，与夫人栖宿。未明，发去，亭卒上楼扫除，见死妇，大惊，走白亭长，亭长击鼓会诸庐吏"，查明原来是新亡之妇。这座亭"楼遂无敢复上"。

传舍、亭为便于过往吏卒识别，还立有标志。《后汉书·酷吏传》注引如淳曰："旧亭，传于四角面百步筑土四方，上有屋，屋上有柱出，高丈余，有大板贯柱四出，名曰桓表，具所治夹两边各一桓。陈宋之俗言桓声如和，今犹

① 甘肃省文物考古研究所：《甘肃敦煌汉代悬泉置遗址发掘简报》，《文物》，2000 年第 5 期。

② 《汉书·郦食其传》。

③ 李衍垣：《汉阳武阳传舍铁炉》，《文物》，1979 年第 4 期。

④ 《汉书·外戚传》

⑤ 《后汉书·光武帝纪》。

⑥ 《后汉书·循吏列传》。

⑦ 《风俗通义·佚文》。

谓之和表。"注引师古曰：'即华表也。'"除去其怪诞的色彩可知此亭有楼，亭卒要随时打扫，遇到紧急情况可击鼓求援。

### 三、城市居民

城市居民的住宅区富有特色。汉代的城市一般都有城墙，城里分里而居，有里墙，各家又有院墙。城墙、里墙、院墙，人们至少生活在三重墙垣之中。

城市中的居民区与市场是分开的，但市场中住的也应有商户。李剑农《先秦两汉经济史稿》中认为，住宅区称闾里，商业区称市，两者有严格区别，似乎未必。从司马相如、卓文君卖酒于肆，涤器于市中等文献记载，恐为前店后屋。这样的小酒铺或酒作坊应兼店铺与居所于一身，经营者劳作与生活起居均在其中。从明清沿革至今的一些商镇住户模式，基本是前店后宅。

《三辅黄图》载：长安城内诸里"室居栉比，门巷修直"。里内的居民列向而居，井然有序。城市住宅似已有门牌号码之类的标示。从居延汉简所反映的一些住所的材料看，如"安定里方子惠所，舍上中门第二里三门东入"，"富里张公子所舍，在里中二门东入"，"□包自有舍，入里五门东入"，[①] 由城门到里名，再到里中第几门，应该是容易寻找的。

与长安一样，成都也有肆中卜筮者。城市中还有不少游手好闲者。韩信在淮阳市中受胯下之辱，"一市人皆笑信，以为怯。"[②] 在这场恶作剧中，围观者不少。

商人是秦汉时期非常活跃的阶层。汉代流传"以贫求富，农不如工，工不如商，刺绣文不如倚市门"的谚语，说明经商致富现象在社会上产生的巨大影响。但经商本身有风险，又受政治因素影响，因而"以末致财，用本守之"也是当时通行的法则。从东方被强行迁徙到巴蜀一带的一些商人，很快成为当地富豪。他们的富有主要是通过田宅广大、结驷连骑体现出来。如蜀国卓氏，由赵迁至临邛，仍操冶铁旧业，富至奴仆千人，"田池射猎之乐，拟于人君。"[③] 程郑也是被迫由山东迁往临邛的冶铁商，富比卓氏，有奴仆数百人。卓王孙等富甲一方，在各地建起了阔绰的房舍。卓氏与程郑商定宴请临邛县令

① 中国社会科学院考古研究所：《居延汉简甲乙编》，中华书局，1980年版。
② 《史记·淮阳侯列传》。
③ 《史记·货殖列传》。

与司马相如，当天到卓氏家的客人"以百数"，卓家住所应极为宽敞高大。司马相如弹琴，卓氏之女卓文君新寡，"窃从户窥之"。① 这个窗子应当距客厅不远，比较隐蔽，卓文君可在此偷窥，客厅里的人却浑然不知。卓氏院落无疑有多重房间。

商人兴衰无常，受国家经济政策影响较大。西汉前期异常活跃的富商大贾在武帝时曾遭到沉重的打击，汉武帝实行盐铁官营、算缗告缗后，汉代再也没有出现像战国至西汉前期那样张扬的商人。不少商人"以末致财，用本守之"，或出钱买爵买官，成为富甲一方的地主豪族。"田连阡陌"与"连栋数百"是其标志。

### 四、市井风情

秦汉城市是统治的据点，同时它们多位于交通要道，是人口密集的地方，也是四方货物交易的场所，有热闹的市井生活。《风俗通义·佚文》："市，恃也，养赡老少，恃以不匮也。亦谓之市井。俗说：市井者，谓至市鬻卖者，当于井上洗涤，令其物香洁，及自严饰，乃到市也。"郑玄注《周礼》"肆，市中陈物处也。"《字林》："闾，里门也。阎，里中门也。廛，市物邸舍也。"这些相沿已久的专用术语，折射出汉代市井的繁荣景象。

两汉时期，除京师长安和洛阳之外，蜀地的成都市井之气很浓。蜀地历来富庶，成都商业的繁荣闻名天下。扬雄《蜀都赋》谓："东西鳞积，南北并凑，驰逐相逢，周流往来"，他深以家乡"发文扬采"的蜀锦为自豪："尔乃其人，自造奇锦，…… 一端数金"。左思《蜀都赋》谓成都"比屋连叠，千屋万室"，"亦有甲第，当衢向街，坛宇显敞，高门纳驷"。据《蜀都赋》，成都的西部是少城："亚以少城，接乎其西，市廛所会，万商之渊。列隧百重，罗肆巨千，贿货山集，纤丽星繁。"这里是市场，也是小作坊集中的街市；"技巧之家，百室离房，机杼相和，贝锦斐成，濯色江波。"蜀锦的传统由汉而盛，流传久远。

四川出土的画像砖，清楚地显示出市肆中心的十字路口有市楼，四面列肆，商肆之间有道路相通。（插图一）远观市场繁盛如此，近景的小酒店也红红火火。现藏四川省博物馆的一块画像砖，出土于四川彭县，长25厘米，宽44厘米。上刻一间酒店的铺面，一个柜台，下边两个酒樽，一人站在门店前

① 《史记·司马相如传》。

似欲买酒，店主正在柜台上忙活。所藏另一块画像砖长28.4厘米，宽49.5厘米，是酿酒作坊的劳作情景。① 卓文君夜奔相如后，俩人在临邛"买一酒舍酤酒"，应该便是这种简陋的酒舍。文君卖酒于酒肆，司马相如洗涤酒器于市中。卓氏认为有辱其身份，无奈之下给卓文君钱财百万，司马相如夫妇归成都，"买田宅，为富人。"② 买酒舍，买田宅，在当时是司空见惯的事，市场上此类交易为数不少。

插图一：市井（47×40厘米成都市郊）龚延年等编著：《巴蜀汉代画像集》，文物出版社，1998年版。

---

① 夏亨廉、林正同主编《汉代农业画像砖石》，中国农业出版社，1996年版，第130页。
② 《史记·司马相如传》。

# 第三章

# "非壮丽无以重威"：帝王宫殿苑囿

宫殿是一种特殊的建筑。西方古代最辉煌的建筑是面向公众的宗教建筑，中国古代最辉煌的建筑是皇宫。它是皇帝生活起居与朝见百官、发号施令的地方，宫禁森严，神秘莫测，民众对之敬畏万分。中国的宫殿"集中体现了古代宗法观念、礼制秩序及文化传统的大成，没有任何一种建筑可以比它更能说明当时社会的主导思想、历史和传统。"① 而秦汉时期的皇宫和王宫在中国文化史上具有非同寻常的划时代的意义。

秦汉王朝宫殿苑囿的规模与气魄在中国历史上空前绝后。作为大一统封建王朝开端与确立的重要标志，秦汉帝王宫殿苑囿以凝重华贵的建筑，寓意深厚的装饰，彰示着统一与巩固天下的伟业，给中国社会的政治文化以深远的影响。

## 第一节 "气吞山河"的秦朝宫室

杨鸿勋先生在《宫殿考古通论》一书中曾用"气吞山河"来形容秦朝宫殿的个性与风貌，② 的确非常贴切。秦朝宫殿是秦始皇彰显"六王毕，四海一"之赫赫功德的纪念碑，其大气磅礴的风格来自前所未有的一统局面、秦朝蓬勃的生机与秦始皇充满自信的性格。

### 一、咸阳宫殿群

秦代宫观之众多，宫室之雄伟，为先秦所望尘莫及。

1. 咸阳宫

自秦孝公迁都咸阳到秦二世，咸阳作为国都，经历了秦的八代君主，143

---

① 杨鸿勋著：《宫殿考古通论》，紫禁城出版社，2001 年版，第 3 页。
② 杨鸿勋著：《宫殿考古通论》，紫禁城出版社，2001 年版，第 215 页。

年。而咸阳宫的大规模营建，应是在秦始皇统一六国之后。秦朝建立，秦始皇曾广置宫室，但他主要的政治活动与起居生活仍在咸阳宫，如《史记·秦始皇本纪》所述："秦始皇听事，群臣受决事，悉于咸阳宫"。宴请群臣等也在咸阳宫，如公元前213年，"始皇置酒咸阳宫，博士七十人前为寿。"① 咸阳宫作为皇帝朝会群臣、颁布政令以及生活起居的重要场所，其建筑雄伟壮观，宫殿内富丽堂皇。《西京杂记》载：

高祖初入咸阳宫，周行库府，金玉珍宝不可称言，其尤惊异者有青玉五枝灯，高七尺五寸，作蟠螭以口衔灯。灯燃，鳞甲皆动，焕炳若列星而盈室焉。复铸铜人十二枚，坐皆高三尺，列在一筵。上琴筑笙竽各有所执，皆缀花采，俨若生人。筵下有二铜管。上口高数尺，出筵后，其一管空，一管内有绳大如指。使一人吹空管，一人纽绳，则众乐皆作，与真乐不异焉。

所述的五枝灯是否能"鳞甲皆动"，乐队是否能"众乐皆作"，已难以考辨。但多枝灯、铜人、乐队等器物与形象在秦汉墓葬中经常出现，秦朝宫廷中有华贵的装饰是确凿无疑的。《史记·留侯世家》亦载："沛公入秦宫，宫室帷帐狗马重宝妇女以千数，意欲留居之。"

咸阳宫前所立十二个巨大的铜人，在古代也是前无古人后无来者。秦始皇统一天下后，收缴各国诸侯及民间兵器焙铸为十二尊铜人巨像，各重二十四万斤。此举既销毁了六国据以东山再起的兵器，又为咸阳宫大壮其威。

目前已发现的咸阳宫一号、二号、三号宫殿建筑遗址中，以一号宫殿基址保存较好。建筑大体为三层，上层夯土台基高出地面5米。东西宽60米，南北长45米。台基中部为主体殿堂，现被编为第一室。东西13.4米，南北长12米，东垣中间开一门，门洞东端有木门槛遗迹。发现壁柱15个，柱底皆置础石。室中央有一根圆形都柱，直径0.64米，柱洞内为木炭灰烬，约为室中承重的都柱。殿堂正中有柱，在当时是常见的。荆轲刺秦王在汉代是一个悲壮的故事，流传比较广泛。据《史记·刺客列传》记载，当"图穷而匕首现"时，气氛紧张万分，秦王"环柱而走"，这里的"走"并非后世的走而是跑，荆轲紧追不舍，左腿受伤后仍奋力掷匕首以刺秦王，"不中，中铜柱"，荆轲"自知事不就，倚柱而笑，箕踞以骂……"② 这里所说的"铜柱"，应当是可信的。汉代祠堂、墓室中有不少荆轲刺秦王的画面，再现了那惊心动魄的一

① 《史记·秦始皇本纪》。

② 《史记·刺客列传》。

幕。殿堂东侧为第二室，东西广二间，南北进深四间。第二室以南的第三室，面阔三间，进深两间，南侧有外廊与回廊相隔。西北角有壁炉一座。有专家认为，这里可能是秦王寝居之所。西端为四、五、六室，第五室中有壁炉、浴池。底层建以绕行的回廊，自东往西有五个房间，第一个房间内（编号为第八室）净面阔 6.8 米，有壁炉、浴池，其它房间则没有。此室以太阳纹方砖铺地，南边为排水池，镶嵌有空心砖。壁炉位于东北，宽 1.2 米，深 1.1 米，高 1.02 米。炉身用土坯垒砌，表面抹草拌泥，涂以红色。炉膛为覆瓮形，可使膛内均匀受热，又可迅速排除炉烟。炉口左侧有存放木炭的炭槽，可见壁炉是以木炭为燃料。似专为淋浴用房，可供两三人同时沐浴。这些房间还出土有陶纺轮，应是宫中女子消遣之物。专家推测除第八室外，其余可能为嫔妃或宫女之寝室。[1]

咸阳宫一号遗址还发现了众多的建筑材料。仅铺地砖即有素面纹、米格纹、小方格纹、变形云纹等。踏步乃人们出入宫殿必经之阶，是着意装饰的部位，往往以带花纹的空心砖包嵌其上。一号宫殿遗址西、北、东北均以回廊相通，回廊往往有踏步。6 室北门以及 7 室以北的两个踏步均为六步五级，以长方形空心砖铺设。其它的踏步空心砖，发现有龙纹、凤纹、几何纹等。西踏步附近还出土一青铜铺首，可遥想夕日秦宫门户的赫赫威仪。

二号宫殿遗址 1 室，面积为 386 平方米，有 13 处踏步。夯土台西北的过道，南北两端各设三级台阶，踏步铺龙凤纹空心砖。二号遗址还在地面和回廊周围发现分布的 18 个竖管，推测用以插旗杆。从阿房宫“下可以建五丈旗”的记载看，咸阳宫也应有旗帜。回廊地面发现有壁画残块 350 余件，绘有花草、马等形象。瓦当大多饰云纹、植物纹、动物纹。[2]

2. 阿房宫

秦阿房宫规模空前，气势宏伟。唐代杜牧有著名的《阿房宫赋》谓“蜀山兀，阿房出”，极言阿房宫之壮观：“覆压三百余里，隔离天日。五步一楼，十步一阁。廊腰缦回，檐牙高啄，各抱地势，勾心斗角……”，显然有文学夸张的成分。但阿房宫作为与郦山墓齐名的秦朝两大工程，投入了巨大的人力、物力，是毫无疑问的。

阿房宫营建于渭河南岸的上林苑中。《三辅黄图》谓阿房宫是惠文王所

---

① 刘叙杰主编：《中国古代建筑史》第一卷，中国建筑工业出版社，2003 年版，第 336 页。
② 秦都咸阳考古工作站：《秦都咸阳第一号宫殿遗址简报》，《文物》1976 年第 11 期。

造，宫未成而文王亡；秦始皇"广其宫，规恢三百余里"，以阿房宫为中心，将咸阳周围三百余里的离宫别馆以辇道连接。《史记·秦始皇本纪》则说始建于秦朝，秦始皇三十五年（前212），秦始皇"以为咸阳人多，先王之宫廷小"，丰镐之间为帝王之都，因而大规模营建阿房宫。"先作前殿阿房，东西五百步（折合约750米），南北五十丈（折合约116米），上可以坐万人，下可以建五丈旗。周驰为阁道，自殿下直抵南山。表南山之颠以为阙。为复道，自阿房渡渭，属之咸阳，以象天极阁道绝汉抵营室也（以仿紫宫经银河抵达营室星的样子）。"虽然阿房宫前殿尚未建成便被迫停工了，但其雄浑阔大之势，令人瞠目，它以"南山之颠"的特殊地貌为对应点，筑于高台之上的巨大宫殿与山峰之上直插云端的双阙遥相呼应，如此的两点一线之间，气势何等雄伟！著名建筑学家梁思成指出："从规模构图的角度上，'表南山之颠以为阙'，利用数十公里外的地形组织到构图上来，这样'超尺度'的构图观点是这个伟大帝国的气魄的反映。"① 秦始皇还在东海边的浩渺水岸修筑起了碣石宫，刻碣石门。只有秦始皇充满自信的性格，才会产生这种以南山之颠为门阙，以浩荡东海为国门的创意。然而，阿房宫未成，秦始皇即猝死于出巡途中，工程暂时中止。骊山冢墓修好之后，"复作阿房宫"。但这次复修很快又因农民起义的爆发而停止。随即项羽入关，咸阳被焚烧，阿房宫半途而废。

阿房宫遗址位于西安市以西13公里处的渭河南岸，与秦都咸阳城隔渭水相望。今日人们所能见到的，只是阿房宫遗址的大量瓦片了。据考古探测，前殿有高大夯土台基遗存，现在地表以上保存部分，东西长1199米，南北宽400米，北部夯土最高点达12米。② 前殿南面有四条阶道，即文献中所谓的"陛"，为上台的阶梯，两侧和后面也都有阶道和辇道。③ 2004年7月临潼召开的秦俑学第六届年会上，秦陵考古队公布数据，2002年考古工作者又在阿房宫遗址发掘了将近3000平方米的面积，勘探出前殿东西长1270米，南北宽426米，高约7~8米。前殿大抵根据原始北高南低的斜坡状地面，采取削高垫低的方法，由北向南倒退打夯。阿房宫选择的宫址高亢，以突出宫殿形象，

① 梁思成：《中国的佛教建筑》，《梁思成文集》（四），中国建筑工业出版社1986年版，第188页。

② 李毓芳：《阿房宫前殿遗址的考古收获和研究》，载《汉代考古与汉文化国际学术研讨会论文集》，齐鲁书社，2006年2月版，第27页。

③ 杨鸿勋：《宫殿考古通论》，紫禁城出版社，2001年版，第217页。

营建过程中的削高垫低又节省了人力物力。可见当时的宫殿建筑技艺与智慧。

3. 咸阳北阪的"宫备七国"

咸阳宫周围兴建的不同特色的六国宫殿，是秦朝帝宫建筑的一个特色。《后汉书·皇后纪》："秦并天下，多自骄大，宫备七国"，仿造六国宫殿与秦始皇好大喜功的个性很有关系。

《史记·秦始皇本纪》载："秦每破诸侯，写放其宫室，作之咸阳北阪上，南临渭，自雍门以东至泾、渭，殿屋复道周阁相属。所得诸侯美人钟鼓，以入充之。"这是秦始皇的得意之笔，是秦在统一六国的十年中逐渐完成的。秦国灭掉一个国家，便派人绘制其宫殿的图样，完全按原样在咸阳北原营建。用复制战败国宫殿的方式向天下展示自己的功绩，使之成为秦王朝统一东方地区的纪念碑，这样的眼光和气势是独特的。而能使南北不同风格的宫殿矗立于咸阳周围，必定汇集了当时各国的能工巧匠和技艺，汲取了当时宫殿建筑之精粹。咸阳城北台地西端曾出土楚国形制的瓦当，台地东端出土有燕国形制的瓦当，① 证实了文献记载的可信。

《庙记》曰：咸阳周围"东西八百里，离宫别馆相望属也。木衣绨绣，土被朱紫，宫人不徙，穷年忘归，犹不能遍也。""木衣绨绣，土被朱紫"中的"木衣"，是指殿堂中的柱子，柱子裹以绨绣；"土"应指墙壁或地面。秦代的墙为夯土而成，地面常涂以色采。秦咸阳宫一号遗址第一室的地面涂以朱红色，并有光泽，即文献中常提到的"彤地"。

4. 帝居"则紫宫"

秦始皇在统一天下后的第二年，即公元前 220 年在渭水南岸建信宫，不久又"更名信宫为极庙，象天极。"天极即中宫之天极星，据说为"太一（天帝）"的居所，旁边有三星象征三公，后边四星为正妃及后宫之属。环绕天极星的还有十二星，为匡卫天帝的蕃臣，合称紫宫。据《史记·天官书》，紫宫后面有六颗星，横渡银河直达营室星，称为阁道。后又"自极庙道通郦山，作甘泉前殿。筑甬道，自咸阳属之。"秦始皇所兴建的这些宫室均被涂上了浓厚的神秘色彩，天极、紫宫、阁道，这些星宿名称常用来比附帝宫。《三辅黄图》载："始皇穷极奢侈，筑咸阳宫。因北陵营殿，端门四达，以则紫宫，象帝居。渭水贯都，以象天汉。横桥南渡，以法牵牛。""则紫宫"、"象天汉"、"法牵牛"的用意均在于"象天极"，以显示秦始皇受命于天的神秘与至高无

---

① 刘叙杰主编：《中国古代建筑史》第一卷，中国建筑工业出版社，2003 年版，第 331 页。

上的皇权尊严。将幻想中的天极与人间咸阳宫所居，郦山墓的地下冥界联为一体，形成天、地、人、仙的统一，是秦始皇独出心裁的创举。汉代瓦当中屡见"长生无极"、"与天无极"、"长乐未央"的字样，与秦始皇的"象天极"一脉相承。关于"汉承秦制"的问题，学界有不同的看法。而从秦汉宫殿建筑形制及其政治文化内涵看，汉代的确承袭了秦的原则。

## 二、秦始皇巡游与行宫营建

秦王朝建立后短短的十二年中，秦始皇曾五次大规模出巡，最后死于回咸阳的路上，时年 50 岁。

公元前 220 年，秦始皇统一六国后的第二年，即出巡陇西（今甘肃临洮）、登北地郡的鸡头山（今宁夏六盘山）。前 219 年，东巡泰山、之罘、琅邪，"大乐之，留三月"，从彭城（今江苏徐州）、南郡（今湖北江陵）归。前 218 年，再至之罘，琅邪。前 215 年，至碣石，北边。前 210 年，到钱塘、会稽、琅邪、荣成山、之罘，归途中死于河北沙丘平台（今河北广宗西北）。

秦始皇的东巡，主要目的是宣扬秦王朝的国威，震慑东方六国，防止六国贵族东山再起。秦朝刻石中将此政治意图表达得很明确。如《琅玡刻石》曰："六合之内，皇帝之土。西涉河流，南尽北户。东有东海，北过大夏。人迹所至，无不臣者。功盖五帝，泽及牛马。莫不受德，各安其宁。"但与此同时，秦始皇游山玩水求仙人仙药的思想也很突出。

秦始皇出巡时期居住的行宫，至今仍有踪迹可寻。

### 1. 直道行宫

秦王朝建立后，为对付北方的匈奴，修建了自咸阳经云阳（今陕西淳化西北）直达九原（今内蒙古包头西）的直道。直道旁发现的两处宫殿遗址，应为此期所建。陕西志丹县永宁乡任窖子村的一处遗址位于直道左侧，东西宽 80 米，南北长 350 米。宫殿遗趾高出地表 15 米左右，土台用夯土筑成，当时应为高大壮观的建筑。发现的秦建筑材料有埋于地下的陶水管，水管弯头，柱础石。还发现有用于房屋之上的板瓦、筒瓦等。[①]

陕西省安塞县化子坪乡红花院的一处遗趾，位于直道东侧 10 米处。遗趾东西长 1000 米，南北宽 500 米，现仅存夯土台基。这里发现了大量的秦代筒

---

① 《陕北发现秦直道行宫遗址》，见《中国文物报》，1989 年 7 月 14 日。

瓦、板瓦、瓦当碎片。①

### 2. 琅邪宫

秦始皇五次出巡,四次是到东方地区,三次去过琅邪、之罘。从泰山过黄、陲到成山、之罘,均在海边,但秦始皇在这些地方停留的时间不长,唯有"南登琅邪",在此停留三月之久。琅邪位于山东省东部胶南县南境,面临黄海,风景优美。战国时,"自威、宣、燕昭使人入海求蓬莱、方丈、瀛州,此三神山者,其传在勃海中,去人不远。盖尝有至者,诸仙人及不死之药皆在焉。其物禽兽皆尽白,而黄金银为宫阙。"② 这些传说对于生长于西北、未曾目睹过大海的秦始皇来说实在诱人,秦始皇应对此早有耳闻,及"至海上,则方士争言之",于是,秦始皇派遣徐市发遣童男女数千人,入海为他求仙人仙药。又命令迁徙三万户人家于琅邪台下,免去他们12年的徭役赋税,令其安心耕作于此,意欲以此地作为他固定的行宫。这里有原来的宫殿基础,修建应比较容易。《正义》引《括地志》:越王勾践在此"立观台以望东海"。《括地志》:"始皇立层台于山上,谓之琅邪台,孤立众山之上。"应是一处风景绝佳的海滨行宫。

### 3. 碣石宫

公元前215年,秦始皇曾"之碣石,使燕人求羡门、高誓,刻碣石门"。③秦始皇的确气派不凡,他由西北的咸阳长途跋涉至东海之滨,特意表碣石为阙,以此为秦朝的东大门。但"碣石门"究竟在那里?一直不得而知。二十世纪八十年代以来,考古工作者在辽宁省绥中县万家镇南石碑地遗址沿海一带,陆续发现了黑山头、石碑地、止锚湾、瓦子地、周家南山、大金丝屯等六处秦汉离宫及附属建筑,1984~1995年进行了多次勘探发掘。这里发现了大量秦瓦,尤其是出土的与郦山秦始皇陵同样风格的夔纹瓦件,更确凿无疑地说明了秦离宫的性质。有专家推测,秦朝时石碑地海中应有二碣石对峙而立,俨然似门阙,这便是碣石门。碣石门正对的便是碣石宫。④

从离宫遗址来看,黑山头、石碑地、止锚湾沿海边自西向东一字儿排开,石碑地居中,左为黑山头,距石碑地约二公里。右为止锚湾,距石碑地约一公里,东、南两面临海,面积约一万平方米。黑山头、止锚湾似为石碑地两侧的陪殿。石碑地离宫平面为曲尺形,南北较长。东西宽170~256米,南北长

---

① 《安塞发现秦行宫遗址》,见《中国文物报》,1991年7月14日。

② 《史记·秦始皇本纪》。

③ 《史记·秦始皇本纪》。

④ 杨鸿勋:《宫殿考古通论》,紫禁城出版社,2001年版,第220页。

496米。建筑依原有地势的起伏将离宫地面筑为三个台面。其中一号区建筑平台面向大海，位置最高，面积最大，东西广约170米，南北深约70米，视野最为开阔。北垣中段有一方形台址，每边长约40米。此台面对的正是海中的巨大礁石"姜女石"。有城门四处，南墙两处，西、北各一处。城门两侧有墩台，当时可能有门台、门楼等建筑。其东北的二区平台，有密集的夯土台基及多座庭院，大概是皇帝的起居室。其西侧的三区面积较小，夯土台基多呈条状，建筑据推测较低矮，约为侍卫所居。①（插图二）

插图二：辽宁绥中秦碣石宫西阙楼复原透视图，杨鸿勋：《宫殿考古通论》，紫禁城出版社，2001年版。

1987年秋北京故宫博物院举办的"全国重要考古新发现展览"中，有辽宁碣石秦宫遗址出土的夔纹大瓦当，直径60厘米左右，由此可推想碣石宫整体建筑之宏伟。

4. 林光宫

林光宫位于陕西省淳化县北30公里处的甘泉山，是秦朝建立的一座著名

---

① 杨鸿勋：《宫殿考古通论》，紫禁城出版社，2001年版，第224页。

的离宫。从林光宫北行不远便是直道。《后汉书·班彪传》注称："甘泉山在云阳北，秦始皇于上置林光宫，汉又起甘泉宫。"《三辅黄图》则曰："林光宫，胡亥所造，纵广各五里，在云阳县界。"而《关中记》则笼统地写道："林光宫一曰甘泉宫，秦所造。"汉武帝曾到林光宫游玩。

5. 梁山宫

梁山宫位于陕西乾县梁山脚下，因山而名。此宫建于梁山下，又叫望山宫。

秦始皇在梁山宫居住时，曾从山上看到丞相李斯车骑甚盛，心中不悦。身边的侍从私下告诉李斯，李斯此后便减少了车骑。始皇知道是周围人传出了他的话，因而将当时在场的人全部处死，"自是后莫知行之所在。"① 由此可知梁山宫建于树木葱茏、环境幽雅的山林中。

6. 兴乐宫

《史记·孝文本纪》中《正义》引《三辅旧事》曰："秦于渭南有兴乐宫，渭北有咸阳宫。秦昭王欲通二宫之间，造衡桥，长三百八十步。"可见兴乐宫建立之早。而《三辅黄图》则云"兴乐宫，秦始皇造。汉修饰之，周回二十余里，汉太后常居之。"无论建于何时，兴乐宫在秦朝时应有较大的规模和完备的设施，所以在遭秦末兵火之后，仍能作为汉朝初年的宫殿继续使用。

据研究，渭水南岸还有步寿宫、步高宫、芷阳宫、宜春宫、甘泉宫、章台宫、长杨宫、成山宫，渭北有兰池宫、望夷宫、高泉宫、羽阳宫、回中宫等。还有一些地方，发现了秦宫殿遗址而文献未见其名。② 这些宫殿为秦国历代君主所建，但充分为秦始皇所用。

秦始皇相信卢生等方士所谓"真人"之说，认为帝居不能为人所知，然后不死之药可得，方能"凌云气，与天地久长"，因此命建复道、甬道，将咸阳旁二百里内270个宫观联结起来，"帷帐钟鼓美人充之，各案署不移徙。"③ 秦始皇的先辈所建的众多宫殿至此联为一体，蔚为壮观。秦始皇居易不定，极享尊荣。杜牧《阿房宫赋》中，谓各宫殿中佳丽如云，"王子皇孙，辞楼下殿，辇来于秦，朝歌夜弦，为秦宫人。……渭流涨腻，弃脂水

---

① 《史记·秦始皇本纪》。

② 徐卫民：《秦建筑文化》，陕西人民教育出版社，1994年版，第53~84页。

③ 《史记·秦始皇本纪》。

池；烟斜雾横，焚椒兰也。……"虽属夸张想象之辞，但秦始皇时代宫室众多，宫廷生活奢华的确是事实。

正如秦王朝是中国历史的重要转折时期一样，秦朝建筑也是中国历史上划时代的里程碑。秦始皇建极庙"以象天极"；"表南山之巅以为阙"，以此为阿房宫的南门；建碣石宫为秦朝的东大门；"皇帝"这一名词的发明，阿房宫的兴建，六国宫室的修筑，骊山墓新形制的确定等等，均为秦始皇的大手笔。其建筑虽已不存，凝聚于其中的观念却传之久远，影响中国两千多年。

## 第二节　汉代帝宫的营建与居仪

西汉初年经济残破，百废待兴，但萧何从"非壮丽无以重威"的政治角度考虑，为确立汉王朝的新形象而大兴土木，建起了富丽堂皇的未央宫。汉武帝在西汉王朝休养生息五十余年的基础上，大刀阔斧改革的同时，新筑了明光宫、建章宫等建筑。建章宫集朝堂、后宫、园苑于一体，标示着当时居住环境的最高水平。

### 一、西汉宫殿风采

1. 未央宫

刘敦桢《大壮室笔记》曾引元代李好问的一段话曰："予至长安，亲见汉宫故址，皆因高为基，突兀峻峙，萃然山上，如未央、神明、井干之基皆然，使人望之神志不觉森竦，使当时楼观在上，又当如何？"李好问可谓萧何的千载知音。汉代第一任丞相萧何兴建未央宫时，正是要极力营造这种高高在上、震慑臣民的氛围。

未央宫位于长安城西南部，今西安市未央区未央乡。建造于汉高祖七年（前200）二月，汉朝定都长安之后。关于未央宫的营建，《史记·高祖本纪》有一段生动的记述：

萧丞相营作未央宫。立东阙、北阙、前殿、武库、太仓。高祖还，见宫阙壮甚，怒，谓萧何曰："天下汹汹苦战数岁，成败未可知，是何治宫室过度也？"萧何曰："天下方未定，故可因遂就宫室。且夫天子以四海为家，非壮丽无以重威，且无令后世有以加也。"高祖乃说（悦）。

萧何与张良、陈平一样，是刘邦"布衣将相之局"中少数有知识、有谋略、目光远大的重臣。秦始皇认为不改名号无以称成功，必须借营建阿房宫以"章得意"，与秦始皇宗旨完全相同，萧何营造未央宫也是为新王朝大壮声威，且开国之君建造的宫殿为最高规格，以为定制，令后代子孙承袭而不敢逾越，以保证刘家江山的稳固。这便是萧何的用意。

未央宫座落于龙首原上，借高亢的地势烘托出宫殿的高大。《三辅黄图》曰"营未央，因龙首以制前殿"。《水经注·渭水》记载：未央宫前殿，"斩龙首山而营之"，"山即基阙，不假著"，因山为基，气势自然不凡，雄浑壮观，凛凛大气。据考古资料，未央宫前殿遗址，南北长约 350 米，东西宽约 200 米，北端位于龙首山丘陵。① 与文献记载一致。

张衡《西京赋》曰："延紫宫于未央，表峣阙于闾阖。疏龙首以抗殿，状巍峨以岌业。亘雄虹之长梁，结棼橑以相接。"称皇宫为"紫宫"，是汉代人通常的说法，承秦而来。秦汉对皇宫的这种称呼一直沿袭下去，此名称本身便表现出皇宫上应星宿，至尊无上的内涵。未央宫屋顶有藻井，为"倒茄"的形状。《西都赋》谓未央宫的中庭有钟，《西京赋》也写到有"洪钟万钧"，有巨大的钟架。宫殿中槺、楣均有华丽的装饰，故曰"华槺"、"雕楣"、"绣木而云木胤"、"三阶重轩"。宫中嘉木树庭，绿草如茵，"正殿路寝，用朝群辟。大复耽耽，九户开辟。"以正殿为中心，宫中修筑了四通八达的道路，"修路峻险，重门袭固。奸宄是防，仰福帝居。"宫庭戒备森严，"徼道外周，千庐内附。卫尉八屯警夜巡画。"后世称皇宫为紫禁城，渊源于此。

未央宫的宫城，东西墙各长 2150 米，南北墙各长 2150 米，周长 8600 米，占地面积约 5 平方公里，约相当汉长安城总面积的七分之一。② 宫内殿堂林立。《西京杂记》载未央宫有"台殿四十三，其三十二在外，其十一在后宫。池十三，山六。池一，山一，亦在后宫。门闼九十五。"未央宫布局是传统的"前朝后寝"。"前朝"的主体建筑便是前殿，位于未央宫南区，北部为后宫区。

未央宫正殿周围，"徇以离殿别寝，承以崇台间馆，焕若列星，紫宫是环"，③ 环绕紫宫的殿堂有清凉殿、温室殿等，还有"神仙长年，金华玉堂，白虎麒麟。区宇若兹，不可殚论。"其名称便可见汉代的时代特点。求仙、升天、天人合一，正是当时盛行的思想。这些殿堂"殊形诡制，每各异

① 刘叙杰主编：《中国古代建筑史》第一卷，中国建筑工业出版社，2003 年版，第 404 页。

② 刘庆柱、李毓芳：《汉长安城》，文物出版社，2003 年版，第 9 页。

③ 《西都赋》。

观"，皇帝每每"息宴"于其中。看来未央宫中的殿堂是各有特色的，没有规定统一的样式，诸殿堂并非是正殿的成比例缩小，宫室营造比较灵活。温室殿为武帝时所建，"以椒涂壁，被之文绣，香桂为柱，"其中有屏风，羽帐，地面铺厚毹，以供冬天居住。清凉殿则以"玉晶为盘，贮冰同色"，①为夏季所用。秦及西汉都城的营建也体现出一种体天象地随心所欲的特点，可见当时宫室营造制度处于探索之中。

未央宫西边的白虎门外有苍池，因池水色苍而得名，可见池水较深。宫中又有影娥池，于武帝时开凿，池边有望鹄台，又叫眺瞻台。"影娥"应指嫦娥，月中仙子的身影倒映水中，于此观月，颇具诗情画意。昭帝时建的琳池，池中植荷，池南有桂台，可以登高望远。从苍池池中的渐台，影娥池边的望鹄台，琳池边的桂台看来，宫中的池一般都有台。

未央宫中的椒房殿是皇后居所，规模与装饰为后宫宫殿之最。之所以称椒房，一是以花椒拌泥涂墙，"皇后居椒房，以椒涂房，取其温且香也。"②二是花椒多籽，寓意王朝子孙繁衍无穷，《汉官仪》曰："皇后称椒房，取其蓄实之意也。"这里的环境自然幽雅静谧。未央宫椒房殿遗址发现的地下巷道在秦汉宫殿建筑中属于特例。

椒房殿南距未央宫前殿遗址 330 米（今未央宫乡大刘寨村西 290 米），是目前唯一进行考古发掘的中国古代皇后宫殿遗址。正殿遗址为一夯土台基，东西 547 米，南北 29~32 米。殿堂四周是方砖铺地的回廊，南廊最宽 2.4 米。因为正殿坐北朝南，南面是正面，所以要重点装饰。南面的东西有踏道，为出入殿堂之路。前边有双阙基址。正殿以北共有南北两个配殿六个庭院，五条巷道。五条巷道中有四条铺以条砖，通往南配殿与五号庭院的巷道铺以地板。这些巷道原来均构置于地面之下，为地下通道。③

地下巷道是否为便于男子运送笨重物品而设，不得而知。后宫是男性的禁地，而众多妃子的生活必需品随时要有人照料。宦官本来便是这样的角色，他们出入于帝宫与后宫之间，服侍皇帝与后妃。仲长统《昌言》所谓"宦竖傅近房卧之内，交错妇人之间。"《后汉书·宦者列传》载：东汉时宦者权重，"非复掖庭永巷之职，闺牖房闱之任也。"椒房殿的地下巷道联通

① 《西京杂记》。
② 《风俗通义·佚文》。
③ 刘庆柱、李毓芳：《汉长安城》，文物出版社，2003 年版，第 69~76 页。

了各殿堂与庭院，其中的奥秘目前还难以知晓。

椒房殿之下，后宫中的昭阳殿等建筑亦装饰得非常华丽。《西都赋》："后宫则昭阳飞翔，增成合欢。兰林披香，凤凰鸳鸯。群窈窕之华丽，嗟内顾之所观。"其宫室"采饰纤缛……文以朱绿翡翠，络以美玉，流悬黎之夜光。缀隋珠以为烛，玉阶彤庭，珊瑚等"，"珍物罗生，焕若昆仑。……后宫不移，乐不徒悬，门卫供帐，官以物办。恣意所幸，下辇成燕，穷年忘旧，犹不能遍。"昭阳殿先后为赵飞燕姐妹所居，在当时最为奢华。

赵飞燕姐妹倍受成帝的宠爱。赵飞燕立为皇后，她的妹妹为昭仪，所居昭阳殿以明珠翠羽饰壁带，"自后宫未尝有焉。"① 《西京杂记》卷1载：殿中有"玉几、玉床、白象牙簟。绿熊席，席毛长二尺余。人眠而拥毛自蔽，望之不能见，坐则没膝。其中杂熏诸香，一坐此席，余香百日不歇。有四玉镇，皆达照无瑕缺。"昭阳殿"织珠为帘，风至则鸣如珩佩之声。"赵昭仪逢嘉日在昭阳殿曾给赵飞燕送上一份礼物，品种有：

各种衣裳：如金华紫罗面云"五彩文绶鸳鸯襦"等。

各种首饰：五色文玉环、合欢圆当、同心七宝钗、黄金步摇。

各种床上用品：鸳鸯被、鸳鸯褥金错绣裆、瑚珀枕、龟文枕、椰叶席等。

各类扇子：云母扇、孔雀扇、翠羽扇、九华扇、五明扇、回风扇。

各式屏风：云母屏风、琉璃屏风。

各种香料：青木香、沉水香、九真雄麝香。与之配套的有五层金博山香炉。

还有七枝灯、同心梅等。

这份礼单一则可见赵氏姐妹身为皇后、昭仪的尊贵与奢侈，二则可知当时后宫中卧室用品往往以鸳鸯、合欢、同心等吉祥用语命名，这自然寄寓着后妃们的无限情思。她们企盼着皇帝临幸，希望能为皇帝传宗接代，她们终生的幸福及家族的荣耀便建立于此。赵飞燕因一直无子，甚至以车"载轻薄少年，为女子服，入后宫中，日以十数，与之淫通"。②

后宫中有众多的嫔妃居室。椒房殿东北部的台榭遗址，是以天井为单位的若干宫殿群落，有学者认为非一般宫人所居，可能是文献所记14位嫔妃

① 《汉书·外戚传》。
② 《西京杂记》。

的寝宫，即掖庭宫。① 《西京杂记》载："汉掖庭有月影台、云光殿、九华殿、鸣鸾殿、开襟阁、临池观，不在簿籍。皆繁华窈窕之所楼宿焉。"这些"不在簿籍"的宫殿，是因为所居的主人名分不够。皆"楼宿"，说明为楼阁建筑，大约形制比较灵活。它们与雍容华贵、规整有仪的皇后宫殿明显有别。后宫八区中有众多的婕妤。如增成舍为第三区，成帝的班婕妤曾居此。② 后宫还有无数待幸的宫女，她们的命运更加可悲。《西京杂记》卷二载："元帝后宫既多，不得常见，乃使画工图形，案图召幸之。诸宫人皆赂画工，多者十万，少者五万。"而"貌为后宫第一"的王昭君不肯向画工行贿，因而一直到元帝"案图"将之许配与匈奴，王昭君才得以见到同处宫中而未曾谋面的皇帝。

中国古代是农业社会，宫廷生活有时也极富民间气息。《西京杂记》中记载西汉皇宫风俗曰："九月九日佩茱萸，食蓬饵，饮菊华酒，令人长寿。菊华舒时，并采茎叶杂黍米酿之。至来年九月九日始熟，就饮焉。故谓之菊华酒。"

未央宫北有长乐宫，西有建章宫，周围宫观相连，道路纵横。《西都赋》谓："周庐千列，缴道绮错。辇路经营，修涂飞阁，自未央而连桂官，北弥明光而亘长乐，凌隥道而超西墉，混建章而连外属。"是长安城中的至尊之地。汉高祖九年（前198）十月，高祖已在前殿置酒宴会淮南、梁等诸侯王，此后未央宫便成为西汉朝廷问政和皇室起居之所。诸侯王朝见皇帝，有时也留宿宫中。成帝时，楚王、梁王朝见，成帝让他们住在未央宫中，令"供张白虎殿"。③

作为西汉一代的帝宫，未央宫曾经金碧辉煌，然而像任何王朝都难以逃脱的厄运一样，它也在西汉末年饱受战火之灾。东汉初年，号称中兴的汉光武帝刘秀曾下令修缮，虽难以恢复夕日风貌，但基本殿堂仍在，所以汉末董卓挟汉献帝西迁长安时，仍能以未央宫为皇宫。未央宫遗址出土的许多带有"长乐未央"、"千秋万岁"、"长生无极"、"与天无极"文字的瓦当，默默地见证着这座皇宫的盛衰。

2. 长乐宫

高祖七年（前200），长乐宫建成，是在秦兴乐宫基础上扩建的。刘邦的

① 杨鸿勋：《宫殿考古通论》，紫禁城出版社，2001 年版，第 241 页。
② 《汉书·外戚传》。
③ 《汉书·外戚传》。

大臣多为华山以东人，均建议都洛阳，后在齐人刘敬与留侯张良的劝说下，刘邦才决定西都长安。宫殿营建非短期所为，因而兴乐宫经简单扩建改造后，便成为汉初的皇宫。

长乐宫遗址据测周长 10760 米，面积约 6 平方公里，占长安全城面积的六分之一。考古工作者在连结长乐宫东西宫门的大道以南勘探出三组宫殿遗址，其中以东边建筑群的规模最大。《水经注·渭水》载：明渠流经长乐宫北，"殿前列置铜人，殿西有长信、长秋、永寿、永昌诸殿，殿之东北有池"。殿前置铜人之制亦仿自秦朝。

高祖九年（前 198），刘邦由长乐宫迁往未央宫，以长乐宫作为太后的居所。但刘邦最后仍死于长乐宫，可见他仍经常居住于此。惠帝以后，未央宫是皇帝的居所，长乐宫才真正成为太后之宫。因长乐宫位于未央宫之东，又称东宫。

3. 北宫、桂宫

北宫、桂宫亦为后妃之宫。北宫因位于未央宫北而得名。《三辅黄图》载："北宫在长安城中，近桂宫，俱在未央宫北，周回十里。高帝时制度草创，孝武增修之"。今西安市未央区六村堡乡和未央宫乡一带发现的一座汉代宫城遗址，南北长 1710 米，东西宽 620 米，有南北宫门，地面之下约 1 米处有夯筑的宫墙。有学者认为这里应是北宫遗址。① 据《玉海》记载，北宫有画堂，绘有九子母壁画，为后妃企盼多子之意。

桂宫建于汉武帝时期，因宫中有七宝床、列宝帐等，又称"四宝宫"。桂宫规模较大，周十里，内有复道，横北渡，西至神明台。② 今未央区六村堡乡夹城堡一带，其地理位置应是桂宫旧址所在。这里曾发现过大量的地砖等物，南院台基四壁环绕的廊道铺砖、散水，或为卵石，或为瓦片竖立铺装。

4. 建章宫

汉武帝在西汉王朝休养生息的基础上，新筑桂宫、明光宫和建章宫，其中建章宫的工程最为浩大。建章宫位于长安城西，其规模壮观，"周回三十里"，中有骀荡、元梁、奇金、鼓簧等宫，又有立堂、神名堂、明銮、奇华、铜柱、函德等 26 殿，有太液池、唐中池。③ 建立建章宫的原因，缘于柏梁台发生的

① 刘庆柱、李毓芳：《汉长安城》，文物出版社，2003 年版，第 113 页。

② 《艺文类聚》引《三辅故事》。

③ 《三辅黄图》卷 3。

严重火灾。《西京赋》曰："柏梁既灾，越巫陈方，建章是经，用厌火祥。营宇之制，事兼未央。"《汉书·郊祀志》载越地巫者之语曰："粤俗有火灾，复起屋，必以大，厌胜服之。"于是作建章宫。

《西都赋》中曾以大量的笔墨描写建章宫，其中写道："设璧门之凤阙，上觚棱而栖金雀。内则别风之山嶕嶤，眇丽巧而竦擢，张千门而立万户，顺阴阳以开阖。尔乃正殿崔巍，层构厥高，临乎未央。"《汉书·郊祀志》也写道，建章宫的前殿"度高未央"。建章宫的"千门万户"约为夸张之辞，但其前殿高过未央宫则是有可能的。以前殿为中心，其东是高二十余丈的凤阙，其西是数十里的虎圈，其北是太液池，其南是"立堂璧门大鸟之属，立神明台，井干楼，高五十丈，辇道相属等"[①]其中的凤阙是很出名的。《史记·孝武本记》载其"高二十余丈"，《水经注·渭水条》引《三辅黄图》，则说凤阙"高七丈五尺"。两处记载悬殊较大，可能是凤阙到北魏时倾圮残毁。

建章宫内殿堂林立，其中的太液池尤为人们所称道。《西都赋》曰：

前唐中而后太液，揽沧海之汤汤，扬波涛於碣石，激神岳之将将，滥瀛洲与方丈，蓬莱起乎中央。於是灵草冬荣，神木丛生，严峻崔崒，金石峥嵘。抗仙掌承露，擢双立之金茎，……庶松乔之群类，时游从乎斯庭，实列仙之攸馆，匪吾人之所宁。

建章宫之兴建与风水因素有关，取以水灭火之意，所以水势甚盛，并且寓意深厚，太液"池中有蓬莱、方丈、瀛州、壶梁，像海中神山龟鱼之属。"[②]《西京杂记》卷六："太液池中有鸣鹤舟、容舆舟、清旷舟、采菱舟、越女舟。太液池西，有一池名孤树池，池中有洲，洲上煔树一株，六十余围，望之重重如盖，故取为名。"可见池中舟船甚多。这里碧波荡漾，"成帝常于秋日与赵飞燕戏于太液池。以沙棠木为舟，以云母饰于舟首，一名云舟。"又刻大桐木为龙，"雕饰如真，夹云舟而行"。[③]

建章宫为皇宫游息之所，汉武帝常在此置酒宴饮。汉昭帝也常居建章宫，元凤二年（前79）才"自建章宫徙未央宫。"建章宫此期等同于皇宫。建章宫中有许多小宫，据《三辅黄图》中记载：宫中美木茂盛，景色非常优美，

① 《汉书·郊祀志下》。

② 《汉书·郊祀志》。

③ 《三辅旧事》。

许多殿堂的名称均取自宫殿特点，如"驭娑宫，马行迅疾，一日遍宫中，言宫之大也。……天梁宫，梁木至于天，言宫之高也。……"

建章宫中的神明台为武帝祭仙人处。上有承露盘，有铜铸的仙人舒掌捧铜盘玉杯，以承接云雨之露，据说和玉屑服之，可以升仙，因而为汉武帝所青睐。《三辅故事》记述曰："建章宫承露盘高二十丈，大七围，以铜为之，上有仙人掌承露"。

建章宫遗址位于长安城西，宫城平面东西约2130米，南北约1240米。未央区高堡子、低堡子两个村庄为前殿基址处。基址南北320米，东西200米。前殿基址西北450米处，有太液池以及池中的渐台基址。渐台基址现残高8米，东西60米，南北40米。① 太液池确为人工开凿而成，池的东边发现了西汉石鱼，长4.9米，身径1米，应当便是当时的"龟鱼之属"。

5. 甘泉宫

甘泉宫为秦朝所造，以处甘泉山而名。《三辅黄图》载："汉武帝建元中增广之，周十九里。""中有牛首山，去长安三百里，望见长安城。"顾炎武《历代宅京记》引《关辅记》大致同此说。据《长安志》中有关甘泉宫的记载，宫城四面均有宫门1座，其中有宫殿12座，楼台1座。

甘泉宫有前殿、竹宫、长定宫、通灵台等。竹宫是皇帝的寝宫，长定宫为皇后寝宫。甘泉宫是中国古代"第一个为皇帝避暑办公而专门修建的宫城"。② 如未央宫一样，甘泉宫的主体建筑是前殿，也称为甘泉殿、紫殿，紫殿与紫宫意同。《西京杂记》载，成帝设云帐、云幄等物于甘泉紫殿，所以人们又称之为三云殿。考古工作者曾在甘泉宫旧址发现一座高台式的建筑遗址，至今仍高四米，台基东西长100米、南北长80米③。

司马相如的秦赋中描述竹宫风景时有"览竹林之榛榛"的句子。榛是一种丛木。葱郁苍翠，宫中应风景如画。汉武帝曾让李延年为协律都尉，令司马相如等数十人为诗赋，配以曲谱。正月汉武帝在甘泉宫祭天时，令童男女七十人通宵歌之，"夜常有神光如流星止于祠坛，天子自竹宫而望拜。"④《三辅黄图》卷3载："竹宫，甘泉祠宫也，以竹为宫，天子居中"。以竹子为建筑材料的竹宫别有情趣。

① 刘庆柱、李毓芳：《汉长安城》，文物出版社，2003年版，第187页。

② 刘庆柱、李毓芳：《汉长安城》，文物出版社，2003年版，第192页。

③ 见《人民日报》1988年5月19日《乾县发现秦甘泉宫和梁山宫遗址》。

④ 《汉书·礼乐志》。

离宫中常有乐人乐器随侍皇帝。汉武帝宿林光宫时，有刺客"走趋卧内欲入，行触宝瑟"而被发觉。① 可见皇帝留宿之处便有琴瑟之声。

## 二、东汉洛阳宫殿

### 1. 南宫

洛阳的南宫应建于秦。汉五年（前202）汉高祖曾在洛阳南宫置酒，与群臣探讨楚汉战争胜负之因。迁住长安前的两年中，刘邦一直居于此宫。《汉书·高帝纪》：汉六年（前201），刘邦居南宫，从复道上看到诸将领在窃窃私语，可见南宫相当高大，有复道等建筑。楚汉战争中刘邦不可能建造宫殿。《舆地志》载：洛阳在"秦时已有南、北宫"，是有根据的。汉光武帝建武元年（25），"入洛阳，幸南宫却非殿，遂定都焉。"②

南宫位于洛阳城内中部偏东南，四面有门阙。建武十四年（38）春正月，建南宫前殿。光武帝最后死于南宫前殿。灵帝曾在南宫修玉堂，"铸铜人四列于苍龙、玄武阙。又铸四钟，皆受二千斛，悬于玉堂及云台殿前。"还铸天禄等器，"吐水于平门外桥东，转水入宫。"③

### 2. 北宫

明帝永平三年（60）建起北宫及诸官府。北宫位于洛阳城内北部近中，南边通过中东门大街和复道与南宫相连。北宫正殿为德阳殿。北宫有坚固的铁柱门，《后汉书·五行志》：刘玄更始二年（24），有乘车者，"奔触北宫铁柱门，三马皆死。"

### 3. 永安宫

永安宫位于洛阳城东北隅。据《后汉书·百官志》："永安，北宫东北别小宫名，有园观。"永安宫西边隔谷门大街与北宫东墙相对。永安宫应比较高大，灵帝"常登永安侯台，宦官恐其望见居处，乃使中大人尚但谏曰：'天子不当登高，登高则百姓虚散。'自是不敢复升台榭。"④ 汉朝末年，何太后曾被董卓囚禁于此宫。

除北宫外，东汉基本没有兴建新的宫室。东汉开国皇帝刘秀号称中兴，遵祖先旧制，同时"以柔道理天下"，注重文治，因而比较节俭。章帝欲为原

---

① 《汉书·金日磾传》。
② 《后汉书·光武帝纪》。
③ 《后汉书·宦者列传·张让传》。
④ 《后汉书·宦者列传·张让传》。

陵、显节陵起县邑时，"少好经书"的东平衮王刘苍上书劝谏，认为"园邑之兴，始自强秦"，光武帝有诏"无为山陵"，立县邑与古法、时宜均不合。刘苍的主张与东汉较为俭约的风气是一致的。这与儒家礼乐文化的熏陶有相当的关系。

东汉末年董卓挟制汉献帝西迁时，"悉烧宫庙官府居家，二百里内，无复孑遗"。① 洛阳遭受空前的劫难。

### 三、宫廷居仪

中国古代的宫殿具有强烈的政治色彩。秦重法家，汉初实行黄老政治，西汉中期定儒学为一尊。无论法家，儒家，尊君卑臣的主张是一致的。《汉书·艺文志》谓"儒家者流，盖出于司徒之官，助人君顺阴阳明教化者也。"在儒家看来，居所便是"助人君顺阴阳明教化"的稳定基地。

皇宫是皇帝生活起居、发号施令的固定场所，最能够体现皇帝至尊无上的地位。借助于宫室建筑的威严，突出皇帝的独尊，汉初的叔孙通便有过成功的实践。

汉初是布衣将相之局，刘邦的一帮开国功臣多是赳赳武夫，他们"饮酒争功，醉或妄呼，拔剑击柱，高祖患之。"于是儒生叔孙通不失时机地在汉高祖前宣扬儒家礼治的独特功能，奉命从齐鲁之地招致儒生，制订了一系列的朝廷礼仪。汉七年（前200），长乐宫建成，十月的朝贺大典在此举行。在叔孙通的指挥下，谒者依次引诸大臣入殿门，廷中卫士林立，正殿下郎中侍陛，汉高祖乘辇缓缓而出，满堂肃然。汉高祖坐定后，群臣皆由专人导引，"以尊卑次第上奏"。威严的宫廷环境使刘邦的功臣们感到空前的震慑力，他们规规矩矩，"无敢喧哗失礼者"。朝贺大典结束，汉高祖情不自禁地脱口而出："吾乃今日知为皇帝之贵也！"②

西方的宗教建筑是以建筑空间的巨大使人产生莫名的自卑，感到自身的渺小。中国的宫殿建筑不像西方宗教建筑那样高耸入云、神秘莫测，但未央宫、长乐宫、建章宫等，均是殿堂连属的大型建筑群，宫廷威严、礼仪肃整，臣民至此自然而然产生诚惶诚恐、顶礼膜拜的感觉。汉高祖与叔孙通在长乐宫联系导演的政治剧正收到了这样的效果。

未央宫前殿是大朝所用的主殿堂，皇帝即位、大婚、颁布诏令、接受观

---

① 《后汉书·董卓传》。

② 《史记·叔孙通传》。

谒等重大活动均在此进行。旁边有东厢、西厢，"箱"类似后世堂屋两侧的厢房。《汉书·周昌传》：周昌劝高祖立太子，"吕后侧耳于东厢听。"《汉书·晁错传》：大臣袁盎欲献计于景帝，要求"屏左右"，近臣晁错也不得不"趋避东箱，意甚恨"。这里的"东箱"应离殿堂很近。郑玄注《仪礼》中《公食大夫》之"箱"为"俟事之处"，"东箱，……相翔待事之处"，与此相符。

未央宫的后殿为宣室殿，是日常朝见之室，皇帝退朝后生活起居的地方。文帝曾在宣室召见贾谊，谈至夜半仍兴趣盎然。王嘉亦曾被"召见宣室，对政事得失"，① 汉武帝曾"为窦太主置酒宣室"。②

皇帝接见臣下有一定的礼仪。如汉制规定，诸侯王须定期朝见皇帝，时间一般在正月。到京师立即入宫"小见"；正月初一早上在朝拜典礼上正式拜见；三天以后"为王置酒，赐金钱财物"；两天后，再入宫小见，"小见者，燕见于禁门内，饮于省中，非士人所得入也"，然后就该告辞回国了。③

燕见的场合比较随便。梁孝王入朝拜谒母亲窦太后，"燕见，与景帝俱侍坐于太后前"。窦太后嘱托景帝善待梁孝王，"景帝跪席举身曰：'诺'。"④ 景帝由"坐"而"跪"，即由坐于脚踵而挺直上身，跪于席上，以示敬意。景帝在此是以人子之礼行之。

皇帝在比较随意的场合燕见大臣时，礼仪也因人而异。《汉书·汲黯传》记载汉武帝见臣下的情形曰：

大将军青侍中，上距厕视。丞相弘燕见，上或时不冠。至如见黯，不冠不见也。上尝坐武帐，黯前奏事，上不冠，望见黯，避帷中，使人可其奏。其见礼敬如此。

这里的"厕"，孟康注曰："床边侧也。"汉武帝对卫青"距厕视"，对公孙弘"或时不冠"，对汲黯"不冠不见"，是因为三人的身份不同，个性不同，与武帝的交情也不同。卫青是外戚，以大将军侍中，和武帝常见于帷幄之中，自然不拘礼节，武帝可以坐在床边随意地和他交谈。公孙弘以布衣为丞相，为人圆滑，本来和大臣们议定的事，见到武帝后，视其脸色随时可变卦。但丞相毕竟是丞相，武帝对他比较恭敬，所以"不冠不见"。汲黯性刚直，每每直言

① 《汉书·王嘉传》。
② 《汉书·东方朔传》。
③ 《史记·梁孝王世家》。
④ 《史记·梁孝王世家》。

武帝之过，武帝必须正襟危坐，来不及"冠"时甚至暂避帷中。可见"帷"是宫中经常张设。

宫廷中照顾皇帝生活起居的是侍中和宦官。侍中需遵从很多礼仪。《汉官六种·汉官旧仪》"中宫及号位"条载："侍中左右近臣见皇后，如见帝。见婕妤，行则对壁，座则伏茵。"回避以示恭敬。张衡的《同声歌》把自己与当时南阳太守鲍德的关系比做"妾"与"君"的关系："邂逅承际会，得充君后房。情好新交接，恐懔若探汤。不才勉自竭，贱妾职所当。绸缪主中馈，奉礼助蒸尝。""思为莞蒻席，在下比匡床。愿为罗衾帱，在上卫风霜。洒扫清枕席，鞮芬以狄香。重房纳金扃，高下华灯光。"由此可推知宫廷生活中侍中对帝王尽心尽意的侍奉之道。

## 第三节　苑囿之兴

### 一、上林苑的营建

#### 1. 秦及西汉的上林苑

秦国的上林苑于秦迁都咸阳后逐渐开始兴建。秦始皇营作体量巨大的阿房宫于"渭南上林苑中"，可见当时上林苑的范围之大。秦汉之际，"秦宫室皆以烧残破"，秦的苑囿也随之废弃，所以"汉王如陕，……故秦苑囿园池，令民得田之。"[①] 刘邦此举，当时是作为争取民心、安抚三秦地区的一项措施。西汉立国后，苑囿便恢复了它供皇帝游乐的功能。汉文帝曾与窦皇后、慎夫人一起游上林，[②] 又曾登虎圈，问上林尉苑中禽兽有多少，[③] 说明苑中养有各种动物。汉武帝建元三年（前138）开始大举扩建上林苑。据《三辅故事》引《前汉书》曰：上林苑"东南至蓝田、宜春（今长安曲江池一带）、鼎湖（今兰田县南塬）、御宿（今长安县南）、昆吾（今兰田县东北）、旁南山而西至长杨（今周至县东南）、五柞，北绕黄山（今兴平县马嵬镇北），濒渭水而东，周袤三百里。离宫七十所，皆容千乘万骑。"《汉书·扬雄传》与其文字基本相同："武帝广开上林，南至宜春、鼎湖、御宿、昆吾，旁南山而西，至长杨、五柞，北绕黄山，濒渭而东，周袤数百里。"《汉宫殿疏》谓上林苑"方

---

① 《史记·项羽列传》。

② 《汉书·爱盎传》。

③ 《汉书·张释之传》。

三百四十里"。西汉上林苑规模与气势为历代皇家园林之最。

此期上林苑的特色，一是范围广阔，宫苑巨大。上林苑中宫观台殿名目繁多，诸文献记载数目基本一致。如《后汉书》载上林苑有"建章、承光等十一宫，平乐、兰观等二十五。"《长安志》引《关中记》则谓"上林苑宫十二，观三十五。"班固《西都赋》记载上林苑有"离宫别馆，三十六所"。《三辅黄图》也载上林苑有三十六所离宫别馆，其中有11座离宫，25座别馆。

为数众多的宫、观，均为皇帝游乐时的憩身之所。从远望观、燕升观、观象观的名称看，均应为高大的宫观。宣宫则因"宣帝晓音律，常于此度曲，因以名宫"。飞廉观造于武帝元封二年（109）。武帝信方士之言，据说"飞禽神兽，能致风气，"因而以铜铸出一种"身似鹿，头如雀，有角而蛇尾，文如豹"的神禽形象，立于观上，所以叫飞廉观。飞廉在东，汉时被专门移入洛阳宫殿，可见其影响。

二是富于山林野趣，恢宏大气。林苑中的离宫别馆均坐落于自然山林之间，因而大气磅礴，与天地融为一体。司马相如《上林赋》载："于是乎离宫别馆，弥山跨谷，高廊四注，重坐曲阁"，宫殿的屋顶及椽头多以玉璧为饰，寓意天人合一。最为独特的是有"醴泉涌于清室，通川过乎中庭"，这是山林之中离宫所独有的情趣。上林苑中有不少水池，其中以昆明池最为有名。昆明池建于汉武帝元狩三年（前120）。《西京杂记》："武帝作昆明池，欲伐昆吾夷，教习水战，因而上游戏养鱼。鱼给诸陵庙祭祀，余付长安市卖之。池周回四十里。"《汉书·食货志》载：汉武帝"治楼船高十余丈，旗帜加其上，甚壮。"《三辅黄图》谓昆明池"周四十里，有百艘楼船，建楼橹、戈船各数十。"船上有戈、矛等兵器以习武，看来昆明池确有游观与练水兵的双重作用。池中环境优雅，有灵波殿，皆以桂为殿柱，风来自香。还有不同于楼船的龙船，"常令宫女泛舟池中，张凤盖，建华旗，作棹歌，杂以鼓乐。帝御豫章临观焉。"[1]

史载汉武帝建昆明池时，绕池水以"列观环之"。[2] 昆明池遗址附近，发现了不少西汉建筑遗址。20世纪50、60年代，考古工作者曾对昆明池遗址及附近宫观进行调查，在昆明池故址（今长安北常庄南）之东发现了约1万多平方米的岛，岛上有大型汉代建筑遗迹，出土了"上林"、"千秋万岁"字样

① 《西京杂记》。
② 《史记·平准书》。

的瓦当，应当用于昆明池中的台观之上。《西都赋》谓："临乎昆明之池，左牵牛而右织女，似云汉之无涯，"应有不少建筑。昆明池西岸还出土了长1.6米、最大径0.96米的石鲸。

三是荟萃四方动植物精华，异彩纷呈。上林苑地域广阔，山林陂池密布。汉武帝扩建上林苑之时，正是汉朝国力鼎盛的时期。上林苑中不仅有全国各地贡奉的花木，随着汉武帝东西南北四面出来的武功之盛，异域的奇花异木、珍禽异兽也源源不断地运送至上林苑。《西京杂记》卷一载："初修上林苑，群臣远方各献名果异树。"远方所贡以及各郡国所献的珍奇花木移栽其中，更增加了上林苑的神秘色彩。西汉后期的大学者刘歆曾从上林令虞渊手中得到一份"朝臣所上草木名，约二千多种"，后遗失，凭其记忆列出一份果木名单，其中如：

梨十：紫梨、青梨（实大）、芳梨（实小）、大谷梨、细叶梨、金叶梨（出琅椰王野家，太守王唐所献）、瀚海梨（出瀚海北，耐旱，不枯）、东王梨（出海中）、紫条梨等；

枣树有七种，如玉门枣、堂枣、赤心枣、西王枣（出昆仑山）等；桃树有十种：秦桃、金城桃、霜桃（霜下可食）、胡桃（出西域）、樱桃、含桃等；

李树有十五种：紫李、绿李、朱李、黄李、颜渊李（出鲁）、羌李、燕李、蛮李、候李等；

棠树有四种：赤棠、沙棠等；

梅树有七种：朱梅、紫叶梅、同心梅、丽枝梅、燕梅、猴梅等；

杏树有二种：文杏（材有文采）、蓬莱杏（东郭都尉于吉所献，一株杂五色六出，云是仙人所食）。

此外还有栗树四种，桐树、枇杷树、橙树、石榴树、槐树、桂树、蜀漆树、枫树等。刘歆所见所忆仅为上林苑中果木的一部分，已如此之多。其中如秦桃等应为长安当地的果树，而西域、西南巴蜀、北方燕地、东方鲁地均有果木在此生长，可见西汉皇家园林的园艺栽培已具有很高的水准。司马相如《上林赋》中载：上林苑中的橘、橙、枇杷、枣、杨梅、樱桃、葡萄、荔枝"罗乎后宫，列乎北园"；各种树木"长千仞，大连抱，……被山缘谷"。《三辅黄图》亦还载：上林苑中有扶荔宫，据说是元鼎六年（111）破南越，"以植所得奇草异木，葛蒲、山姜、桂、龙眼、荔枝、槟榔、橄榄、柑橘之类。"据考证，扶荔宫不在上林苑，而在距长安城四百余里的冯翊夏阳县。① 但这些

---

① 刘叙杰主编：《中国古代建筑史》第一卷，中国建筑工业出版社，2003年版，第415页。

果木在上林苑移栽也是有可能的。从上林苑众多的果树来看，汉代的确是气候温暖的时期，不少水果后世仅见于南方。

上林苑中有无数飞禽走兽"栖息乎其间，长啸哀鸣，翩幡互经"。《两都赋》谓："其中乃有九真之麟，大宛之马，黄支之犀，条枝之鸟，逾昆仑，越巨海，殊方异类，至三万里。"天然的山川河流、自然植被，与四方移栽达此经精心培育的奇花异木，在上林苑中相映生辉，珍禽异兽各得其趣。

作为唯一的皇家园林，它还无条件地掠夺私家园林的资源。汉代的私人园林不多。西汉前期长安茂陵袁广汉的园林是一个特例，是精品。《西京杂记》载：

> 茂陵富人袁广汉，藏镪巨万，家僮八九百人。于北邙山下筑园。东西四里。南北五里，激流水注其内。构石为山，高十余丈，连延数里。养白鹦鹉、紫鸳鸯、牛青兕，奇兽怪禽委积其间。积沙为洲屿，激水为波涛。其中致江鸥、海鹤，孕雏产，延蔓林池，奇树异草，靡不具植。屋皆徘徊连属，重阁修廊，行之移晷不能遍也。广汉后有罪诛，没入为官园。鸟兽草木皆移植上林苑中。

袁广汉"于北邙山下"建筑的这座"东西四里，南北五里"的私人园林在秦汉园林非常有特色：一是借山为景，更显开阔与苍茫；二是构石为山，汉园林中的山体绝大多数为土山，极少见到石山，何况是"高十余丈，连延数里"的石山，自然气势不凡；三是引活水，营造水景，积沙为州，激流水注其内；四是有珍禽异兽；五是有名贵苗木；六是有众多的亭台楼阁。袁广汉这座精致的极具特色的园林却被没收为官园，汉代富商大约不敢再轻易掷金于此类营建。

上林苑中的宫殿为皇帝的行宫，而皇帝所居毕竟有限，因而有时后妃也因种种原因留居其中。

如成帝许皇后被废处上林苑中的昭台宫一年多，[①] 后又徙处林光宫中的长定宫。哀帝许美人曾居上林涿沐馆。

上林苑在武帝时最为壮观，司马相如正值盛世作赋，一篇《上林赋》使秦汉上林苑长期为后世所传颂。作为休闲游乐之所，上林苑风景优美，宫观众多，是炫耀国威的场所，因此皇帝常在此安排政治活动，接待外国使者。汉宣帝曾在平乐观接待匈奴使者及其它邦国客人。匈奴首领也曾住上林苑中的蒲陶

---

① 《汉书·外戚传》。

宫。元帝、成帝时，王朝已呈衰败之象，均曾"罢上林宫馆希御幸者"。王莽代汉及西汉末年赤眉起义，上林苑宫观已毁灭殆尽。建武十三年，汉光武帝将异国所献的名马用于礼仪鼓车，宝剑以赐骑士，并"损上林池御之官，废骋望弋猎之事。"①

2. 东汉洛阳的上林苑

东汉都城洛阳周围也有一些皇家苑囿，自然也以上林苑规模为大。东汉的明帝、安帝桓帝、灵帝都曾在冬季"校猎上林苑"，苑中应有较开阔的场地。而从整体而言，东汉兴建宫宅苑囿之风不盛。建武十三年，汉光武帝将异国所献的名马用于礼仪鼓车，宝剑以赐骑士，并"损上林池御之官，废骋望弋猎之事。"②邓皇后曾下令将上林鹰犬全部卖掉。汉洛阳城西还有芳林苑、西苑等。张衡《东京赋》中曾写道，洛阳有"濯龙芳林，九谷八溪。芙蓉夏水，秋兰被涯，诸戏跃鱼，渊游龟蟥。永安离宫，修竹冬青，阴池幽流，玄泉冽清。鹡鸰秋栖，鹘鸼存鸣，鶗鸠丽黄，关关嘤嘤"，景色宜人。东汉桓灵时期修宫室较多，《后汉书·桓帝本纪》谓"桓帝好音乐，善琴瑟，饰芳林而考濯龙之宫。"但东汉时期的宫室园囿的规模、气势远逊于西汉。

二、"海中三神山"的影响

汉代是神仙说盛行的时期，升仙在当时是一个热门话题。仙境本是虚幻的，而秦皇汉武的大肆求仙与营造楼台，使之越来越"真实"。汉代有白日升天之说，秦始皇、汉武帝、王莽都曾有过大张旗鼓的求仙活动。秦始皇在长安引渭水所筑的蓬莱、瀛洲，汉武帝在太液池建造的蓬莱之属，在昆明池仿造的"海上三神山"，以及在上林苑中建造的高四十丈的飞廉观，均有山有水，有形有景，虚实相生，人间与仙境的界限似乎模糊了，人们可以于此浮想联翩，神游九天之上。汉画像石中表现升仙的画面很多。（插图三）经秦汉的渲染，蓬莱仙话在中国人脑海中扎了根。秦汉士人亦受其影响。理智如张衡者，失意时也会很自然地想到那个虚无飘渺的世界。《思玄赋》中写到："登蓬莱而容与兮……留瀛州而采芝兮，聊且以乎长生，……"《归田赋》曰："感老氏之遗诫，将回驾乎篷庐。"秦皇汉武对蓬莱仙境的向往与营造，使"海中三神山"成为时代的向往，并对后世产生了深远的影响。

①《后汉书·循吏列传·序》。
②《后汉书·循吏列传·序》。

插图三：鹿车、升仙（南阳市区出土，高46厘米，长125厘米，南阳汉画馆藏）
《中国美术分类全集》，《中国画像石全集》，山东汉画像石，河南美术出版社，河南美术出版社，2000年版。

## 第四节　宗室居所的尊贵

### 一、王国宫殿

除皇宫之外，诸侯王的宫殿规格最高，与皇室的血缘关系保障了他们的特权，雄厚的财力使他们得以广置宫室。

秦朝实行单一的郡县制，汉代为郡国并行制。汉高祖逐步消灭异姓诸侯王后，陆续分封子侄为王，并与群臣约定"非刘氏不王"。王国官吏除太傅、丞相由中央派出外，所有官吏均由诸王安排，王国自征租赋，铸造货币，征集军队，俨然一个个半独立的国家。"七国之乱"的爆发，迫使景帝痛下决心，规定诸王不再治民。武帝更颁布"推恩令"，王国由嫡长子继承王位，土地可分封给子弟为列侯，而列侯隶属于郡，地位与县相当。这一釜底抽薪之措施，使诸侯王仅衣食租税而已，对皇权的威胁已不复存在。然而，王国毕竟有其封地，有源源不断的赋税保证，一些有权谋的诸侯王仍可操纵王国政治。况且西汉时期制度比较疏阔，诸侯王宫殿规格并无严格的限制。秦汉皇宫的风格是随心所欲、阔大雄伟，诸王宫营建也呈现出宏大的特点。

文帝时，贾谊为诸侯王的僭越而屡屡上书，说诸侯王宫之司马门、殿门、宫卫等称呼均与皇宫同，他再三强调"高下异，则名号异，……则宫室异，则床第异，则器皿异"，"下不凌等，则上位尊"，[①] 由此可反证当时王宫与皇

--------

① 《新书·服疑》。

宫的称号没有明显的区别。文献所载，诸侯王宫有正殿，如《汉书·景帝纪》："（前元）三年春正月，淮阳王宫正殿灾"；有端门，如燕王宫有"端门"、"园池"；① 有多门，胶西王刘瑞因赌气而不置宫卫，"封其宫门，从一门出入"，可推知王宫四面有门。

鲁国的灵光殿在汉代是有名的宫殿。鲁恭王刘余为景帝子，"好治宫室、苑囿、狗马"，曾在曲阜"坏孔子旧宅以广其宫"。② 鲁国传至王莽新朝时因无子而国除，但宫殿却久负盛名。两汉之际战乱频仍，"未央、建章之殿皆见堕坏，而灵光殿岿然独存"，③ 大概得益于它较为偏远的地理位置。

东汉王延寿的《鲁灵光殿赋》中对此殿有极其生动的描绘。王延寿是南郡宜城人，他为齐鲁文化所折服，到儒家发源地去寻古问艺，游至鲁国。此时为东汉中后期，距刘余始建宫室已二百多年。司马相如在《子虚赋》中虚拟出楚人子虚、齐人乌有，各自炫耀本国气魄，王延寿则坦诚地称自己是"客自南鄙，观艺于鲁"，他以楚人的眼光观鲁王宫，"感物而作"，确切地感受到王宫非凡的气魄。

王延寿当时所看到的灵光殿，首先是宫外高耸的朱红色双阙，可容车辆并列而入的阔大宫门，到处流光溢彩："朱阙岩岩而双立，高门拟于闾阖。方二轨而并入。俯仰顾盻，东西周章，彤彩之饰，夫何为乎！"宫内的"高楼飞观"、"弛道周环"、"渐台临池，层曲九成"，更是美不胜收。步入宫门，"历夫太阶，以造其堂，"堂须登阶而上，自然有一定高度。堂中"皎壁"、"丹柱"相映生辉："白告壁日高曜以月照，丹柱歙赤色而电火延。霞马交之蔚，若阴若阳。遂排金扉而此入，霄蔼蔼而日奄暖。"堂后房舍深邃，"西厢踟蹰以闲宴，东序重深而奥秘"。"西厢"、"东序"依中轴线排列，这里有漂亮的"旋室"，幽深的"洞房"，他推想曾是无数"窈窕"女子的居室。

王延寿浓笔重彩描绘的是大殿，他在此"详察其栋宇，观其结构：规矩应天，上宪觜陬。倔佹之起，欻嵲离楼。三间四表，八维九隅。万楹丛倚，磊砢相扶。飞梁偃蹇以虹指，……纵横骆驿各有所趣。""层栌"，栌是柱子上立起的方木，即斗拱。斗拱的数目与殿堂的高低是成正比的。斗拱层数越多，坡

---

① 《汉书·五行志》。
② 《汉书·景十三王传》。
③ 《鲁灵光殿赋》。

面越缓，房屋也越发高大。"层栌"、"飞梁"与"虹指"，均指屋梁上层层叠叠的木结构。这里还有如星悬空的"浮柱"，不知为虚指还是实景。

屋梁之间"飞禽走兽因木生姿"，展示是一派生机。在"梁"、"檀"、"木薄栌"、"楣"、"木付侧"、"椽"上雕刻以姿态各异的动物形象："奔虎攫挐以梁倚"，"蟠螭宛转而承楣，狡兔跧伏于木付侧，猿狖（狖，一种黑色的长尾猿）攀椽而相追"，还有飞龙蜿蜒，朱雀舒翼，白鹿跳跃，玄熊负载而窥视……，更有胡人、神仙："胡人遥集于上楹，俨雅踧而相对……状若悲苦于危处，……神仙岳岳于栋间，玉女窥而下视。"灵光殿屋梁上雕刻如此众多的人物、动物形象，与汉画像石墓中刻画的形象非常相似。"神仙"、"玉女"出现在墓室画面中，毫无疑问，寓意升仙。而与人间生活如此贴近的神仙形象，其意义何在？似应有新的解释。

屋顶正中是藻井，木结构易致火灾，藻井常绘制莲花，寓意以水灭火，鲁王宫也正是如此："悬栋结阿，天窗绮疏。圆渊方井反植荷藻，发秀吐荣。"

鲁王宫规模之大令人惊异，"周行数里，仰不见日，""千门相似，万户如一"，"连阁承宫，驰道周环，阳榭外望，高楼飞观。长途升降，轩槛曼延。高径华盖，仰看天庭。飞阶揭孽，缘云上征。中坐垂景，兆页视流星。"王延寿观此胜景，不由自主地感叹："何宏丽之靡靡，咨用力之妙勤，若非通神之俊才，谁能克成乎此勋！"

诸侯王的宫殿建筑风格仿效汉朝廷。但诸侯王国在名分上是属臣，这一点绝对不能含糊。灵光殿的建筑结构"规矩应天，上宪觜陬。"觜为星名，二十八宿之一；陬为角落。王延寿认为诸侯王宫与皇宫建构均仿自天象，"其规矩制度，上应星宿"，灵光殿正是"配紫微而为辅"。

灵光殿在南北朝时已倒塌，但其基址仍在，昔日风采依稀可辨。郦道元《水经注·沂水条》中谓："孔庙东南五百步，有双石阙，即灵光之南阙。北百余步，即灵光殿基，东西二十四丈，南北十二丈，高丈余。东西廊庑别舍，中间方七百余步。阙之东北有浴池，方四十余步。池中有钓台，方十步。池台悉石也，遗基尚整。"

汉简王的宫廷位于河北卢奴县，北魏时遗址仍存。据《水经注》的记载，卢奴县之故城西北隅，有黑水池，池水东北有汉王故宫处，台殿观榭皆上国之制。简王尊贵，壮丽有加，始筑两宫，开四门，穿城北，累石窦，通涿唐水，流于城中，造鱼池钓台、戏马之观。

从西汉闽越王宫遗址亦可见当时诸侯王宫室的大致情形。这处遗址发掘于1980～1984 年，位于福建省崇安县城村，在当时的王城中部。① 考古编号为"甲组建筑基地"的地方应是王宫主殿的前殿。宫殿依丘陵而建，将其削平夯实，奠定台基，与阿房宫、未央宫做法一致。因东部及北部未发掘，从已知的资料推论，由南到北沿中轴线对称排列，依次应为东、西大门，宽敞的庭院及东西厢房，庭院居中正对殿堂南门，殿堂东、北、西三面回廊环绕，后边是东、西侧殿，东、西天井、围墙。殿堂在甲组建筑中面积最大，东西 37.4 米，南北 24.7 米，面积约 930 平方米，根据平面的柱网看，殿堂面阔七间，进深六间。从发掘所见的炭化的短柱、横梁以及红烧土，这座殿堂的地面构造为架空式，即在础石上立矮柱，柱间架横木及木板，板上砌土坯砖，砖上再抹一层5 厘米左右的草拌泥。这是为排除地面湿气而采取的措施，适应南方气候特点。

从有限的文献记载与考古发掘来看，汉代诸侯王宫一般规模都比较大，殿堂深邃，房舍众多，且具有台、池、榭等。闽越王宫出土的"乐未央"、"常乐万岁"、② 南越王宫涂朱的"万岁"等文字瓦当，标示着王宫尊贵的身份，和企盼王位永继的愿望。王宫建筑实际上是皇宫的缩影。

### 二、园林化的自然情趣

景帝时期，梁国的宫室和苑囿最为出名。梁国本为大国，"北界泰山，西至高阳（今河南杞县西南），四十余城，多大县"，梁孝王倍受窦太后喜爱，又在平定七国之乱中有功，受赏赐无数，于是"筑东苑，方三百余里，广睢阳城七十余里，大治宫室，为复道，自宫连属于平台三十余里。"③ 平台，《汉书·文三王传》注中说法不一。如淳谓：在大梁（今开封）东北，"离宫所在也"；晋灼说：在睢阳（今河南商丘南）城中东北角；师古曰：睢阳"城东二十里所有故台基，其处宽博，土俗云平台也。"此地到唐代仍有较明显的遗址，当地仍称为"平台"，其方位应大致不错。之所以称"东苑"，正是因为它在睢阳城以东。兔园应为"东苑"中的一处景观，其中有山有石，有池有鸟，具有天然的情趣。《西京杂记》载："梁孝王好营宫室苑囿之乐。作曜华之宫，筑兔园，园中有百灵山，山有肤寸石，落猿岩、栖龙岫。又有雁池，池间有鹤

---

① 福建省博物馆：《崇安汉城探掘简报》，《文物》1985 年 11 期。
② 刘叙杰主编：《中国古代建筑史》第一卷，中国建筑工业出版社，2003 年版，第 423 页。
③ 《史记·梁孝王世家》。

洲凫渚。其诸宫观相连，延亘数十里。奇果异树，瑰禽怪兽毕备。主日与宫人宾客弋钓其中。"这里所谓"诸宫观相连，延亘数十里"与《汉书》所载"自宫连属于平台三十余里"也是吻合的。枚乘为《柳赋》，其辞曰："忘忧之馆，垂条之木。枝逶迟而含紫，叶萋萋而吐绿。"忘忧观中大概以柳树为多，所以枚乘以此为赋。邹阳为《酒赋》："……召皤皤之臣，聚肃肃之宾。安广坐，列雕屏。绡绮为广，犀璩为镇。……君王凭玉几，倚玉屏。"酒宴上有雕刻的屏风；有以绮缘边的精美的"广席"，供多人共坐；席的四角有各种动物造型的玉镇。梁孝王是中心人物坐于正中，凭依于几屏之间。这帮文人们的衣食住行仰仗梁孝王，赋的内容自然少不了对梁孝王的赞颂。羊胜为《屏风赋》，其辞曰："屏风匜匜，蔽我君王。重葩累绣，沓璧连璋。饰以文锦，映以流黄。画以古烈，颙颙昂昂。藩后宜之。寿考无疆。"由此可见梁孝王宫室中的屏风上绘有"古烈"即古圣贤人物的画像，其意在教育诸侯王敦守善道。"韩安国作几赋不成。邹阳代作，其辞曰……离奇仿佛，似龙盘马回，凤去鸾归。君王凭之，圣德日跻。"梁孝王所凭之几，是以龙凤为饰，精美异常。这些有限的诗赋，反映出了梁国宫室的一个侧影。

广州秦汉南越王宫苑遗址还发掘出延伸长度约 150 米的水渠遗址。它以红沙岩石块砌筑，水源来自其北部的大池。两地之间以长方形截面的木函管相通。石渠"一般深度 0.7 米左右，一般口宽 1.4 米，一处加宽的水湾，最宽处为 7.9 米，渠底加深到 1.5 米。"有趣的是，在渠底铺满较大的砾石，上边错落散置更大的砾石。一定距离内又设拱起的石脊。大砾石与石拱背据推测用来激水，使之产生漩涡与浪花。"变平静的流水为激荡的水型。"[1] 构思颇为精巧。

### 三、个性化的王宫装饰风格

王宫的营建与装饰风格与诸侯王个人的文化素养与喜好有关。西汉前期的河间王刘德对儒学很感兴趣，"筑日华宫，置客馆二十余区以待学士。自奉养不逾宾客。"有的诸侯王喜武事，则在王宫殿门上"画短衣、大绔、长剑"。元帝时的广川王刘海阳甚至"画屋为男女裸交接"，并让他的姐妹们去看这些画，[2] 是心理变态的反映。

诸侯王作为宗室，特权阶层，生活奢侈，宫室众多。东汉的琅琊王刘京

---

① 杨鸿勋：《宫殿考古通论》，紫禁城出版社，2001 年版，第 300 页。

② 《汉书·景十三王传》。

"好修宫室，穷极技巧，殿馆壁带皆饰以金银。"① 东汉济南安王刘康，"大修宫室，奴婢至千四百人，厩马千二百匹，私田八百顷，奢侈恣欲，游观无节。"济南国太傅何敞上书劝谏，言宫中"宫婢闭隔，失其天性"，却花费巨万"多起内弟"，"数游诸第，晨夜无节"，希望济南王能"节游观之宴""以礼起居"。②"内弟"应是王宫之外的宅弟或游乐之所。

① 《后汉书·光武十王传》。
② 《后汉书·向敞传》。

# 第四章

# "重殿洞门"：官吏、贵族住宅与居处礼仪

秦汉实行三公九卿制，皇帝之下，朝廷中最尊贵的是三公，其次是九卿。公卿作为朝官，级别高，地位尊贵，但俸禄是固定的，居所便因个人的文化素养与情趣而各异，差别较大。而那些煊赫一时的权贵，如炙手可热的西汉重臣霍光、东汉外戚梁冀，宠臣如西汉的董贤、东汉的宦官单超等"五侯"，借助于皇权，第宅则极其豪华。作为社会的特权阶层，贵族拥有显赫的社会地位与丰厚的财产，其住宅从设计营造到居住礼仪，自然非同一般。

## 第一节  权贵第舍

### 一、受赐甲第

西汉长安和东汉洛阳的"北阙甲第"多为功臣高官的住宅，它体现的是政治地位与特权。

汉代文献中常提及的"第宅"并非指所有住宅，作为身份的象征，贵族的房舍才称"第"。《初学记·居处部》曰："宅亦曰第，言有甲乙之次第也。一曰：出不由里门，面大道者曰第。爵虽列侯，食邑不满万户，不得曰第，其舍在里中皆不称第。"而"面大道者"便是一种特权，不从里门出入而独辟门户，车马可直接出入通衢之中。"第"面对街道，必定是高宅深院。

普通百姓居住的里门比较低矮，驷马高车难以通行。《汉书·于定国传》载：于公所居的里门坏，人们修整时，他说：可以把里门建得高大一些，"令容驷马高车。我治狱多阴德，未曾有所冤，子孙必有兴者"。①

西汉重臣霍光受命托孤，权重一时，在长安城受赐"甲第一区"，是最好

———————————
① 《汉书·于定国传》。

的房舍，相当豪华。其住宅的情况，文献中没有明确的记载，但从霍氏被灭之前的种种所谓"不祥之兆"可窥知一二。据说有猫头鹰"数鸣殿前树上，第门自坏"。① 这里的"殿"，颜师古注曰："古者室屋高大，则通呼为殿耳，非止天子宫中。"汉代丞相府官署俨然，召见各郡国上计吏的房屋因其高大，也称"殿"。霍光的第宅被称为殿，正见其高大壮观。霍家出了不少怪异现象，霍显"梦第中井水溢流庭下，灶居树上"，霍云所居的"尚冠里中门亦坏"，说明霍氏家族住宅中有井，有庭院，有树木。梦中的反常现象，正是现实生活场景的颠倒。"第门"应为住宅的大门，"中门"为院子里与大门方向一致，成中轴线排列，通往后院的门。霍氏家族有多处院落。

有些著名经师以帝师之尊得赐第宅。元帝即位，赐其师傅孔霸黄金二百斤，第一区，徙名数于长安。② "名数"即户籍，所赐住宅在长安。

哀帝的宠臣董贤在长安的住宅也由朝廷营建。《汉书·佞幸传》载：哀帝"诏将作大臣为贤起大第北阙下，重殿洞门，木土之功穷极技巧，柱槛衣以绨锦。"关于"重殿洞门"，《西京杂记》记曰："哀帝为董贤起大第于北阙下，重五殿，洞六门"，柱壁上画以云气、山灵、水怪。"或衣以绨锦，或饰以金玉"。另有"南门三重，署曰南中门、南上门、南便门。东西各三门，随方面题署，亦如之。楼阁台榭转相连注，山池玩好，穷尽雕丽。"贵族第宅柱壁"或衣以绨锦，或饰以金玉"之奢华，常为士人所抨击。而贵族房舍之雕饰显然仿自宫廷。

《后汉书·杨震传》载杨震上疏曰："伏见诏书为阿母兴起津城门内第舍，合两为一，连里竟街，雕修缮饰，穷极巧伎。"注："津城门，洛阳南面西头门也。合两坊而为一宅。里即坊也。"安帝为其乳母在洛阳城内修宅第，竟然占去了两个里的地方。

### 二、外戚、官吏住宅

外戚是汉代政治生活中的重要角色。西汉后期，外戚王氏权势日盛，依附者众多，"宾客满门"，③ 住宅自然华丽。《汉书·元后传》记载：王氏五侯群弟"大治第室，洞门高廊阁道，连属弥望"。成帝曾到成都侯王商家，见其宅舍中竟有水波荡漾，得知是王商穿长安城而引澧水，"注第中大陂以行船，立

---

① 《汉书·霍光传》。
② 《汉书·孔光传》。
③ 《汉书·游侠传》。

羽盖，张周帷，辑濯越歌"。王商家宅第之大，竟至有水面行船，划船者唱着越地的歌曲。越地为水乡，素以舟行越歌而出名。王商的"立羽盖，张周帷"是仿昆明池皇家园囿而为，招致能为越歌者亦仿自宫廷。成帝微服出行时过曲阳侯王跟家，"又见园中土山渐台，似类白虎殿"。当时长安城中也流传着关于王氏五侯的歌谣，其中有"土山渐台西白虎"之句。王氏从长安城外引水而入第宅，仿白虎殿建筑，这些明显的"僭越"行为，是皇帝所不能容忍的。成帝派官员以"擅穿帝城，决引澧水"，"骄奢僭上"的罪名责问之，王氏不得已而伏阙认罪。

东汉梁冀权倾一时，"多拓林苑，禁同王家"，在弘农、荥阳之间"殆将千里"的范围内圈占了大量土地，其中"包含山薮，远带丘荒"。此处约为狩猎之用，不可能加以雕饰。而他在洛阳仿照附近嵩山自然景色"采土筑山"而成的园林中，则"十里九坂，以象二崤，深林绝涧，有若自然"。[1] 梁冀园林豪华如此，在洛阳城中又"大起第舍"，其妻孙寿"亦对街为宅"，两人"互相夸竞，堂寝皆有阴阳奥室，连房洞户。柱壁雕镂，加以铜漆；窗牖皆有绮疏青琐，图以云气仙灵。台阁周通，更相临望。飞梁石磴，陵跨水道。金玉珠玑，异方珍怪，克积藏室。"[2] 如此奢华之园林与第舍，汉代贵族仅此一家。梁冀、孙寿被迫自杀后，梁氏家产被朝廷斥卖，"散其园囿，以业穷民。"

东汉的政治舞台上，外戚、宦官迭相为政，一朝权在手，便结党营私，建造豪宅。典型如宦官侯览"起立第宅十有六区，皆有高楼池苑，堂阁相望，饰以绮画丹漆之属，制度重深，僭类宫省。又豫作寿冢，石椁双阙，高庑百尺。"[3]

公卿与地方太守等官吏家产一般比较富饶，所以公卿若过于俭朴，反而被人认为是伪诈。丞相公孙弘家中盖布被，有大臣在朝堂上奏其"位在三公，俸禄甚多，然为布被，此诈也。"[4]《风俗通义》载：跟随公孙弘多年的一位故人，一直未能升迁，仍布被蔬食，因而抱怨公孙弘，说他示外以布被，内室则锦被，公孙弘为此而声名大损。《西京杂记》记载与此稍有出入，说故人高贺投奔公孙宏，公孙宏食以脱粟饭，盖以布被。高贺怨之，谓此食此被"我自有之"。于是对别人说，公孙弘"内服貂襌"外穿麻衣；"内厨五鼎，外膳

① 《后汉书·梁统列传》
② 《后汉书·梁冀传》。
③ 《后汉书·宦者列传》。
④ 《汉书·公孙弘传》。

一肴。岂可以示天下?"这是从根本上对丞相形象提出质疑。"于是朝廷疑其矫焉。宏叹曰'宁逢恶宾,不逢故人。'"从公孙弘"布被"一事的不同记载来看,汉代的三公之尊应当有较为优裕的居住环境、有较高的生活质量。

汉代一些清正廉洁的官吏,如著名的弘农杨氏"四世三公"却清正廉洁,因而广为士大夫赞扬,这正说明这样的官吏是少数人而不是多数人,是反常而不是正常。早在汉武帝时,"大郡二千石死官,敛敛送葬皆千万以上,妻子通共受之,以定产业",① 可见二千石以上的官吏依其俸禄及其它无形的收入,置田产,建造豪宅顺理成章。

汉初第一任丞相萧何似保留着平民作风,以及农民的思维定式。萧何因功高震主,遭汉高祖猜忌时,有人劝他"自污"以示无大志,据说他"贱买民田宅数千万"。而他平时"置田宅必居穷处,为家不治垣屋。曰:'后世贤,师吾俭;不贤,毋为势家所夺。'"② 垣即墙,垣屋指围以垣墙的高大的宅院。

东汉后期仲长统所言"豪人之室,连栋数百",所谓"豪人"多为地方豪强大姓。而京师第舍对地方居室有明显的影响。


## 第二节  居处礼仪

### 一、前堂后室的居习

贵族一般是前堂后室。前堂是正规的接待宾客的地方,后室则相对随意,娱乐活动置于后室。特殊情况则可灵活。西汉大臣龚胜病重时,皇帝派人去探视,临时"为床室中户西南牖下,……使者入户,西行南面立,致诏付玺书。"③

东汉初年的名儒桓荣为帝师,有病时皇帝曾经亲自致门看望,所以此后"诸侯、将军、大夫问疾者,不敢复乘车列门,皆拜床下。"④ "乘车列门",指的是通常情况。自皇帝至达官贵人均至其床前问候,桓荣的居室面积不小,床的摆设也要有一定讲究。

汉武帝时的丞相田蚡为人强横,"治宅甲诸第",营造的住宅在贵族第舍

① 《汉书·游侠传》。
② 《史记·萧相国世家》。
③ 《汉书·龚胜传》。
④ 《后汉书·桓荣传》。

中以豪华出名。"前堂罗钟鼓，立曲旃；后房妇女以百数。……珍物狗马玩好，不可胜数。"① 苏林注曰："曲旃，柄上曲也。"前堂高大宽敞，罗列钟鼓乐器，并能竖起赤色的曲柄旗。前堂立旗，标示贵族的身份，后房则是生活与娱乐的场所，应有多个院落与房间，否则难以居住"以百数"的女子，也难以容纳奉迎之人送的"珍物狗马玩好"。（插图四）

插图四：燕居（39×24厘米德阳）龚延年等编著：《巴蜀汉代画像集》，文物出版社，1998年版。

西汉后期的丞相张禹，"身居大第，后堂理丝竹管弦。"这处"大第"中可依客人的不同志趣在不同的房间接待。张禹弟子戴崇时为九卿，每到张禹家中，"常责师宜置酒设乐与弟子相娱。禹将崇入后堂饮食，妇女相对，优人管弦铿锵极乐，昏夜乃罢。"另一个弟子彭宣为大司空，为人恭俭有礼，他到张禹家中，"禹见之于便坐，讲论经义，日晏赐食，不过一肉卮酒相对。宣未尝得至后堂。"②"便坐"，颜师古注曰："谓非正寝，在于旁侧可以延宾也。"

---

① 《汉书·田蚡传》。

② 《汉书·张禹传》。

### 二、尊卑有序的礼仪

王公贵族接待宴饮宾客，很注重座次尊卑。《礼记·曲礼上》："席南乡（向）北乡，以西方为上；东乡西乡，以南方为上。"汉初周勃为武夫，做丞相后仍"不好文学，每召诸生说士，东乡坐而责之：'趣为我语！'"① 周勃以丞相之尊重，居最尊的位置。

中国古代"不以亲亲害尊尊"，排座次时，官位高者居尊位，即使其父辈兄长在，也只能坐卑位。丞相田蚡"尝召客欢，坐其兄盖侯南乡，自坐东乡，以为汉相尊，不可以兄故挠。"② 田蚡的兄长在场，本应坐东向，田蚡认为汉相尊严，不能因为兄长破坏规矩，因而自坐东向。南越王担心国相吕嘉叛乱，欲借汉朝使者之威以震慑之，于是置酒宴，"使者皆东向，太后南向，王北向，相（吕）嘉、大臣皆西向侍，坐饮。"汉使坐在最尊贵的位置，吕嘉坐在卑位，且是'侍'的身份，以示羞辱之意。③

贵族宴饮中均坐于席上，是名副其实的"席地而坐"。有尊者进屋或走到跟前时，人们要"避席"即离开席子以表谦恭，并且要伏地。《史记·魏其武安侯列传》记：窦婴与田蚡等人一起饮酒，至高潮时，"武安起为寿，坐者皆避席伏。已，魏其侯为寿，独故人避席耳，余半膝席。"武安侯田蚡时为丞相，他敬酒时，人们都从席上起身伏于地以示敬意。曾权重一时的魏其侯此时已威风不再，因而只有他的"故人"避席，其余的人"膝席"，膝不离席，只是挺直上身而已。魏其侯的好友灌夫见此极为恼怒，因而有著名的"灌夫骂坐"之事。以此为导火索，两家积怨益深。（插图五）

官僚、贵族之家拥有的私奴婢很多，这些私奴婢又称家奴、奴客、僮奴等。大工商业者蓄奴也很多。西汉墓葬中随葬的木俑，东汉墓葬中随葬的陶俑，奴婢尽现谦恭之态，生动地反映出等级的差别。

江陵凤凰山 167 号墓出土木俑 24 件，均为圆雕，施以彩绘。其名称记录在"遣策"中。如执戟俑通高 48 厘米，"遣策"上写明为"谒者"，"大奴"，应是汉画像之中经常表现的恭立于门侧的奴婢，为主人通报来客情况。有两名"谒者"持戟立于头箱与边箱之间，显然是守卫门户的人。女俑通高 46 厘米，身着绣衣持梳持箧而立的女俑，名为"持梳箧纟肃衣大婢"。还有手托被褥而

---

① 《史记·绛侯周勃列传》。
② 《汉书·田蚡传》。
③ 《史记·南越列传》。

插图五：谒见（48×40厘米成都羊子山）龚延年等编著：《巴蜀汉代画像集》，文物出版社，1998年版。

立的女俑等，这些女俑是贵族家中奴仆成群、主人威风八面使唤奴仆场面的再现。辎车后的奴婢分前后两队，东西九排。前五排为家中奴仆，两排乡肃衣大婢，两排捧托被褥，一排持梳篦。后四排为生产奴婢。马王堆三号墓出土的"遣策"中有"大奴百人，衣布"，"婢八十八人，衣布"。这些均为奴仆侍奉主人场面的象征。

### 三、居所的娱乐

宴饮是贵族家居生活中的重要内容之一。宴饮客人时一般要有歌舞，同时还有其它娱乐形式助兴，投壶即是适宜于室内进行的活动。器具不过一壶数矢而已。《礼记》专有《投壶》一章记其仪式。郑玄注曰："名曰投壶者，以其记主人与客燕饮讲论才艺之礼。"而这个过程实际上体现的是宾主双方礼让、谦恭、才艺等诸多方面的修养。投壶的规则是拿箭矢往小口壶中投，中者为胜。客人、主人轮流投，输者罚酒。矢又称"筹"，"室中五扶，宫上七扶，庭中九扶"，矢的长度视投壶地点空间阔狭而定。室中投壶用两尺长的矢，宫中用两尺八寸长的矢，庭中则用三尺六寸长的矢。壶"颈修七寸，腹修五寸，口径二寸半，……壶中实小豆焉，为其矢之跃而出也。"壶的形制是圆腹长颈，壶颈长七寸，中间圆腹深五寸，口径宽二寸半。"投壶之礼，主人奉矢，司射奉中，使人执壶。"投壶有其礼法，主人捧着矢，司射捧着计算输赢数目的器具，还有专门的人执壶。投壶开始之前，主人谦恭地对客人言"枉矢哨壶，请以乐宾"，说自己家中有不直的矢，窄口的壶，希望以此娱乐宾客。客人客气地回答："子有旨酒嘉肴"，"又重以乐，敢辞"，表示主人盛情招待，又加上娱乐，真不敢当。主人再礼让一次，客人仍辞让。主人第三次重复上面的话，客人才说："敢不敬从"，恭敬不如从命，这才开始投壶。然后客人至西阶再拜，主人从主阶上拜送矢。宾主到两个楹柱间拜送矢，再退回原位，揖请宾客入席，投壶才开始。

投壶的器具非常简单，投壶前后的礼仪却如此繁复。它体现的是彬彬有礼的君子风范，这正是儒家礼乐文化的原则与基本精神："礼之所尊，尊其义也。失其义，陈其数，祝史之事也。故其数可陈也，其义难知也。"[①] "铺筵席，陈尊俎，列笾豆，以升降为礼者，礼之末节也，故有司业之。"[②] 人们认为，设宴席，布置礼器，鞠躬作揖，是礼的末节，是具体执礼者的职业，熟悉某种礼仪形式即可为之。升降揖让之礼中所蕴涵的"义"方为礼的实质，礼的内核。投壶应为先秦即已存在的娱乐方式，汉代更加流行。谢承《后汉书》卷二：祭遵"取士皆用儒术，对酒设乐，世雅歌投壶。"江苏东阳汉墓出土的投壶高 27.8 厘米，河南济源汉墓出土的投壶高 26.6 厘米，[③] 与《礼记》所言投壶的尺寸大略相当。南阳汉画像的投壶画面形象生动，壶中已投入两矢，两人正持矢欲投，右侧有侍者，左侧一人似因输酒而醉，被一人搀扶离开。礼乐文化重精神而轻物质，居所中的娱乐设施并不着重生活品质的提高，而是从简易的器皿中引申出教化的内容。

汉代的乐舞百戏则欢快活泼。《西京赋》中有对于"角抵百戏"的记录，反映了当时百戏演出的盛况，范文澜在《中国通史》中说："1954 年山东沂南县发现大批汉墓中石刻，所画多是当时社会上层人的享乐生活。其中角抵戏一幅，有戏车上倒投，两人走索上相逢，轻身人爬长木杆，戏豹舞罴，大雀走动

---

① 《礼记·郊特牲》。

② 《礼记·乐记》。

③ 孙机：《汉代物质文化资料图说》，文物出版社，1999 年版，第 397 页。

等妙伎。证明张衡的《西京赋》所写并非虚构。"贵族家中歌舞之伎甚众。（插图六）西汉后期外戚王氏五侯"后庭姬妾各数十人"，奴婢以千百数，"罗钟磬，舞郑女，作倡优，狗马驰逐"。① 汉画像中经常表现的乐舞场面，热烈欢快。崔马因《七依》写宴饮场合中舞女的美貌与飘逸的舞姿："于是置酒于宴游之堂，长乐乎长娱之舌。酒酣乐中，美人进以承宴，调欢欣以解容。回顾百万，一笑千金。振飞縠以舞长袖，袅细腰以务抑扬。"歌舞的重要功能之一是"调欢欣以解容"，故能长盛不衰。

插图六：观伎（48×40 厘米成都市郊）龚延年等编著：《巴蜀汉代画像集》，文物出版社，1998 年版。

---

① 《汉书·王莽传》。

"郑卫之音"在贵族家居娱乐中有生动的表现。它本起自民间，后盛于宫廷，为贵族所青睐。屡遭批判，但一直活跃于汉代社会。

"郑卫之音"是春秋晚期流传在中原郑国、卫国一带的音乐，本是一种地方音乐。先秦时期即受到严厉的批评。孔子最早将"郑声"作为雅乐的对立面提出来，将其定性为"淫"，提出"放郑声"的主张。① 荀子认为"姚冶之容，郑卫之音，使人心淫。"② 《礼纪》则抨击"郑卫之音，乱世之音也"，"桑间濮上之音，亡国之音也，其政散，其民流，诬上行私而不可止也"。《韩非子·十过》篇中亦称濮水之音为"亡国之音"。儒家和法家的政治主张不同，对音乐的评论角度亦不同，但均从统一文化的立场出发，对郑卫之音的看法一致。

而诸侯国的君主从感官享受的角度出发，对"郑卫之音"的态度则不同。战国初年，魏文侯（前445～396年在位）"端冕而听古乐，则唯恐卧；听郑卫之音，则不知倦"。据《楚辞·招魂》，战国末期楚国宫廷歌舞中有妩媚的郑国女子，秦王嬴政亦喜爱郑卫之音。李斯在《谏逐客书》中谓"击瓮叩缶，弹筝搏髀，而歌呼呜呜快耳者，真秦之声也。《郑》、《卫》、《桑间》、《昭》、《虞》、《武》、《象》者，异国之乐也。今弃击瓮叩缶而就《郑》、《卫》，退弹筝而取《昭》、《虞》，若是者何也？快意当前，适观而已矣。"李斯很自然地将郑卫桑间之乐置于昭虞之前，可见秦宫廷中郑卫之乐的演奏是经常的，它已取代了秦声，其地位还在昭虞之上。《吕氏春秋·孟春纪》中"靡曼皓齿，郑卫之音，务以自乐"，亦说明秦宫庭经常有郑卫之乐。

秦汉统一的局面要求统一的思想文化。《史记·乐书》和《汉书·地理志》对郑卫之音皆持否定态度。《史记·乐书》与《礼记·乐纪》的文字基本相同，认为"雅颂之音理而民正"，"郑卫之曲动而心淫"。《汉书·地理志》则从地理环境和民间风俗的角度寻找"郑声淫"的原因，认为郑国"土狭而险，山居谷汲，男女亟聚会，故其俗淫"；卫地"有桑间濮上之阻，男女亦亟聚会，声色生焉，故俗称郑卫之音"。从西汉到东汉，宿学名儒如匡衡、贡禹等在奏章中屡屡请求"放郑卫，进雅颂"，以至于《白虎通义·礼乐》专门论及"郑声"，谓"郑国土地民人山居谷浴，男女错杂，为郑声以相诱悦怿，故邪辟声皆淫色之声也。"

---

① 《论语·卫灵公》载"放郑声，远佞人。郑声淫，佞人殆。"
② 《荀子·乐论篇》。

与此同时，"郑卫之音"却仍然兴盛。首先是宫廷。《汉书·礼乐志》载：汉武帝时期，"内有掖庭材人，外有上林乐府，皆以郑声施于朝廷。"成帝时，平当等人建议"修起旧文，放郑近雅，述而不作，信而好古"，公卿们以雅乐"久远难分明"为由，纷纷反对，其议遂罢，此后反而"郑声尤甚"。哀帝更下诏以罢郑声，认为"世俗奢泰文巧而郑卫之音兴"。朝廷中的郑卫之声虽暂时被清理，但并未"制雅乐有以相变"，宫廷中难以禁绝。张衡《西京赋》描述西汉宫廷宴乐时的情景是："秘舞更奏，妙材娉伎，妖蛊艳夫夏姬，美声畅于虞氏。……嚼清商而却转，增婵娟以此豸。"薛综注："清商，郑音。"东汉的开国皇帝刘秀据说"耳不听郑卫之音，手不持珠玉之玩"，① 事实并非如此。《后汉书·宋弘传》载：宋弘荐桓谭为给事中，光武帝"每燕，辄令鼓琴，好其繁声"，宋弘责备桓谭"数进郑声以乱雅颂，非中正者也"。后群臣集会，刘秀令桓谭鼓琴时，桓谭见宋弘在场而"失其常度"，宋弘上前请罪曰"令朝廷耽悦郑声，臣之罪也"。桓帝时，刘瑜上书请求"放郑卫之声"，② 东汉末年的仲长统在《昌言》中认为，穷郑卫之声是"愚主"之行。这些均是针对宫廷乐舞有感而发。

　　其次是贵族居宅。成帝时，朝廷盛行郑声，贵族纷纷仿效，外戚王凤等家族均喜好郑声，"舞郑女"，③ "至与人主争女乐。"④

　　再次是民间。《盐铁论·散不足》记录贤良文学之语曰："往者民间酒会，各以党俗，弹筝鼓缶而已，无要妙之音，变羽之转。今富者钟鼓五乐，歌儿数曹。中者鸣竽调瑟，郑舞赵讴。"弹筝鼓缶本是秦声的特征，大概也成为下层音乐的代称。而这里的"中者"是中等人家，说明郑卫之音相当普及。汉宣帝曾说："女工有绮縠，音乐有郑卫，今世俗犹皆以此虞说耳目"，⑤ 说明郑卫之音成为世俗生活不可或缺的娱乐活动。《汉书·成帝记》载汉成帝永始四年的诏书中曰：世俗奢侈，僭越无度，公卿列侯亲属近臣"设钟鼓，备女乐，……吏民慕效，寝以成俗。"

　　一方面是不绝于耳的批判，一方面却是日益广泛的传播，郑卫之音在汉代的境遇颇具戏剧性。也许正是其活跃才引起了儒生穷追不舍的抨击。总之，两

---

①　《后汉书·循吏列传序》。
②　《后汉书·仲长统传》。
③　《汉书·王莽传》。
④　《汉书·礼乐志》。
⑤　《汉书·王褒传》，《汉书·隽疏于薛平彭传》。

者几乎并行不悖，贯穿于两汉始终。

"郑卫之音"的特色，主要有烦声促节、音调高亢激越、多有哀思之音、男女错杂等等。① 如果从具体的音乐表现中抽象出形而上之神韵，用"清越柔媚"也许更接近"郑卫之音"的实质。清越主要指其歌，柔媚主要指其舞。郑卫之音正是以其轻歌曼舞、清新活泼的特征与庄重舒缓、中正平和的雅乐形成明显的对比。《淮南子·道应训》："今夫举大木者，前呼邪许，后亦应之，此举重劝力之歌也。岂无郑卫激楚之音哉？然而不用者，不若此之宜也。"《楚辞·招魂》中描绘楚宫廷中的"女乐"甚详，这里有郑舞，有楚国的歌，蔡国的歌，吴国的民谣等。其中写道："宫廷震惊，发《激楚》些。……郑卫妖玩，来杂陈些。《激楚》之结（尾声），独秀先些。"《激楚》是其中的一种曲子，它应指楚歌，楚歌楚舞是楚国宫廷乐舞中的主角。《淮南子·道应训》中的"郑卫"与"激楚"应是并列的关系，指各种音乐，而非郑卫之音的特色为激楚。《左传·襄公二十九年》季札观乐，对各地音乐有一段经典性的论述，论及"郑声"时说："美哉！其细已甚，民弗堪也，其先亡乎？"这里的"细"，与《国语·周语》中"大不过宫，细不过羽"可以互证。宫音浊重，羽音清越。《盐铁论·散不足》中贤良文学以古之"弹筝鼓缶而已，无要妙之音，变羽之转"批评汉代"鸣筝调瑟，郑舞赵讴"，正说明郑卫之音是以羽音为主。张衡《七辩》中明确以"多哇"之郑声为美："结郑卫之遗风，扬流哇而脉激。……美人妖服，变曲为清，改赋新词，转歌流声。此音乐之丽也。"汉代人往往将"新声"、"俗乐"等同于郑卫之音，在《南都赋》中，张衡又写到"暮春之禊"时"弹筝吹笙，更为新声；寡妇悲吟，鹍鸡哀鸣；坐者凄唏，荡魂伤精"的情景，"新声"同样是以情感人的。东汉末年张仲景的《伤寒论》第210条载："夫实则谵语，虚则郑声；郑声者，重语也"，大概指其繁越，类似浅吟低唱的效果。

与清越哀怨的音乐珠联璧合，郑卫女子轻盈美妙的舞姿当时是很引人注目的。从有关文献来看，郑卫的歌舞应以舞为主，以女子为主。司马迁在《史记·货殖列传》曾生动地描绘赵女郑姬"设形容，揳鸣琴，揄长袂，蹑利屣"的绰约丰姿，她们美妙的歌舞与漂亮的服饰，优雅的举止，似乎已形成一种模式，在社会上很有影响，所以司马迁在描绘从将相隐士到农工商贾，无不追求富贵的世象百态图时，能信手拈来，将赵郑的歌舞女子作为并列其中的一项。

---

① 陈宗花：《"郑卫之音"问题研究综述》，《人民音乐》2003年第1期。

司马相如的《子虚赋》中亦盛赞"郑女曼姬"的仪容与服饰，谓其袅袅婷婷，裙带飘飘，"眇眇忽忽，若神之仿佛"，郭璞注曰："言其容饰奇艳，非世所见。《战国策》曰：'郑之美女粉白黛黑而立于衢，不知者谓之神也。'"立于街衢之中的郑女宅是风姿绰约的美女。

汉代是一个生机勃勃、活力四射的时代。空前的统一局面，经济的发展，物质财富的增加，刺激着人们的欲望，企盼富贵，希望享受嘉異、华服、美乐、声色，成为社会多数人的追求目标。郑卫之音以其清新的气息为社会各阶层所喜好。萧亢达先生曾精辟地指出：雅乐庄重，以钟、磬为主，是金石之乐，庙堂之乐；俗乐抒情，以管、弦为主，是丝竹之乐，宴会之乐。① 庙堂之乐政治性强，宴会之乐则生活气息浓，所以它具有顽强的生命力。从宫廷到民间，凡宴饮之场所必有轻歌曼舞，汉代的士人言及郑卫之音多斥之，但也有人敏锐地看到它存在的合理性。扬雄在《法言·吾子》篇讲"中正则雅，多哇则郑"，对郑声是反对的。然而对桓谭奏乐的"郑声"倾向，他也表示理解，《新论·离事》记他的一番话曰："事浅易善，深者难识，卿不好《雅》、《颂》，而乐郑声，宜也。"深浅殊异，喜好不同，在扬雄看来似乎是无可非议的。傅毅的《舞赋》讲得更加明确："小大殊用，郑、雅异宜。弛张之度，圣哲所施。是以《乐》记干戚之容，《雅》美蹲蹲之舞，《礼》设三爵之制，《颂》有醉归之歌。夫咸池六英，所以陈清庙，协神人也。郑卫之乐，所以娱秘坐，接欢欣也。余日怡荡，非以风民也，其何害哉？"以教化"风民"的正规场合要有严肃庄重的音乐，"怡荡"闲暇之时可以有轻歌曼舞，不同场合有不同风格的音乐，傅毅视之为正常现象。桑弘羊在盐铁会议上则谓："橘柚生于江南，而民皆甘之于口，味同也；好音生于郑卫，而人皆乐之于耳，声同也。"② 更是从人性本身肯定了郑卫之音的价值。

歌舞源于真情实感。《左传·昭公二十五年》所谓"哀有哭泣，乐有歌舞"。明代冯梦龙在《山歌》中，强调"桑间濮上"之音"情真而不可废也"，"山歌虽俚甚矣，独非郑卫之遗与？"认为山歌的清新朴实与"郑卫之音"的"情真"一样，来自生活，因而不能也不可能废绝。清人徐养源在《律吕臆说》中主张雅乐可兴，郑乐不可废，两者互为补充。正是从其特点与功能方面肯定了郑卫之音的价值。

---

① 萧亢达：《汉代乐舞百戏艺术研究》，文物出版社，1991 年版，第 19～21 页。
② 《盐铁论·相刺》。

汉代制度疏阔，兼容性强，有相当宽松的文化氛围。地方文化与中央文化交汇融合、相互影响，是汉代文化的一个重要特色。汉初，刘邦乐楚声，楚文化由以一帮布衣君臣堂而皇之地引进宫廷，楚歌楚舞在两汉一直非常盛行。汉武帝时代，齐鲁儒学由地域文化上升为主流文化，但独尊儒学并不等于独存儒学，各家思想仍在传承，道家思想更是有着广泛的影响。郑卫之音由地方音乐成为风靡朝野的音乐，虽在哀帝时下令宫中取缔，但实际上并未也不可能从根本上禁绝其流传，因为它为社会各阶层所需要。而郑卫之音最为活跃的场所应是在贵族的家居生活中。

# 第五章

## "在朝则美政，在野则美俗"
## ——文人学士居所

孟子曰："无恒产而有恒心者，唯士为能。"①《汉官仪》载光武帝刘秀在褒奖士人卓茂的诏书中，曾感慨曰"士诚能为人所不能为。"中国古代士人确有卓而不群的品德与坚定的信念，其素养与气质与一般显贵者或暴富者明显不同。汉代儒学被定为一尊，统治者以经明行修为选官原则，东汉前期儒学得以前所未有的发展和普及，培育了重名节的一代士风。士人中以清正廉洁者为多，其居所自然朴素无华，后世闲情雅志的文人园林此期尚未出现。秦汉士人重经学，重名节，对于物质享受的追求远不及世俗社会，与后世的士大夫亦有明显的不同。

### 第一节　学　舍

#### 一、京师学舍

汉代兴起的太学是全国的最高学府，士人最为集中的地方。太学于汉武帝时期建立，设于京师长安。最初有博士弟子五十人，后人数不断增加，元帝时博士弟子达千余名，成帝时三千余人。王莽秉政时，为笼络士人，扩大影响，在长安兴起一系列文化设施，"奏起明堂、辟雍、灵台，为学者筑舍万区"，②博士弟子达一万余人。《三辅黄图》也有记载曰："建弟子舍万区"，"万区"大概有夸张，极言其多。东汉光武帝建武五年（29），刘秀在开国之初财政十分困窘的情况下，动员吏民助役，在洛阳开阳门外建起了太学。安帝时一度经学荒废，太学"学舍颓敝，鞠为园疏"，杂草丛生。顺帝永建元年（126），大

---

① 《孟子·梁惠王下》。
② 《汉书·王莽传》。

规模扩建太学房舍，派大量工徒历时一年，建成"240 房，1850 间"。① 其后，太学生人数至三万余人，这是汉代太学生人数最多的时候。由汉武帝初置博士弟子的五十人到顺帝时期的三万余人，太学的房舍自然越来越多。

东汉袁安为楚郡太守时，曾说："凡学士者，高则望宰相，下则希牧守。"② 太学生是官僚的预备队，读经是为了入仕，有望做官，因而学生生活虽清苦，但士人多立志苦读。太学生们住在太学中，宿舍由国家提供，生活问题则自己解决。《御览》卷 425 引《东观记》曰："（梁鸿）以童幼诣太学受业……不与人同舍。比舍先炊已，呼鸿及热釜炊。鸿曰：'童子鸿不因人热者也。'灭灶更燃火。"贫困者便不得不寻求生计以资学费。试看下列材料：

《汉书·王章传》曰："初，章为诸生，学长安，独与妻居。章疾病，无被，卧牛衣中，与妻决，涕泣。"

《后汉书·桓荣传》曰："（荣）少学长安……贫窭无资，常客佣以自给，精力不倦。"

《后汉书·吴佑传》曰："时公沙穆来游太学，无资粮，乃变服客佣，为佑赁舂。"

《东观汉记》曰：刘秀在西汉末，"之长安，受尚书于中大夫庐江许子威。资用乏，与同舍生韩子合钱买驴，令从者僦，以给公费。"③

刘秀曾到宛卖粮，家中不贫，应属临时缺少资金。其他人则属家贫无资，只能在读书的同时为人打短工，以完成学业。上述诸人是半工半读以继学业，还有不少太学生从家乡带货物出售以补贴生活。《太平御览》卷 826 引《三辅黄图》曰：

汉元始四年，起明堂、辟雍长安城南，北为会市，但列槐树数百行为队，无墙屋。诸生朔望会此市，各持其郡所出货物，及经书传记、笙磬器物，相与卖买，雍容揖让，或论议槐下。

这真是太学门外的一道独特风景。这个以数百行槐树而自然形成巷道的会市，显然是相对城市中常见的有围墙的市场而言。太学生们在每月的初一和十五，各自带上自己家乡的土特产，以及暂时闲置不用的书籍，乐器等等，到这里进行交易，也许有的还是比较原始的"以物易物"。它可以说是中国历史上

---

① 《后汉书·儒林列传·序》。
② 《后汉书·袁安传》。
③ 吴树平：《东观汉记校注》卷 1，第 2 页。

第一个文人市场，那些"雍容辑让"者的"会此市"，也许不全然以盈利为目的，"槐下论议"的也许有朝政要闻。但这个"会市"能存在，说明太学生的生活状况不容乐观。

太学为经学人才聚集之地，荟萃四方士人。这里还经常寄寓着一些游学京师伺机跻身仕途的士人。东汉前期，汉中晋文经、梁国黄子文在洛阳坐养声价，屡辞征辟，名儒符融"乃到太学"，与其谈论一番过后，认定其"空誉违实"，两人不得不狼狈逃离京师。① 可见士人要扬名京师，太学是一个比较关键的场所。

东汉论及太学生时，有人认为太学生"曳长裾，飞名誉"，② 是有所依据的。《后汉书·仇览传》载：仇览一度为县中小吏，后被县令王涣看重，拿了一个月的俸禄，送他去太学就读。仇览到太学后，"时诸生同郡符融有高名，与览比宇，宾客盈室。览常自守，不与融言。融观其容止，心独奇之，乃谓曰：'与先生同郡壤，邻房牖。今京师英雄四集，志士交结之秋，虽务经学，守之何固？'览乃正色曰：'天子修设太学，岂但使人游谈其中！'高揖而去，不复与言。后融以告郭林宗，林宗因与融赍刺就房谒之，遂请留宿。林宗嗟叹，下床为拜。"

由这段史料可知太学生们的日常居住与生活情况。房屋比宇，门户相邻，太学生与四方游士通常"游谈其中"，这是天下士人"交结"、互通信息的最佳场所。官府拜谒或贵族府第都难以容纳如此众多的士人。郭林宗即郭泰，是当时享誉士林的大名士，优游不仕，常游走于洛阳、颍川、汝南一带。他去见仇览时，还要和符融一起，带上自己的"刺"即名片，可见当时太学中士人交往拜谒礼仪之一斑。郭泰能留宿仇览房中，作长夜谈，又可证太学宿舍中常有借宿的外地来京士人。

从太学生的知识结构和前途而言，他们与政治有天然的联系，又生活在信息灵通的京师，和在朝官吏有经常的联系，所以他们对朝政政治运动极为敏感，一触即发。汉代太学生曾三次大规模诣阙为在朝官吏请愿。西汉哀帝时，司隶校尉鲍宣刚正不阿，因得罪权贵而服刑，消息传至太学，博士弟子王咸立即在太学中举旗高呼："欲救鲍司隶者会此幡下！"结果集合一千余名太学生

---

① 《后汉书·符融传》。
② 《后汉书·仇览传》。

到皇宫请愿，朝廷被迫妥协，放出鲍宣。① 这是中国历史上第一次学生运动。东汉时期皇权动荡，宦官炙手可热，正直的士大夫因抨击宦官而获罪，太学生们又有两次大的请愿活动，人数多时达三千余人。

桓灵时期政治腐败，太学生更积极参与政治。当朝正直的官吏置生死于不顾，严厉打击宦官势力，太学生们则摇旗呐喊，编出歌谣赞颂其行为。太学成为天下舆论中心。党人被残酷镇压后，太学的地火仍在运行。灵帝熹平元年（172），宦官派人四出逐捕亲附党人者，祸及太学游生，"系者千余人"。② 李膺等官吏被害后，党人的活动场所大概也只有太学。被捕的千余人究竟是何身份，不得而知。而太学被重点搜查是确凿无疑的，其中肯定有不少太学生以及寄寓太学者。他们时刻关注着政治动向，伺机起事。

学生本应安心校园，但汉代太学本身即是政治的产物。《礼记·学记》讲"如欲化民成俗，其必由学乎！"东汉郑玄注曰："所学者圣人之道也。"学舍先天地具有浓重的政治色彩。

鸿都门学是东汉灵帝时期在洛阳北宫鸿都门内兴起的学校。重书法、绘画等内容，然而校舍中画有孔子及七十二弟子像，说明其宗旨仍为儒学。鸿都门生的人数约为数千人，存在时间很短。

四姓小侯学是东汉朝廷在洛阳为贵族子弟开办的学校。《儒林列传》："为功臣子孙、四姓末属别立校舍，搜选高能以受其业。"

鸿都门学与四姓小侯学之规模、性质与太学不能相提并论，但亦属京师洛阳的文化风景。

## 二、郡国学舍

汉代郡国普遍建立了学校。《汉书·平帝纪》载：平帝元始三年，"立官稷及学官。郡国曰学，县、道、邑、侯国曰校。校、学置经师一人。乡曰庠，聚曰序。序、庠置《孝经》师一人。"西汉时期，蜀地教育比较发达，文人较多。《汉书·循吏传》载，蜀郡太守文翁不仅选派郡县小吏有才干者至长安受业博士，又在成都市中修起学官，招收学生，培养行政人才。蜀地的教育到东汉仍持续发展。《水经注》卷33《江水》曰："成都……大城南门曰江桥，桥南曰万里桥，西上曰夷星桥，下曰笮桥。南岸道东有文学。始文翁为蜀守，立讲堂，作石室于南城。永初后，学堂遇火，后守更增二石室。后州夺郡学，移

---

① 《汉书·鲍宣传》。

② 《后汉书·杨震传》。

夷星桥南岸道东。"

汉代地方官吏注重教化，常到郡国学舍督促学业。《汉书·韩延寿传》载，宣帝初年，韩延寿历任淮阳郡、颍川郡和东郡太守，每至一郡，必"修治学官，春秋乡射"。所谓"学官"，师古曰，即"痒序之舍也"，就是校舍。校舍中有众多的郡国生徒。（插图七）

插图七：讲经图（54×40厘米成都青杠坡）龚延年等编著：《巴蜀汉代画像集》，文物出版社，1998年版。

东汉末年，管辂的父亲为琅玡即丘县长，"（辂）时年十五，来至官舍读书。……于时黉上有远方及国内诸生四百余人，皆服其才也。"① 可见这些学生均住校。

———————————

① 《三国志·管辂传》注引《辂别传》。

东汉中后期官僚士大夫抨击宦官的清议浪潮中，也有郡国学生参与太学生之中，可知郡国学生与京师太学生息息相通。

## 第二节　游士之居

### 一、"忘忧馆"的逍遥者：诸侯王国的文人

春秋战国的士人游走四方，居无定所。各诸侯国均要发展国力，士人纵衡驰骋于各国政治舞台之上，他们可以朝为布衣，夕为卿相，极享人臣之荣；也可以朝秦暮楚，自由自在。秦汉一统，他们的仕途主要便是朝廷，但西汉前期诸侯王国地盘大、权力重，因而不少文人仍可在诸侯国为食客。如吴国、淮南国、梁国均聚集了一帮文人。

西汉前期的河间王刘德对儒学很感兴趣，特意修筑一座宫殿，起名曰日华宫，置客馆二十余区，以接待四方学士。淮南王刘安招致很多文人，写成了《淮南子》。

聚集在梁国的文人以辞赋为盛。梁国地理条件优越，自东而西，从齐鲁到洛阳、长安的路途，可以说是战国秦汉以来形成的一条文化长廊，无数文人奔走于此。富有的梁国地处其中，梁孝王又好士，因而"自山以东游说之士莫不毕至"，[①] 著名的有齐人羊胜、公孙诡、邹阳，吴人枚乘、严忌，蜀人司马相如等。"梁客皆善辞赋"，梁孝王为他们筑造起忘忧馆，这里成为四方文人施展才情的一方天地。梁王到京师长安去朝见皇帝时，还不忘带着他的这些侍从，竟至吸引了在朝廷作郎官的名士司马相如，他也离开宫廷从长安到梁国，"与诸生居数岁，乃著《子虚之赋》"。[②] 枚乘在梁国生活十余年，在当地娶妻生子。梁孝王死后，他们才各奔前程。梁孝王到忘忧馆曾"集诸游士各使为赋"，枚乘为《柳赋》，邹阳为《酒赋》，羊胜为《屏风赋》，韩安国等人作《几赋》等等。

汉武帝时对诸侯王实行制裁，诸侯王只能衣食租税，士人也就失去了这些优越的生活环境，只能走入仕朝廷的一条路，境遇更为坎坷。

### 二、游士寓居之所

西汉中后期随着儒学的发展，游学各地的儒生越来越多。东汉私学异常兴

---

① 《史记·梁孝王世家》。
② 《史记·司马相如列传》。

盛，京师不少有名望的士大夫均有弟子。洛阳有众多的私人旅馆客舍，士人游学即住在这里。颍川荀淑到慎阳，遇黄宪"于逆旅"，即私馆。私人旅馆往往称"逆旅"，逆，应为"迎"。私馆在交通便利的城邑尤多。其居住者以游士和商贾为众。

为求仕途发展，汉代的文人们经常游走于上层社会。《西京杂记》载："文帝为太子，立思贤苑以招宾客。苑中有堂隍六所。客馆皆广庑高轩，屏风帷褥甚丽。"京师的达官贵人有时出于某种政治需要，也开倌舍以招徕文人。如丞相公孙弘为招揽人心，在丞相府中专辟一块地方，"起客馆，开东阁以延贤人，与参谋议。……故人宾客仰衣食，俸禄皆以给之，家无所余。"① 丞相以其俸禄设馆供养"贤人"、"故人宾客"，在汉代较罕见。《西京杂记》亦载："平津侯自以布衣为宰相。乃开东阁营客馆以招天下之士。其一曰钦贤馆以待大贤。次曰翘材馆以待大才。次曰接士馆以待国士。其有德任毗赞佐理阴阳者处钦贤之馆。其有才堪九卿将军二千石者居翘材之馆。其有一介之善一方之艺居接士之馆。而躬身菲薄，所得俸禄以奉待之。"公孙弘拿出自己的俸禄开馆养士，是个人行为而非丞相府制度，因而只能是昙花一现。公孙弘年80死于丞相任上，此后李蔡、严青翟、赵周、石庆相继为丞相，"丞相府客馆丘虚而已。"到石庆以后的两位丞相，客馆已"坏以为马厩车库奴婢室矣。"②

汉代经学发达、经师众多，名儒讲学之地，便有人建起临时庐舍以习学。《后汉书·张霸传》：

（张霸死），诸子承命，葬于河南梁县，因遂家焉。……中子楷。楷字公超，通严氏春秋、古文尚书，门徒常百人。宾客慕之，自父党凤儒，偕造门焉。车马填街，徒从无所止，黄门及贵戚之家，皆起舍巷次，以候过客往来之利。楷疾其如此，辄徙避之。家贫无以为业，常乘驴车至县卖药，足给食者，辄还乡里。

（张楷后来）隐居弘农山中，学者随之，所居成市，后华阴山南遂有公超（张楷的字）市。

这里约有夸张之辞，但由此可见游士之众。

游士的生活清苦简易。《后汉书·献帝纪》初平四年（193）九月，"试儒生四十余人，上第赐位郎中，次太子舍人，下第者罢之。"诏书曰："孔子叹

---

① 《汉书·公孙弘传》。
② 《汉书·石奋传》。

'学之不讲'，不讲则所识日忘。今耆儒年逾六十，去离本土，营求粮资，不得专业。结童入学，白首空归，长委农野，永绝荣望，朕甚悯焉。其依科罢者，听为太子舍人。"这些长年游学者，由青年而至老年，颠沛流离，居无定所，不知尝尽了多少酸甜苦辣，年过六十仍一介布衣，皇帝开恩赐以微职，即感激涕零，"时长安中为之谣曰：'头白皓然，食不充粮。裹衣褰裳，当还故乡。圣主悯念，悉用补郎。舍是布衣，被服玄黄。'"① 儒生之命运与境界如此，岂不悲哉！

## 第三节　文人的家居生活

### 一、士大夫

西汉中期以后，随着儒学的普及，以儒生为主体的士大夫阶层发展起来。少数居高位者安享尊荣，过着富裕悠闲的生活。西汉的张禹、东汉的马融为其典型。

张禹，成帝河平四年（前25）为丞相，六年后退休。他为官多年，家产丰饶，在长安附近泾、渭肥沃之地买田至四百顷，又熟读经书，"性习知音乐"，居所既豪华又不失儒雅："内奢淫，身居大第，后堂理丝竹管弦。"② 所以弟子们到他家中，能各得其所。爱讲论经文者在前堂侧室，端坐而讲经论道；喜饮酒作乐则到后堂欣赏歌舞。

《后汉书·马融列传》：马融"为世通儒，教养诸生，常有千数。涿郡卢植，北海郑玄，皆其徒也。善鼓琴，好吹笛，达生任性，不拘儒者之节。居宇器服，多存侈饰。常坐高堂，施绛纱帐，前授生徒，后列女乐，弟子以次相传，鲜有入其室者。"马融为大儒，却不拘儒者之礼节。前堂授经、后室设乐，属旷达之士。

而马融之类的人物在汉代儒生中很少见。士大夫大多清贫简约，并以此为美德。东汉的杨震家族是著名的士族门阀，四世三公，但清正廉洁，家中无奢华之物。杨震、杨秉父子的"四知"，"三不惑"为时人所叹服。杨震赴东莱任太守时，路经昌邑（今山东巨野南），"故所举荆州茂才王密为昌邑令，谒见，至夜怀金十斤以遗震。震曰：'故人知君，君不知故人，何也？'密曰：'暮夜无知者。'震曰：'天知，神知，我知，子知。何谓无知！'密愧而出"。

---

① 《后汉书·献帝纪》注引刘艾《献帝纪》。
② 《汉书·张禹传》。

杨震为地方太守数年，未聚私财，"性公廉，不受私谒。子孙常蔬食步行，故旧长者或欲令为开产业，震不肯，曰：'使后世称为清白吏子孙，以此遗之，不亦厚乎！'"杨震的所作所为对他的子孙后代影响很大。其子杨秉"雅素清俭"，受宦官排挤免官还乡期间，家中贫困，"并日而食"，他过去所举的孝廉景虑馈钱百余万，杨秉闭门不受。杨秉一生恬淡："性不饮酒，又早丧夫人，遂不复娶。所在以淳白称，尝从容言曰：'我有三不惑：酒、色、财也。'"①杨震深夜拒金、杨秉困窘之至而坚决拒绝故吏馈赠，儒家"慎独"精神于此得到淋漓尽致的表现。尤其是杨震不以家业传子，而以"清白吏子孙"作为留给后代的丰厚遗产，典型体现了儒生安贫乐道，重义轻利的心理。

中下层官吏亦以贫素者为多。《汉书·贡禹传》载贡禹上疏曰："臣禹年老贫穷，家赀不满万钱，妻子糠豆不赡，裋褐为完。有田百三十亩，陛下过意征臣，臣卖田百亩以供车马。……臣禹犬马之齿八十一，血气衰竭……自痛去家三千里，凡有一子，年十二，非有在家为臣具棺椁者也。"贡禹被征辟为官时，变卖大部分田地才能备好车马之用，可见家居生活之困顿。

《后汉书·郑玄传》载郑玄戒子益恩书曰："吾家旧贫，为父母群弟所容，去厮役之吏，游学周、秦之都……年过四十，乃归供养，假田播殖，以娱朝夕。"郑玄乃一代大儒，仍需躬耕自养。

《后汉书·胡广传》引《谢承书》：

（李咸）汝南西平人。孤特自立。家贫母老，常躬耕稼以奉养。学鲁诗、春秋公羊传、三礼。三府并辟，司徒胡广举茂才，除高密令，政多奇异，青州表其状。建宁三年，自大鸿胪拜太尉。自在相位，约身率下，常食脱粟饭、酱菜而已。不与州郡交通。刺史、二千石笺记，非公事不发省。以老乞骸骨，见许，悉还所赐物，乘敝牛车，使子男御。晨发京师，百僚追送盈涂，不能得见。家旧贫狭，庇荫草庐。

李咸以三公之身，退休之后尚居破旧的草庐之中，中下层官吏的住舍可推知。

士大夫的住所可以很简陋，但作为文人的标志，家中必备之物，首先是书。蔡邕是汉代少有的博学多才之人，也是汉代首屈一指的私人藏书家。搜书、藏书据传有万卷之多。初平元年（190年）蔡邕随汉献帝由洛阳迁长安，认为王粲"有异才"，谓"吾家书籍文章，当尽与之"，载数车书与王粲。张华《博物志》卷六："蔡邕有书万卷，汉末年，载数车与王粲。"蔡邕还给他

---

① 《后汉书·杨震传》。

的女儿蔡文姬留下了数目可观的书籍。

其次是笔墨纸砚。

纸的出现和使用比较晚，秦汉时期的主要书写材料是竹简木简和缣帛。东汉蔡伦用树皮、麻头、破渔网、破布等为原材料造纸，人们称之为"蔡候纸"，但当时是不可能流传的。以帛书写则价格昂贵，秦汉时期的文人基本以简牍为书写材料，所以文人的住室少不了书刀，以随时修改简牍上的文字。《考工记》中有"筑氏为削"。郑玄注曰："今之书刀。"汉代墓室画像中常可见到佩书刀者的形象。

毛笔的使用很普遍。据说秦朝的蒙恬曾改进制笔技术："以柘木为管，鹿毛为柱，羊毛为被，所谓苍毫，非兔毫竹管也。"① 蒙恬驻守北边，有此条件选择笔的材料，一般用笔是兔毫，而兔毫也以北方沿边一带质量为上。王羲之《笔经》："汉时诸郡献兔毫，惟赵国豪中用。"②

墨锭在湖北方云梦睡虎地秦墓已有出土。《汉官仪》中记：尚书令等人每月有"大墨一枚，小墨一枚。"

汉代有砚，并有向砚内注水的砚滴。傅玄《水龟铭》："铸兹灵龟，体象自然。含源未出，有似清泉。润彼玄墨，染此弱翰。"③

琴在汉代文人的生活中具有重要意义。桓谭认为在所有乐器中，"琴为之首"。④ "古者圣贤，玩琴以养心。"⑤ 琴不止愉悦身心，而且陶冶情操。蔡邕有《琴赞》、《琴赋》，称琴为"雅器"，"体其德真，清和自然。"⑥

**二、经师与著书者**

"太上有立德，其次有立功，其次有立言"，《左传》所载叔孙豹的"三不朽"之说，对儒生的价值取向影响非常深远。三者之中，"立言"位居最后，士人往往在功业不成的情况下才选择立言。

汉代有许多专注于经学的儒生。董仲舒"三年不窥园"，专心读经，说明士人的执著。

经师有其自尊。颖川人孙宝以明经为郡吏，御史大夫张忠让他作属吏，

---

① 《古今注·问答疑义》。
② 《御览》卷605引《笔经》。
③ 《御览》卷605引《水龟铭》。
④ 《太平御览》卷579引桓谭《新论》。
⑤ 《意林》引桓谭《新论》。
⑥ 《蔡中郎集》外集卷3《琴赋》。

"欲令授子经，更为除舍"，房间很宽敞，并准备了各种用具。孙宝却"自劾去"，张忠托人问之，孙宝的回答是"礼有来学，义无往教"。著名的经师多在其家中授学，慕名而来的弟子们自己解决食宿。

汉代还有一些埋头著书者。王充即为典型。王充内心深处极其渴望能成为管仲、晏婴那样"功书并作，篇治俱为"的人物，① 认为"文章滂沛"之鸿儒的最好出路是"升陟圣王之庭，论说政事之务"，"文力之人"宜"立之朝廷"。② 但"立功"的实现并不完全取决于士人个人的意愿与努力程度，王充入仕朝廷的愿望未能实现，遂潜心著述。《论语·为政》载孔子的话曰："《书》云：'孝乎惟孝，友于兄弟，施于有政。'是亦为政，奚其为为政？"孟子言"达则兼济天下，穷则独善其身"；荀子言"儒者在本朝则美政，在下位则美俗"。这种"进退"观中，"退"而以操行自守，对民众的影响力并未得到着意强调。王充则倡导"贤人之在世也，进则尽忠宣化，以明朝臣；退则称论贬说，以觉失俗"③ 对儒家的"进退"观是一个积极的发挥。在他看来，"化民须礼义，礼义须文章"，以主动"称论贬说"去"觉失俗"，以文章去教化民众，"立言"在当世即可发挥积极的作用，在未来更可传流于世，泽被后人。王充由此空前突出了"立言"的价值，为儒生文化创造寻找到了一片安身立命之所。桓荣等经师在社会上极享尊荣，在王充的价值序列中只不过是说经之世儒，等而下之。王充反复强调："通览者世间比有，著文者历世希然"。④"儒生以学问为力"，⑤ 认为儒生的学问，儒生的力量，集中体现在其精英人物奉献于社会的有补于世道人心的鸿篇巨制。

基于这样的认识，王充在他简陋的家中，贫困的生活环境下，积数十年心血，完成了其煌煌巨著《论衡》。《后汉书·王充传》：王充"闭门潜思，绝庆吊之礼，户牖墙壁各置刀笔。"也正是在长期著书立说过程中不能自己的激情与成就感，使王充鄙视身居高官而"文德不丰"者，认为他们生前荣耀，但"百载之后与物俱殁，名不流于一嗣，文不遗于一札"，而著作者则可"体列于一世，名传于千载"，⑥ 永垂不朽。王充的《论衡》，正如他所预料的那样，

① 《论衡·书解篇》。
② 《论衡·效力篇》。
③ 《论衡·对作篇》。
④ 《论衡·超奇篇》。
⑤ 《论衡·效力篇》。
⑥ 《论衡·自纪篇》。

千秋不朽。

### 三、隐士

隐士与道家思想往往有某些关联。西汉末年，蜀人严君平"卜筮于成都市"，他每天只给来得最早的几个求卜者占算，得百钱足以自养，即闭肆下帘而授《老子》。① 他占卜的地点是在热闹的市肆之中，屋门对街而开，帘子卷起，顾客可上门卜问吉凶；帘子落下，可授学于人。严君平是卜者中的特殊人物，他是一位隐士，并不依此赚钱，身处动荡之世，权且糊口而已。但由此例可以推知，成都这个繁华城市中有一些以卜筮为生的人。汉文帝时，贾谊等士人认为："卜筮者，世俗之所贱简也。世皆言曰：'夫卜者多言夸严以得人情，虚高人禄命以说（悦）人志，擅言祸灾以伤人心，矫言鬼神以尽人财，厚求拜谢以私于己。'……"这正是活跃于当时的职业卜筮者。

汝南袁氏是东汉时期著名的士族门阀，四代出了五个位至三公的高官，而这个家族中的袁闳却"居处仄陋，以耕学为业。"叔伯辈袁逢、袁隗每欲接济，总被袁闳拒绝。东汉中后期皇权动荡，宦官外戚迭相专权，官僚士大夫与之展开长期的权利之争，袁宏见时方险乱而家门富盛，对他的弟兄们感叹曰：袁家"竞为骄奢，与乱世争权，此即晋之三郤（三郤，晋卿，因骄奢为厉公所杀）矣。"桓帝延熹年间，党锢之祸在即，袁闳欲隐居山林，又有老母亲在家，不能远离，"乃筑土室，四周于庭，不为户，自牖纳饮食而已。且于室中东向拜母，母思闳，时往就视。母去，便自掩闭，兄弟妻子莫得见。潜身十八年。……年五十七，卒于土室。"② 这样的生活能坚持十几年，并非沽名钓誉之徒所能为。东汉中后期政治黑暗，不少士人选择了归隐的道路。

秦汉是我国历史上的盛世，奋发有为是时代的主旋律。然而，现实政治与儒生理想社会永远有距离。社会矛盾突出或改朝换代之际，往往隐士盛行。张衡并非隐士，而他晚年所作《归田赋》可见隐士之心态。这是我国文学史上第一篇以田园隐居之乐为主题的作品。其中写到："仲春令月，时和气清。原隰郁茂，百草滋荣。王睢鼓翼，仓庚哀鸣，交颈颉颃，关关嘤嘤。""于焉消遥，聊以娱情。"他幻想自由自在地垂钓、射猎，"弹五弦之妙指，咏周孔之图书"，不受任何拘束和干扰，生活散淡而惬意。设想自己游于"南郊"、"西嬉"、"东驰"、"北度"，最后"收畴昔之逸豫，卷淫放之遐心"，归结为"墨

---

① 《史记·日者列传》。
② 《后汉书·袁安传》。

无为以凝志兮，与仁义乎消遥"，思接千载，神游万仞，与古人、神人共往。

东汉末年，山阳高平人仲长统长期游学于青、徐、并、冀一带，不入仕途。他认为，凡游帝王者欲立身扬名，而名不常存，人生易灭，不如"卜居清旷"，优游偃仰于其中。他理想的居住环境是："有良田广宅，背山临流，沟池环匝，竹木场圃筑前，果园树后。"这里有畦苑，平林，可以濯清水，钓游鲤，射飞鸿，弄琴奏乐，"讽于舞雩之下，咏归高堂之上。安神闺房，思老之玄虚。……如是，则可以陵云汉，出宇宙之外，岂羡夫入帝王之门哉！"

仲长统描绘的这幅青山绿水的优美画卷，如此居住环境，一般士人难以拥有，但它毕竟是现实生活的折射，是士人真实心声的流露。表面看来是避世的消极情绪，实际反映的是士人对生活的追求。作为上可为贵族，下则为贫民的士人，仲长统的一席话反映了汉代士人对美好居住环境的向往。但在汉代，这只能是士人的一种愿望而已。竹林七贤之游的生活方式也仍是精神上的，到东晋南朝的世家大族有经济实力，有别墅，才能真正享受优雅潇洒的田园生活情趣。而仲长统的居住理念无疑对他们有潜移默化的影响。

中国古代文人最早建别墅者，大概是谢灵运。谢灵运是陈郡阳夏人，出身于士族大地主家庭，由北方至江南，才学出众，但政治上不得志，便寄情山水。《宋书·谢灵运传载》：他"出为永嘉太守。郡有名山水，灵运素所爱好，出守既不得志，遂肆意游遨，遍历诸县，动逾旬朔，民间听讼，不复关怀。所至辄为诗咏，以致其意焉。……灵运父祖并葬始宁县，并有故宅及墅，遂移籍会稽，修营别业，傍山带江，尽幽居之美。与隐士王弘之、孔淳之等纵放为娱，有终焉之志……作《山居赋》并自注，以言其事"。其中有"谢子卧疾山顶，览古人遗书，与其意合，悠然而笑曰：夫道可重，故物为轻；理宜存，故事斯忘。……昔仲长愿言，流水高山；应璩作书，邙皋洛川。……谓二家山居，不得周员之美。"应璩出于东汉汝南应氏家族，曾与程文信书云："故求道田，在关之西，南临洛水，北据邙山，托崇岫以为宅，因茂林以为廬。"表达的也是一种幽居的情趣。但"选自然之神丽，尽高栖之意得"，只有后世的谢灵运等少数人能享有，汉代的士人无此福份。

儒生是汉代培育起来的士人群体。"士志于道"是孔子对儒生的期许，从道不从君，忧道不忧贫等理念都来源于先秦朴素的儒家学说。《礼记·儒行》曾借孔子之口，颂扬儒生的种种美德如：

儒有不宝金玉，而忠信以为宝；不祈土地，立义以为土地；不祈多积，立文以为富。难得而易禄也，易禄而难畜也。非时不见，不亦难得乎？非义不合，不亦难畜乎？先劳而后禄，不亦易禄乎？其近人有如此者。

儒有委之以货财，淹之以乐好，见利不亏其义；劫之以众，沮之以兵，见死不更其守……其特立有如此者。

儒有可亲而不可劫也，可近而不可迫也，可杀而不可辱也。……其刚毅有如此者。

儒有今人与居，古人与稽；今世行之，后世以为楷；适弗逢世，上弗援，下弗推，谗谄之民有比党而危之者，身可危也，而志不可夺也；虽危，起居竟信其志，犹将不忘百姓之病也。忧思有如此者。

爱其死以有待也，养其身以有为也。

君得其志，苟利国家，不求富贵。

儒有不陨获于贫贱，不充诎于富贵，不慁君王，不累长上，不闵有司，故曰儒。

儒生似乎应当集诸美德于一身，自然不能考虑自己的利益。《礼记·儒行》在论及儒生的住所时谓："儒有一亩之宫，环堵之室，筚门圭窬，蓬户瓮牖；易衣而出，并日而食。"郑玄注曰："五版为堵，五堵为雉。筚门，荆竹织门也。圭窬也，穿墙为之，如圭矣。"儒生的住宅，占地一亩，房间的墙均为一堵宽，非常简陋。住所的简朴是其特色之一。

儒生与贫素甚至寒酸似乎是同义语。清廉的官吏生活很清苦。《后汉书·酷吏传》：董宣"在县五年，年七十四，卒于官。诏遣使者临视，唯见布被覆尸，妻子对哭，有大麦数斛、敝车一乘"。这应是当时一般清正廉洁的文人、官员之真实生活状态。王充家贫，买不起书，在洛阳游学时，只能到书肆阅书，记忆下来。《后汉书》卷80《文苑列传》：刘梁"宗室子孙，而少孤贫，卖书于市以自资。"《御览》卷614引司马彪《续汉书》曰："荀悦十二，能读《春秋》，贫无书，每至市间阅篇牍，一见多能诵记。"[1] 书生恃书以生，再贫寒也要千方百计去读书。

儒生强调等级制，主张从君主到百姓都要有明确的外在标志，他们对自身的设计和认定也是由此出发。秦汉士人为功业可以奋不顾身，更不顾家了。霍去病"匈奴未灭，何以家为"，表达的是当时的一种普遍的心态。文人居住简陋，"忧道不忧贫"是士人的一种理念。但他们毕竟是现实生活中的人，杜甫"安得广厦千万间，庇天下寒士尽开颜"反映的是士人永久的渴望。

---

[1]　参见周天游《八家后汉书辑注》，上海古籍出版社，1986年版，第451页。

# 第六章

# "楚人安楚，越人安越"：特色各异的民居

"楚人安楚，越人安越"是《越绝书》中的一句话。《越绝书》成书于东汉，它反映的是秦汉时代人们的观念。秦汉是大一统王朝逐步确立其政治权威的时期，但这是一个渐变的过程，各区域文化长期形成的特色不会因王朝的更替、政治形势的变化而迅速改变。秦汉王朝幅员广阔，气候、地貌、植被各不相同，北方草原地带与中原，江南，西南各民族的民居，各有不同的特色。

历史是在各种因素的交互推动下前进的，以汉民族为主体的中华民族经历了长期的融合过程，秦汉是一个良好的开端。古代游牧民族的冲击常常使文明产生断层，西方文化屡受外部压力而经常发生断裂现象。秦汉时期的匈奴也一度给中原造成巨大威胁，但汉民族的农业文明始终居于主导地位。汉民族的凝聚力和影响力在秦汉时期开始形成，定居的农业生活以及与之相适应的居住习俗正是催生的酵母。

## 第一节 不同地域的民居风格

### 一、北方少数民族民居

由于自然环境、气候条件的差异，以及不同民族的文化传统，秦汉时期不同地区的居住条件有较大的区别。

北方草原地带与中原农业区域的民族从生产方式到生活方式截然不同。晁错曾比较游牧部落与农耕民族的不同："胡人衣食之业不著于地，……非有城郭田宅之归居，如飞鸟走兽于广野，……往来转徙，时来时去，此胡人之生业，而中国之所以离南亩也。"① 是否拥有"城郭田宅"是区分北方游牧部落

---

① 《汉书·晁错传》。

与中原农业民族的重要标准。

秦汉时期北方的游牧部落中，匈奴最早建立起自己的民族政权，势力最强，最为活跃，成为北方游牧民族的代表。

匈奴族生活的北方草原，气候多变，"胡地秋冬甚寒，春夏甚风"。① 公元前176年，汉君臣议攻匈奴时，有人认为即使"得匈奴地，泽卤非可居也，和亲甚便。"② 西汉前期与匈奴的和亲有种种因素，其中之一即是公卿们以为得之无益，这是从内地看北方，觉得不适宜居住。中原人视草原为畏途，匈奴族则习以为常。对于中原的礼仪，看法亦不同。汉朝大臣认为匈奴族"无冠冕之饰，阙庭之礼"，因怨恨汉朝而降于匈奴的中行说却认为：匈奴的约束简单易行，法律虽少而"宗种"不乱。汉族礼制繁多，但礼义之弊使上下交怨望，导致骨肉相残，内乱不断，且"室屋之极，生力必屈"，栋宇室屋之作耗尽人们的心志气力，他称之为"土室之人"。③ 中行说对匈奴族、华夏族的生活习性、文化传统都比较了解，从文明异化的角度来认识，他的说法还是有一定道理。匈奴族包括其它边远地区的民族有较浓厚的原始遗风，保留着人类质朴童贞的一面；中原一带长期受礼乐文化熏陶，注重礼仪，文则文矣，虚饰处不少。统治者将血缘亲情转化为政治伦理，"求忠臣于孝子之门"，礼成为无所不包的政治概念。正如老子所言"礼义出有大伪"，居住文化也是如此。利用"高台榭，美宫室"而充分发挥宫室震慑民众的作用，即是先秦以来华夏文化的产物。它彰显的是尊卑有序、上下有差的等级制原理，培育的是绝对服从的民众心愿。

匈奴人素来"鞍马为居，射猎为业"，逐水草迁徙，"无城郭常居耕田之业"，④ "衣皮蒙毛，食肉饮血，因水草为仓廪"，⑤ "自君王以下，咸食畜肉，衣其皮革"，⑥ 穿着用兽毛制成的"毡裘"自由往来于大草原，"鞍马为居，射猎为业"的生活造就了他们剽悍勇猛的性格。

水草是草原部落赖以存活的生命线。张骞在随汉军攻打匈奴时，曾为"导军"，他熟知"水草处，军得以无饥渴。"⑦ 匈奴人根据草原环境，自然而

---

① 《汉书·匈奴列传》。

② 《史记·匈奴列传》。

③ 《史记·匈奴列传》。

④ 《汉书·匈奴传》。

⑤ 《盐铁论·备胡》、《论功》。

⑥ 《史记·货殖列传》。

⑦ 《史记·卫将军列传》。

然地选择了最适合本民族繁衍生息的生活方式，充分体现了他们的生存智慧。

匈奴人的居住方式是"父子同穹庐卧"，颜师古注曰："穹庐，毡帐也。其形穹隆，故曰穹庐。"从匈奴的最高首领单于到奴隶，住的都是穹庐。只有这种毡帐才能抵御北方的严寒，并且携带方便。《汉书·苏武传》载：苏武被匈奴扣押后矢志不降，后至海，匈奴的一位王侯赐予他"马畜服匿穹庐"，苏武才得以生存。此后的 16 年，约一直生活在这座穹庐中。

制作穹庐须用木材做成框架。张掖以北林木葱郁，"匈奴西边诸侯制作穹庐及车，皆仰此山林木"，① 阴山"草木茂盛，多禽兽"，② 应当也是穹庐材料的来源。

作为马背上的民族，匈奴人驰骋草原，经常与秦汉军队作战，也从内地学到不少军事方法，开始建立重要的军事据点，囤积必要的粮食。卫律曾为单于谋："穿井筑城，治楼以藏之，与秦人守之"。③ 公元前 119 年，卫青攻取匈奴所居窴颜山赵信城，"得匈奴积粟，食军。军留一日而还，悉烧其城余粟而归。"④筑城囤粟严守以待，本是汉代边城的防御原则，匈奴亦已待此而守。1949 ~ 1950 年，在今俄罗斯乌兰乌德城西南 14 公里发掘一座古城遗址，"该城四周以四道土墙和四道壕沟防御。在城内一处面积为 348 × 208 米的地区内，有数十座房屋遗存，屋基凹入地下，沿城有石板砌成的取暖火道。发现有冶金痕迹（矿渣）、兵器、陶器等"，有关专家认为是"匈奴时期少数的定居居址之一"。⑤城的四面筑墙，城墙外有壕沟，汉代长安城即是如此。在长期与汉人的接触过程中，匈奴族从军事角度出发，已成功地学习了汉人的筑城方法。通过战争、和亲以及汉匈民族之间的贸易，内地的生活方式为匈奴族所熟悉。匈奴贵族墓葬中屡屡发现汉式丝绸服装、铜镜，说明当时汉文化对北方民族的深刻影响。

"一堂二内"的房屋早在西汉前期便被推广到北部边疆。文帝时，晁错曾建议募民实边，为之营建住宅，"先为筑室，家有一堂二内，门户之闭，置器物焉，民至有所居，作有所用，此民所以轻去故乡而劝之新［邑］也。"⑥"一堂二内，门户之闭"，即三间房子，有围墙，当然有庭院，这是秦汉典型

---

① 《汉书·匈奴传》。

② 《史记·匈奴传》。

③ 《史记·匈奴传》。

④ 《史记·卫将军骠骑列传》。

⑤ А·Л·蒙盖特：《苏联考古学》，中国科学院考古研究所资料室译，1963 年，内部出版。

⑥ 《汉书·晁错传》。

的普通住宅样式。晁错是颍川人，又在洛阳作官，长期生活在中原，他是将中原常见的居家模式搬到北边。

乌桓活动于匈奴的东南方，西拉木伦河以北的乌桓山一带。同匈奴族一样，他们也是"美草甘水则止，草尽水竭则移"，迁徙无定所。① "随水草放牧，居无常处，以穹庐为舍，东开向日"。② 穹庐以其便于携带，保暖性强，成为北方游牧民族普遍的居室。

乌桓人处于氏族社会解体的阶段。东汉初年常与匈奴联合侵扰汉朝北部边郡。他们内部推举"勇健能理决斗讼者"为大人，解决部落之间的纠纷。"无世业相继。邑落各有小帅，数百千落自为一部。大人有所召呼，则刻木为信。虽无文字，而部众不敢违犯。氏姓无常，以大人健者名字为姓。大人以下，各自畜牧营产，不相徭役。"乌桓人的生活方式比较原始，"父子男女相对踞蹲。以髡头为轻便。妇人至嫁时乃养发，分为髻，著句决，饰以金碧，"类似中原妇女发髻插的步摇。这种"相对踞蹲"与汉人的席地而坐，尊卑有序显然不同。乌桓部落若有人去世，"使护死者神灵归赤山。赤山在辽东西北数千里，如中国人死者魂神归岱山也。"他们敬鬼神，"祠天地日月星辰山川及先大人有健名者。祠用牛羊，毕皆烧之。其约法：违大人言者，罪至死；若相贼杀者，令部落自相报，不止，诣大人告之，听出马牛羊以赎死；其自杀父兄则无罪；若亡畔为大人所捕者，邑落不得受之，皆徙逐于雍狂之地，沙漠之中。"③ 乌桓人生活简易，约法明确，保留着原始社会的某些特色。

挹娄人生活在黑龙江下游，乌苏里江流域，《后汉书·东夷列传》：挹娄人"处于山林之间，土气极寒，常为穴居，以深为贵，大家至接九梯。好养豕，食其肉，衣其皮。冬以豕膏涂身，厚数分，以御风寒。夏则裸袒，以尺布蔽其前后。"其居室简易，"作厕于中，环之而居。"挹娄人数量较少，力量有限，"汉兴以后，臣事夫余。"夫余人与汉人接触多，饮食器具仿汉人，挹娄人则保留其原始的生活习惯。

夫余人生活在松花江流域，其地域"于东夷之域，最为平敞"，因而以农业生产为主，"土以五谷"，与中原的文化交往较多，"其王葬用玉匣，汉朝常豫以玉匣付玄菟郡，王死则迎取以葬焉。"④ 并以员栅为城，有宫室、仓库、

　① 《汉书·晁错传》。

　② 《后汉书·乌桓传》。

　③ 《后汉书·乌桓鲜卑列传》。

　④ 《后汉书·东夷列传》。

牢狱。"食饮用俎豆，会同拜爵洗爵，揖让升降。"夫余人生活丰富多彩，腊月祭天，"大会连日，饮食歌舞，名曰'迎鼓'。是时断刑狱，解囚徒。"有军事行动要祭天，杀牛，占其吉凶。平时"行人无昼夜，好歌吟，音声不绝。"对偷盗行为的惩罚是盗一责十二。"男女淫，皆杀之"，妒妇被杀后，置尸于山上。夫余人汉化的程度比较深，从其生活起居到祭祀、娱乐形式、伦理原则与汉人很接近。但仍保留一些原始习俗，如"兄死妻嫂。死则有椁无棺。杀人殉葬，多者以百数。"

## 二、西域诸国

西汉时期，玉门关、阳关以西即今新疆地区当时通称为西域。以天山为界，北部的准葛尔盆地为游牧区域，其中以居住在伊犁河流域的乌孙人最为活跃，有60余万人口，逐水草而居，与匈奴同俗。汉武帝派往乌孙和亲的第一位公主细君到达后，"自治宫室居"，① 将汉人的居住方式、宫室制度带到了这一地区。南部为塔里木盆地，西域的36国多分布在盆地南北边缘有水有草的绿洲上。有的国家逐水草而居，有的则建造城郭经营农牧业。新疆民丰县尼雅遗址发现的一处汉代居室，为南、北两室。南室东西广5.6米，南北长6.35米，沿东、南、西三面墙构筑了一个"u"形土炕。南、北室之间以一东西向的土炕（3.8米×1.3米）区分开来。北室东西7.15米，南北3.15米，西墙南端有一门。居室外墙用编织的芦苇和红柳抹泥筑成，地基用麦草、羊粪和泥铺就。② 这是就地取材营建的居室，地域特色很鲜明。

## 三、西南夷

汉朝将生活在西南地区即今四川西南部，云南、贵州以及广西西部的许多民族统称为西南夷。这里山川幽深，居民"散在溪谷"。其中今贵州附近的夜郎，云南滇池区域的滇，洱海区域的昆明，四川西昌的邛都，均比较有名。西南夷诸族的土著，有的随畜迁徙。住处就地取材而建，有的人家"累石为室，高者至十余丈"。③

另外，黄土高原西部地区，"其乡居悉以板盖屋，诗所谓西戎板屋也"。④民居的建筑材料很容易解决。西北森林资源比较丰富，自然以木搭建。"天

---

① 《汉书·西域传》。

② 刘叙杰主编：《中国古代建筑史》第1卷，中国建筑工业出版社，2003年版。

③ 《后汉书·西南夷传》。

④ 《水经注·渭水》。

水、陇西，山多林木，民以板为室屋"，① 很有特色。

江淮东南一带，"东夷率皆土著，喜饮酒歌舞，"富者衣冠服饰以锦绣为之，同于汉族，"器用俎豆"。②

楚越之地民居以竹木建造。《东观汉记》载，钟离意迁堂邑令，"市无屋，意出俸钱，率人作屋。"人们砍伐毛竹，或持林木，争起趋作，很快将房屋盖好。

闽越一带在汉武帝时期尚无"城郭邑里"，人们"处溪谷之间，篁竹之中"，③ 住处分散，居所以竹木为营。

总之，秦汉时期的周边各民族的居住环境与生活方式与中原农业民族有明显的差别，而同时，亦受到中原文化强有力的影响。汉民族正是在各民族文化的融合中初步形成。

## 第二节　农业民族的定居生活

俗语曰："一方水土养一方人"，不同地域的居民生活方式、生活习惯各有不同，各得其所。

西汉前期，文帝给匈奴单于的信中称：长城以北为引弓之国，为单于统领；长城以南为冠带之室，归汉室统治。④ 这是西汉国力较弱时汉朝廷一种权且的说法，但也反映了汉朝君臣上下普遍的看法。北方游牧民族逐水草而居，水草肥美之地是他们的首选。中原的农耕民族则是定居的村落生活，土质的优劣、水源是否充沛则是他们选择的重要前提。《尚书·禹贡》中已有当时各地土质情况的记录，可见黄河流域的农业民族对他们赖以生存的土地非常重视。汉代皇帝多次强调"天下以农桑为本"，⑤ "农，天下之大本也，民所恃以生也。"⑥ 因而，选择居住环境首先必须"审其土地之宜"。⑦

中原自先秦以来便是华夏族的聚居区，秦汉时期经济、文化更得以长足发展。秦汉时期，江南经济在原有基础上也呈现增长势头。文人在言及天下形势

---

① 《汉书·地理志》。
② 《后汉书·东夷列传》。
③ 《汉书·南粤传》。
④ 《汉书·匈奴传》。
⑤ 《汉书·昭帝记》。
⑥ 《汉书·文帝记》。
⑦ 《汉书·晁错传》。

时，往往涉及北方和南方。东汉时期的大学者张衡在政治上不得意时所作《四愁诗》，抒发有所思而难从，欲传情而不得的郁闷时写道："一思曰：我所思兮在太山，欲往从之梁父艰，侧身东望涕沾翰。……二思曰：我所思兮在桂林，欲往从之湘水深，侧身南望涕沾襟。……三思曰：我所思兮在汉阳，欲往从之陇坂长，侧身西望涕沾裳。……四思曰：我所思兮在雁门，欲往从之雪纷纷，侧身北望涕沾巾。"诗显然以作者身居的京师洛阳一带为中心，从东、南、西、北四个方位着眼，视野很自然地落到东至泰山，南到桂林，西至汉阳，北到雁门的范围内，这四方之内外正是汉王朝的中心区域，黄河中下游，长江南北的广大区域。这里是传统的农业区，是农业民族长期繁衍生息的家园。

### 一、五口之家

家庭的居住形态与家庭结构、人口、经济能力密切相关。据《汉书·地理志》，西汉末年，全国共有 594978 户，12233062 口，平均每户 4.87 人。东汉户口最多时有 9698630 户，49150220 口，平均每户 5.06 人。平民百姓一般是五口或数口之家共同居住在一所住宅中。

杜正胜先生曾分析居延和江陵汉简有关材料，将两汉家庭称之为"汉型家庭"类型，认为其特色是"以夫妇及其子女所组成的核心家庭为主体，父母同居者不多，成年兄弟姐妹同居者更少，家口大约在四五人之间。"[1]

王玉波先生则区分家与族的关系，提出汉代主要的家庭形态是"小家族家庭"，认为这种小家族家庭自春秋战国才逐渐从宗族共同体中游离出来，成为独立的经济单位和社会单位，至汉代，进入"定型化和被普通认同"的时期，家庭的规模已有扩大的趋势。[2]

秦汉时期个体小家庭普遍存在。秦以一家一户为单位征收赋税，摊派徭役，其政策促使大家族分化为个体小家庭，以增加国家赋税徭役的征收。《史记·商君列传》载：商鞅变法，"民有二男以上不分异者，倍其赋。"《汉书·贾谊传》亦载："秦人家富子壮则出分，家贫子壮则入赘。"小家庭与大家族之间便会产生一些矛盾。贾谊形象地写道：儿子借农具给父亲使用，便"虑

---

① 杜正胜：《传统家族结构的典型》，见《古代社会与国家》，台湾允晨文化实业股份有限公司 1992 年版，第 793 页。

② 王玉波：《中国古代的家》，商务印书馆国际有限公司 1995 年版，第 20 页。

有德色"；母亲用了儿子家的扫帚，媳妇便吵骂起来。这里反映的是分家后现实生活中常有的场景。小家庭作为独立的经济单位存在，有其家庭开支与预算，与大家族的经济矛盾便出现了，如对父母的赡养等等，势所难免。《管子》有名言曰"仓廪实而知礼节，衣食足而知荣辱"，一般而言，经济条件比较困窘，更容易锱铢必较。而在居住形态上，随着添丁进口，一处住宅分衍扩大为比邻的房屋院落。一个家族往往居住得很近。

在实际生活中，三世同堂的情形是存在的。西汉名臣陈平、张释之未出仕前均"与兄同居"，陈平是阳武人，家贫；张释之是南阳人，家富有，所以能以赀为郎。可见无论贫富，兄弟同居的情况是存在的。战乱时，人们往往很快"举宗以从"，说明他们通常是住在一个或相邻的村落中。

### 二、"一堂二内"的民居与民众生活

"一堂二内"的一字形房屋是秦汉通常的居住模式，它与"五口之家"的家庭结构相适应。

土木结构的民居建筑比较容易营建。除特殊时期宫室过度用料造成木材紧张外，一般情况下，土和木就地取材，用之不竭。夯土技术早在原始社会产生，仰韶文化青莲岗遗址已发现有夯土层。土墙易倒塌，板筑技术的发明，木构架的出现，改善了人们的居住环境。以木为骨架，以墙为围护，即"墙倒屋不塌"的房屋成为中国传统居室模式。"一堂两内"是一般家庭的存身之所。秦汉时期形成的这种民居模式长期为后世所沿袭。

"一堂两内"一般有庭院，庭院空间大，是活动中心，庭院之北是主屋。《睡虎地秦墓竹简·封诊式·封守》中，记一个士伍家是"一宇两内，各有户"，即一间堂屋，两间卧室，应为一字形的房屋。《睡虎地秦墓竹简·封诊式·穴盗》记录的另一则案例中所述"一宇二内"的房屋样式，大内是夫妻卧室；大内东的侧室"比大内，南乡（向）有户"，朝南开一门；侧室后有一小堂。这是曲尺形的房屋。房屋的结构大约依地势、朝向以及邻里房舍等具体因素有关。秦汉版筑技术比较发达，夯土墙普遍运用于院落及房屋建筑中。这处普通民宅"垣高七尺"，院墙高出一般人的身高。北垣距离小堂一丈，东垣距离房内五步，北垣外即是街巷。

秦汉时期水井已普遍使用。辽阳三道壕西汉聚落遗址的7个院落中均有水井。汉墓出土文物中常以井、灶相连，有的院落中特意标出井的位置，说明水井应用的普遍性。河南偃师中州大渠出土的灰陶井，有井架，辘轳，带绳槽的滑轮和两个汲水罐，井栏正面有画像图案，画面右侧有"灭火"两字，左侧

有"东井"两字。①（插图八）

　　插图八："灭火东井"灰陶井（偃师县中州大渠出土，高22.1厘米，长24.5厘米，宽17.1厘米）河南博物院：《河南出土汉代建筑明器》，大象出版社2002年版。

---

① 河南博物院：《河南出土汉代建筑明器》，大象出版社，2002年版，第181页。

东汉应劭曾记载：

南阳郦县有甘谷。谷中水甘美，云其山上大有菊华，水从山上流下。得其滋液，谷中三十余家不复穿井，仰饮此水。上寿者百二三十，中者百余岁，七八十者名之曰夭。菊华轻身益气，令人坚强故也。司空王畅、太尉刘宽、太傅袁隗为南阳太守，闻有此事，令郦县每月送水三十斛，用之饮食。诸公多患风眩，皆得瘥"。①

所载的菊华水有此疗效，是可能的。谷中的三十余家赖此山泉，不复穿井，正可见"穿井"是村落建宅盖房时必不可少的工程。东汉时期《太平经》卷45《起土出书诀第六十一》曰："一大里有百户，有百井；一乡有千户，有千井；一县有万户，有万井；一郡有十万户，有十万井；一州有亿户，有亿井"，大概并不尽然，但水井肯定是聚落中必不可少的生活设施。水井的开凿与普遍应用，使人们对住宅地点的选择比较自由，不再受制于自然河流。

秦汉时期的地面建筑保留下来的较少。汉代墓茔的地上祠堂、地下墓穴常仿人间住宅的样式，可资借鉴。山东长清县孝堂山石祠是座刻有画像的石祠，为房屋式建筑，石祠高2.64米，外墙面阔4.14米，进深2.50米。前面正中的一根石柱为八角形，上有栌斗，栌斗和后壁上架起的三角形隔梁石将石室分为两间。两面山墙前各立一根竖条石柱，与正中石柱共同托起屋顶前檐。有趣的是，屋顶的石头刻出瓦垄、瓦当、连檐的形状，非常逼真。秦汉的房屋普遍用瓦，此石祠形制正是当时房屋的写照。

汉墓中出土的陶宅院、陶仓数量极多。河北邢台县前炉子村东汉墓出土的陶宅院，门屋为一间，重檐，两侧的墙垣亦有檐饰，但两侧墙垣靠后，以突出院门位置。从汉代出土的陶屋模型及汉墓壁画、画像石、画像砖所表示院落形象来看，一般都在院墙上建两坡悬山顶门檐或门屋。陕西勉县陶院落中的宅门，有悬山式的门顶，屋脊盖筒瓦和板瓦，② 筒瓦、板瓦正是汉代常用于建筑的瓦。

洛阳市发现的一座城址，从城内西汉灰坑中所出"河南太守章"一类的封泥以及"阿市"字样的陶文戳记，证实这里是《汉书·地理志》所载河南郡辖的河南县城。考古工作者于1955年对河南县城中部、东部进行了发掘，中部发现的遗迹属西汉时期，东部发现的遗迹则以东汉时期为主。西汉的房基

---

① 《风俗通义·佚文》。
② 郭清华：《陕西勉县老道寺汉墓》，《考古》1985 年第 5 期。

均为半地下式，夯土筑造，东汉多数仍是半地下式，个别的在地面上建造，四壁用版筑，有的附加砖柱，大概是稍微富有一些的人家。半地下式的房址，有的四壁也用砖砌。自东汉至西汉，所有的居室都用瓦铺盖，一般只有一间或两间。居室相距较远。东部住址中还发现有纺轮、石磨、杵臼、各种手工工具、铁农具以及修理铁工具的小作坊遗址，① 这里的居民似乎是小手工业者、农民，属于社会的下层。

洛阳西郊还发现一处西汉早期居住建筑遗址。平面为正方形，每面广 13.30 米，四周围以 1.15 米厚的土墙。南墙的西端，西墙的北端，各有一门。屋中偏南有一具六角形的石柱础，紧贴西墙有一个长 6 米、宽 2.5 米的大土炕。②

平民百姓的生活清苦简朴。陈平为阳武户牖乡人，微贱时家贫，与兄居，"负郭穷巷，以弊席为门"，③ 他家附近的住户大概都属于住"穷巷"的平民阶层。"负郭"的郭即城郭，"负郭之田"指城外肥沃的土地。《史记·苏秦列传》载苏秦的话曰："且使我有洛阳负郭田二顷，吾岂能佩六国相印乎!"《史记索隐》："负者，背也，枕也。近城之地，沃润流泽，最为膏腴，故曰'负郭'也。"陈平所居住的阳武户牖乡，应当也是小城邑，但陈平家却属于贫寒的家庭。

西汉前期的晁错有一篇著名的《论贵粟疏》，是针对汉初国家缺乏粮食储备，难以抗御天灾兵祸的实际情况而写的一篇奏疏，中心内容是阐述国家要"重农贵粟"。从这样的角度出发，晁错将农夫的辛劳、困苦与商贾的富裕、赢利加以对比，他写道：

今农夫五口之家，其服役者不下二人，其能耕者，不过百亩，百亩之收，不过百石。春耕夏耘，秋获冬藏。伐薪樵，治官府，给徭役。春不得避风尘，夏不得避暑热，秋不得避阴雨，冬不得避寒冻。四时之间，无日休息。又私自送往迎来，吊死问疾，养孤长幼在其中。勤苦如此，尚复被水旱之灾。急政暴虐，赋敛不时，朝令而暮改。当具，有者半贾而卖，亡者取倍称其息。于是有卖田宅，鬻子孙，以偿责者矣。而商贾，大者积贮倍息，小者坐列贩卖，操其奇赢，日游都市，乘上之急，所卖必倍，故男不耕耘，女不蚕织，衣必文采，食必粱肉. 亡农夫之苦，有仟佰之得。因其富厚，交通王候，力过吏势，以利相倾，冠盖相望，乘坚策肥，履丝曳缟。此商人所以兼并农人，农人所以流亡者也。

① 刘叙杰主编：《中国古代建筑史》第 1 卷，中国建筑工业出版社，2003 年版，第 490 页。
② 刘叙杰主编：《中国古代建筑史》第 1 卷，中国建筑工业出版社，2003 年版，第 490 页。
③ 《史记·陈丞相世家》。

这是"五口之家，百亩之田"的小农家庭生活之经济能力、劳作状况的真实写照，它生动地反映了中国农民作为编户齐民的辛苦以及受到的种种盘剥。"卖田宅"是他们迫不得已的最后选择。

西汉后期贡禹的上疏中，也强调农民的生活非常困苦，除经常的国家税收外，"乡部私求，不可胜言"，还有必须的人际交往的开支。① 这种"乡部私求"并非国家明文规定的十五税一等例行赋税，而是各地官吏制订的土政策或随意增加的税收，对百姓压力尤大。有些家庭在生活非常困难时，只得流徙它乡以生存。西汉和三年，张禹为下邳相，兴修水利，民众富庶，"邻国贫人来归之者，茅屋草庐千户，屠酤成市"，② 茅屋草庐是贫民居住的简陋房屋。

穷人有穷人的生活乐趣，里巷也有其乐融融的时候。聚落乡邑中的祭祀等活动是连接人们感情的纽带。社祭便是每个家庭都必须出资参加的活动。社祭的场面壮观热闹，《盐铁论·散不足》谓：富者祀名岳山川，"椎牛击鼓，戏倡舞像"，中者"南居当路，水上云台，屠羊杀狗，吹瑟鼓笙"，贫者虽只有鸡、猪等寻常之物奉祭，但也有其乐趣。《淮南子·精神训》："今夫穷鄙之社也，叩瓮拊瓴，相和而歌，自以为乐矣。"瓮和瓴均为盛水的陶器。平民的社祭没有钟鼎琴瑟等高雅的乐器，也没有牛羊等祭品，照样可以将社祭搞得红红火火。参加社祭的人家既然出了祭费，每家都领回祭肉，以蒙福泽。陈平曾在里中社祭时作社宰，临时为大家分祭祀社神后的胙肉，"分肉食甚均"，得到大家的称赞。③ 社祭时民众比较集中。汉末董卓兵至阳城（今河南登封），正是二月社祭，聚集"社下"的人很多，于是男子尽被杀，女子被掠走。④

《汉书·食货志》曰："在邑曰里。五家为邻，五邻为里。……里胥平旦坐于右塾，邻长坐于左塾，毕出然后归，夕亦如之。入者必持薪樵，轻重相分，斑白不提携。冬，民既入，妇人同巷，相从夜绩，女工一月得四十五日。必相从者，所以省费燎火，同巧拙而合习俗也。"妇女们在冬天寒冷的夜晚里，聚集一起纺织，可省去不少取暖和照明的费用，一月之中得夜半为 15 天，等于干了 45 天的针线活。这里气氛轻松活泼，还是男女言情的理想场所，"男女有不得其所者，因相与歌咏，各言其伤。"这段话是述及先秦时所讲，但农业经济的根基未动，民风的延续亘久难变，我们亦可视此为秦汉时期的民

---

① 《汉书·贡禹传》。
② 《后汉书·张禹传》注引《东观记》。
③ 《史记·陈丞相世家》。
④ 《三国志·董卓传》。

俗风情画。江苏徐州市洪楼出土的一幅画像石，两侧房屋中间，人物众多，正在观看乐舞，热闹异常。左侧屋内一部织机、一部纺轮，织布的女子与纺线的女子正在交谈，旁有一女子蹲坐。楹柱左右两侧各有男女若干人，有男子正在观看杂技。（插图九）正是农村生活的场景。这里是信息交流、文化传播的场所，是一个自由的天地。

插图九：拜会、乐舞百戏（徐州市洪楼汉墓祠堂后壁徐州汉画像石艺术馆藏）《中国美术分类全集》，《中国画像石全集》，江苏、浙江、安徽汉画像石，山东美术出版社，河南美术出版社，2000年版。

里是秦汉基层的行政区划。里有里门，张家山汉简《二年律令》中的《户律》规定，田典负责安全，"以时开。伏闭门，止行及作田者"。（前305～306）里门有锁，人们轮流掌管钥匙，按时开闭里门。乡里社会安详平和，东汉时期的会稽郡"山民愿朴，乃有白首不入市井者"。①

孟子所憧憬的小农经济应有"五亩之宅，百亩之田，树之以桑"，农桑与住宅是分不开的。汉代民居的周围一般种有树木。王充的《论衡·超奇》曰："庐宅始成，桑麻才有，居之历岁，子孙相续，桃、李、梅、杏掩丘蔽野。"《论衡·诘术》："民间之宅，与乡、亭比屋相属，接界相连，……入市门曲折，亦有巷街。"王充自言是"推民家事"以喻政治之理，他信手拈来的是一幅优美和谐的田园画面。可见住宅及其周围的桑麻、果树是民宅常有的景色，

---

① 《后汉书·循吏列传》。

而民宅一般与小街巷相依偎，生活很方便。《睡虎地秦墓竹简·封诊式·封守》载：秦代的一处百姓住宅"门桑十丈"。东汉的陈元与其老母所居之房舍，"庐落整顿，耕耘以时"，① 是典型的农家乐情景。（插图十）

插图十：绿釉陶院落（洛阳市张茅出土，通高23.5厘米，长45厘米，宽37厘米）河南博物院：《河南出土汉代建筑明器》，大象出版社2002年版。

《淮南子·天文训》谓："阴阳刑德有七舍。何谓七舍？室、堂、庭、门、巷、术、野。"抽象的"七舍"来自对现实生活的观察与提炼。门以内是家庭的天地，门以外便是小巷，这应是当时一般居住的情景。

三、"中家"之居

比较富裕的家庭生活较为安逸。《史记·货殖列传》言及商人时，曾有"中家以上大抵破"的记载。这里不妨借用涵盖面较广的"中家"一词，来指代一般官吏和富庶之家。

----

① 《后汉书·循吏列传》。

河南平阴庞俭，家从魏郡邺地流落至此地，据说因凿井得千余万钱而富。一天，有"宾婚大会，母在堂上。酒酣，陈乐歌笑"，家中买来"主牛马耕种"的一个老年男子正在灶下助厨，对别人说那位"堂上老母"是他的妻子。客人散后，婢女言之，庞俭的母亲"下堂"认夫，"即洗沐身，见衣被，遂为夫妇如初。"① 秦汉的厨房，据考证多设于住宅前院东端。这座住宅中，庞俭的父亲大概是由厨房望见堂屋中的妻子，可见也在前院。庞俭家中比较富有，又为府吏，家中有男仆忙于田间事，婢女侍弄家务庖厨；住宅内，堂屋可以设乐，还有洗浴的场所。这是个小康之家。

　　两汉时期，随着封建经济的发展，物质财富的增加，从京师到地方，出现了不少富户。汉墓中常见的三合院、四合院形象，应是民间富足人家房舍的真实写照。（插图十一）

插图十一：彩绘陶院落（淮阳县于庄 1 号墓出土，主楼通高 84 厘米，长 130 厘米，宽 114 厘米）河南博物院：《河南出土汉代建筑明器》，大象出版社 2002 年版。

---

　　① 《风俗通义·佚文》。

### 四、强宗大族住宅

强宗大族是秦汉时期非常活跃的地方势力。各郡县乡里都有一些强宗大族，即所谓"大姓"、"右族"、"甲姓"、"冠族"、"著姓"等。豪强大姓往往聚族而居。《汉书·游侠传》载曰"郡国豪强处处各有"，"街闾各有豪侠"，指的便是这种情形。豪强大姓长期聚居在一个地方，生息繁衍，往往人口众多，实力强悍。中山一带"……仰机利而食，丈夫相聚游戏，悲歌慷慨，起则相随椎剽，休则掘冢作巧奸冶"，是以宗门广大为支撑。涿郡大姓高氏家族人口众多，分房居住，人们称为东高，西高。高氏宾客众多，出为盗贼者入高氏村落，"吏不敢追"。势力之大，竟致郡吏皆畏避之，高氏村落附近"道路张弓拔刃，然后敢行。"①

西汉时期的一批酷吏，便是在这种背景下产生的。

涿郡新任太守严延年"分考两高"，诛杀各数十人，郡中方得安宁。河内都尉卫义纵曾在郡中"族灭其豪"；河内太守王温舒也在郡中捕杀豪强大姓，诛千余家，"杀人之多至流血十余里"。② 与河内郡毗邻的东郡"其俗刚武，上气力。汉兴，二千石亦以杀戮为威"，该地"奢靡，嫁取送死过度"，野王"好气任侠"之风尤盛。宣帝时韩延寿为河东太守，"崇礼让，尊谏争"，东郡人一直念念不忘，由此可反证东郡"以杀戮为威"的官吏居多。颍川在西汉时强宗大族横行乡里，豪强"相与为婚姻"，③地方官屡治不果。

中原如颍川、汝南、河内、河东等郡，豪强大姓屡被酷吏镇压。从秦朝到西汉后期，一直采取迁豪的政策，强行将东方地区的豪强大姓迁到京师附近，斩断他们同本乡本土的宗族联系。有些并非豪族，但游侠为众，亦被迁徙。如河内轵县（今河南济源县南）人郭解，交游极广，势力很大，"邑中少年及旁近县贤豪，夜半过门常十余车，请得解客舍养之"。《史记索隐》引如淳的解释是："解多藏亡命者，故喜事年少与解同志者，知亡命者多归解，故多将车来，欲为解迎亡者而藏之者也。"但他们到新的地方后，很快便又发展起来。

政治形势紧张或改朝换代之际，豪强大姓势力更迅速膨胀。西汉末年，第五伦率"宗族"、"闾里"为兵，依险阻筑营垒，铜马、赤眉农民军攻击堡垒达数十次，仍未能攻下。③ 南阳樊宏亦组织宗家、亲属为兵，作营垒自守，对

① 《汉书·酷吏传》。
② 《史记·酷吏列传》。
③ 《后汉书·第五伦传》。

抗赤眉军的进攻。① 东汉中后期地方豪强势力至数千家。如李典一族有宗族、部曲"三千家"；许褚为了抗拒黄巾的进攻，聚少年、宗族"数千家"；斯从被贺齐所杀，斯氏竟聚集族党"千余人"举兵攻县城。② 许褚纠合"少年"、"宗族"数千家，组成坚固的家族坞堡，抵抗黄巾起义军1万余人的进攻。③ 东南如吴郡的顾、陈、朱、张，会稽的虞、魏、孔、谢等，均成为著名的大姓。孙坚起兵时，其弟孙静在家乡胁迫"乡曲"、"宗室"五六百人组织家族武装堡垒。后来孙静率领这支家族武装参加了孙坚的部队。④

　　东汉末年的豪强坞壁以北方为多，因战事多在北方。如先后移入邺城的人口即有李典的部曲宗族一万三千余人，梁习的数万人，杜袭的八万余人。曹操曾感叹："今邺县甚大，一乡万数千户。"⑤ 而汉代平时的县只有万户左右，万户以上称县令，万户以下称县长。

　　豪强大姓自然也有其存在的基础。汉代的大家族中人口众多，一个村落中往往是同宗同族的人世代相守。宗族强盛如高氏，地方官吏皆避之。如贾禹所言"乡部私求"在此显然行不通。所以强宗亦有依仗。同宗及邻里的相助之义，也使地缘与血缘结合起来。郑玄注《周礼·里宰》中"岁时合耦于锄"一句时曰："锄者，里宰治处也。若今街弹之室，于此合耦，使相佐助，因故而为名。"贾公彦疏谓"郑以汉法况之。汉时在街置室，检弹一里之民，于此合耦，使相佐助。"郑玄所言的汉代"街弹之室"，是"里宰治处"即办公室，里宰于此办理里中事物，里中住户遇事聚集于此商议。而宗族仍是凝聚人心的核心。《四民月令》载：三月青黄不接，"冬谷或尽，椹麦未熟，乃顺阳布德，赈赡穷乏，务施九族，自亲者始"。九月"存问九族孤寡，老病不能自存者。"十月，同宗有贫而无力办丧事者，"则纠合宗人共兴举之，以亲疏贫富为差，正心平敛，无相逾越，先自竭以率不随。"⑥ 赈赡或助丧均以亲疏关系及家境状况为准，血缘关系愈近愈要多出钱财。

　　汉代儒生从巩固等级制的角度出发，经常抨击田宅逾制的现象。汉武帝时刺史以六条问事，第一条就是查问强宗豪右"田宅逾制"的情况。东汉初年，

---

①　《后汉书·樊宏传》。

②　《三国志·贺齐传》。

③　《三国志·许褚传》。

④　《三国志·孙静传》。

⑤　《北堂书钞》卷77引魏武帝《选举令》。

⑥　（清）严可均辑《全后汉文》卷47。

京城洛阳周围居住的功臣勋贵多，南阳是刘秀的老家，皇亲国戚多，所以明帝为太子时即熟知"洛阳帝城多近臣，南阳帝乡多近亲，田宅逾制，不可为准"的民谣。① 从秦王朝至东汉初期，朝廷先后采取迁徙关东豪强以断其本土联系，选拔酷吏诛灭各地豪强，颁布"王田制"以限制占田数额，"度田"以清查大姓土地人口等措施，但均未能阻止强宗大姓兼并土地的汹涌发展势头。东汉中后期墓葬中屡屡可见的宅院图正反映了这种社会现实。

　　四川成都出土的一块宅院画像砖，正中以一道南北回廊将画面分为左右两个部分，四个院落。右面为这座宅院的主体。它分为两个院落。大门是一扇较大的栅栏门，进门后的第一个院子应为停放车辆的场所。穿过门厅进入第二个院子，院内回廊环绕，三间通敞的房间内，有二人居坐谈话。左面，前院中有水井一眼，桌子、炊具等物，显示其厨房的功能。院中望楼高耸，楼下拴系着一条猛犬，有一男子在院中打扫。（插图十二）

　　宅门是住户身份地位的象征。贫民简陋住室不可能有华丽的大门，反之，富人的高堂深屋必然有阔绰的大门。在汉壁画墓、汉画像石、画像砖墓中，常以门的形象代表富贵人家的庭院深深。大型住宅的门屋常为一间或三间，大门的两边，有的另设小门。四川德阳县黄许镇出土的画像砖"宅门图"，是三间的木结构门屋。三间均为木柱梁，上置栌斗、短柱，承托起屋架及屋面，柱间墙内则置腰枋与间柱。正中的一间屋顶高耸重檐，下有菱形窗格，两扇大门紧闭；左右的两间，屋顶明显低于正间门屋，屋脊仅达柱头。两边的墙垣又低于侧门。高高低低，错落有致。更富于情趣的是，在两侧门的背后，一边为一棵杨柳，柳条飘曳下垂至墙垣上；一边为一株枝叶繁茂的树，有飞鸟盘旋于郁郁葱葱的树冠之上。柳树随风飘荡的柔细枝条，与蓬蓬勃勃向空中托起的树冠形成鲜明的对比。"满园春色关不住"，两株生机盎然的树，与庄重的正门、侧门、墙垣相映生辉，共同构筑了这所住宅优美的景色。人们由此可联想住宅内幽静的庭院与五彩缤纷的花木……（插图十三）

　　山东前凉台墓庭院画像，为四进院落，大门外有双阙。第一进院落中，有两客人来访，执笏说明来意。第二进院落的一角有池水，上边别出心裁地刻出两人持篙泛舟的情景。庭院中一童子执勺洒水，一童子扫地。

　　河南唐河的郁平大尹冯君孺人画像石墓修于王莽时期。该墓有不少石刻题记，如"郁平大尹冯君孺人"之"车库"、"臧阁"、"中大门"、"南方"、

① 《后汉书·刘隆传》。

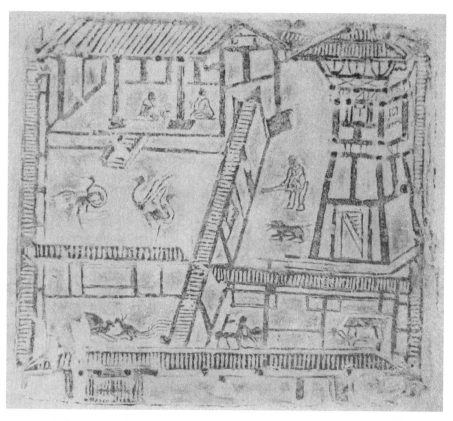

插图十二：庭院（48×41厘米成都羊子山）龚延年等编著：《巴蜀汉代画像集》，文物出版社，1998年版。

插图十三：甲第（63×22厘米德阳黄许镇）龚延年等编著：《巴蜀汉代画像集》，文物出版社，1998年版。

"北方"、"西方内门"、"东方"等字，主室中柱上刻"始建国天凤五年十月十柒日癸巳葬千秋不发。""方"通"房"，该墓中的车库、藏阁、北房、南房、东房，显然仿照人间的房宅形制。

河北望都二号汉墓建于东汉灵帝光和五年（182），南北总长33.6米，东西最宽处14.4米。甬道及石墓门之后，沿中轴线依次排列前后五座墓室：前一室、前二室、中室、后一室、后二室。除后二室外，前边四座墓室均有东西耳室，前二室西壁下置石骑马俑，中室西北隅置一石榻与一石案。两室之中的壁画绘以人物、车马、建筑等形象。可见体现的是住宅前部的庭院或客厅功能。后一室与后二室中放置棺木，相当阳宅中的卧室。

河北邢台县前炉子村东汉墓出土的陶宅院已具坞堡色彩。墙垣较高，门楼两侧所建似为角楼，高于院内所有房屋，角楼后东西厢房为两层楼屋，正中间的三间堂屋为平房，看来具备防御功能。

汉代文献中还常提到"复壁"，应是中等以上人家的一种特殊建筑设施。如秦汉之际的伏生曾经在壁中藏书，西汉前期"河内女子发老屋"得到《尚书》等经书。① 西汉后期的鲁恭王曾于空壁得古文经传。《后汉书·陈崇传》陈崇将律令文书"皆壁藏之"。《后汉书·梁冀传》说"生子伯玉，常置复壁中"。《赵歧传》"藏复壁中数年"。东汉末年献帝的伏皇后藏于复壁中，曹操派去的人"坏户发壁"，将伏皇后从复壁中牵出。② 由上述文献可见，秦汉时期从宫廷到民间，从官吏到百姓，住宅经常有复壁这种形式。而复壁内究竟何等模样，如何由墙入壁，不得而知。居延房屋遗址的发掘过程中，发现一些类似夹道的建筑，四面有壁，没有门户，有的学者推测："可能是密室或设暗门复道，倘发生意外不测，瞬间即可藏壁隐去"。③

## 五、楼房的出现

西汉时期，楼房的建造多与宫廷求仙活动有关。此后为民间所仿。两汉之际的南阳湖阳樊氏"起庐舍，高楼连阁"。④ 东汉陈人彭氏"造起大舍，高楼临道"。⑤ 宦官权重时，竞相盖起第宅，所造房屋"凡有万数，楼阁连接，丹

① 《论衡·正记》。

② 《三国志·魏书·武帝记》。

③ 初师宾：《汉边塞守御器备考略》，《汉简研究文集》，甘肃人民出版社，1984年版。

④ 《后汉书·樊垂传》。

⑤ 《后汉书·黄昌传》。

青素垩"。① 边远地区也有楼房。《后汉书·张奂传》载："奂为武威太守，其妻怀孕，梦带奂印复登楼而歌。讯之占者，曰'必将生男，复临兹邦，命终此楼。'既而生子猛……卒如占云。"汉末诸葛亮在襄阳被邀请去与人商议事情，为防泄漏，登楼后即撤梯。汉画像中多有楼、梯的形象。

刘向《列女传》云："京师节女，长安大昌里人之妻也。有仇人欲报其夫，劫其妻之父……乃曰：'旦日，在楼上东首卧者则是矣。'"据此，长安大昌里的民居就有楼房。汉诗经常云女子居于楼上，如"盈盈楼上女，姣姣当窗牖"、"日出东南隅，照我秦氏楼"、"西北有高楼，上与浮云齐；交疏结绮窗，阿阁三重阶"等，可见楼房的建造比较普遍。

成都市曾家包东汉画像石墓中的建筑形象，上下等宽，一楼正中的两扇门，一开一闭，门开处站一人，楼上有两人凭栏而坐，房顶为四阿式。

河南南阳杨官寺汉墓出土的画像石，刻四层楼阁，一层两扇门紧闭，上有铺首，一人侍立于左侧门边，上边四层屋顶均为两坡顶，往上层渐次缩小，最上层的屋脊上饰一展翅飞翔的朱雀，因未刻门窗等具体部位，仅列柱以示楼层，故整体形象简洁明快，优雅古朴。

河南灵宝县张湾汉墓出土的三层陶楼，三层均为四阿式房顶，每层的瓦楞、椽头、柱子、栏板清晰可见。第一层为单扇大门，房屋为封闭形，两人立于门口，两人立于门侧。二楼、三楼均为敞开式，围以栏板。湖北宜昌市前坪东汉墓陶楼明器，亦为三层四阿式，呈封闭形。一层较高大，围以院墙，由院墙与上层楼房垂直部分所覆瓦片可知，院门进去即是房屋，上有两个小窗子。二楼、三楼的四面各开一大窗。

河南焦作市白庄东汉六号墓出土的陶楼为两座陶楼的组合。小陶楼约有大陶楼的五分之三，下有数层台阶，通至一层房门。大陶楼为四层，门前有双阙，有庭院，一层上方开窗较多，上边二层、三层的门窗、回廊、栏杆清晰可见。二楼伸出一阁道，上有覆顶，将院外的小楼与之联为一体。此楼有门阙，有庭院，造型优美，构思奇特。

河南焦作市白庄六号汉墓出土的七层连阁彩绘陶仓楼更为独特。它有院落主楼、附楼、阁道，构件达31件。可分拆组装。② 主楼的一层围以院落，面阔62厘米，进深29.5厘米，前墙中部设双扇门扉。主楼通高192厘米，为七

① 《后汉书·宦者列传》。
② 《河南焦作白庄6号东汉墓》，《考古》1995年第5期。

层四重檐楼阁建筑。附楼通高128厘米，是高台单檐四层建筑。最有意思的是阁道，它横架于主楼、附楼的第三层之间，有窗，有房顶，有排水沟滴。本为普通的房屋形象，却将两座楼联为一体。汉代"复道行空"、"高楼连阁"的记载于此得到了生动的表现。（插图十四）

插图十四：七层连阁彩绘陶仓楼（焦作市白庄溜号墓出土，主楼通高192厘米，面阔168厘米〔连附楼〕）河南博物院：《河南出土汉代建筑明器》，大象出版社2002年版。

高楼在东汉末年较多。湖北云梦痸痸墩一号墓出土的陶楼，主楼分为两层，下层并列三室，上层并列四室，主楼后面有厕所、猪圈、望楼等。《墨子·备高临篇》："高楼以射适（敌）。"《三国志·魏志·公孙瓒传》：公孙瓒"为围堑十重，于堑里筑京，皆高五六丈，为楼其上。中堑为京，特高十丈，自居焉。"公孙瓒自谓"兵法，百楼不攻。今吾楼橹千重，食尽此穀，足知天下之事也。"裴注引《英雄记》："瓒诸将家家各作高楼，楼以千计。"这是特殊时期的需要。

楼房建筑的技艺也日渐提高。西汉的高楼常采用井干式，《汉书·郊祀志》说："立神明台井干楼高五十丈。"颜注："井干楼积木而高，为楼若井干之形也。井干者，井上木栏也，其形或四角或八角。张衡《西京赋》云：'井干叠而百层。'即为此楼也。"井干式建筑以大木实叠而成，所以外形缺乏变化。东汉的高层楼阁的营建有其技术条件的支撑，为保证楼房的坚固，抬梁式或穿斗式都要在外围柱子的柱身中部加一条横方，从而加强屋架间的联系，使之更加坚固。同时，木楼阁上的平坐和出檐均由斗拱支撑，东汉陶楼表现出来的逐层施柱与收小减低、逐层或隔层出檐等手法，一直为我国古代木构楼阁营建所遵循。

### 六、聚落

秦汉的聚落遗址今天所见不多。广东省澄海市发现的龟山汉代遗址，南面山麓有人工整治的三级平台，发现房址4座。第一台地的一座房址，面宽残留7米，进深5.48米，墙体用大块的河砾石垒砌，房内以夯土隔墙，墙厚约0.5米。第三级台地西部的房址，面宽10.7米，进深4.8米，墙体用夯土筑又分为东西两室，两室之间有隔墙，地面均用黄色沙土铺垫，并经夯打，厚5~10厘米。第三级平台东南部的房址距山下地面高约20米，房址平面呈圆形，直径3.4米，周边用石块垒筑墙壁，室内地面经过抹平、烧烤，为红烧土硬面，屋内近门道处有用河卵石铺砌的踏面，南面有门道。位于南坡第三级平台的东部房址为庭院式，坐北朝南，东西面宽12.8、进深6.2米，中间房屋应为主室，东西两侧为配房，房与房之间有夯土隔墙，墙厚0.5米，房前面有走道，宽1.6米，有台阶通向庭院，配房的南面是廊房。

这处汉代遗址中有普通的简陋的民居，有较豪华的庭院式房屋，又似乎用于公共活动的圆形房屋，较典型地反映了当时聚族而居的生活方式。

聚落的形成有各方面的原因。黄河两岸的村落受河水泛滥影响较大。《汉书·沟洫志》载："齐与赵、魏，以河为竟。赵、魏濒山，齐地卑下，作堤去河二十五里。河水东抵齐堤，则西泛赵、魏，赵、魏亦为堤去河二十五里。虽非其正，水尚有所游荡。时至而去，则填淤肥美，民耕田之。或久无害，稍筑室宅，遂成聚落。大水时至漂没，则更起堤防以自救，稍去其城郭，排水泽而居之，湛溺自其宜也。"

黄河岸边的乡民因河水涨落而迁徙的情形在河南三杨庄遗址中得到说明。河南省内黄县三杨庄近年来发掘清理出 4 处汉代庭院遗址及其周围的农田遗迹。① 该遗址因黄河洪水泛滥而被淤沙深埋于地下，所以保留了成组的庭院布局与农田原始面貌，为汉代考古中所仅见。据有关报道，该遗址大致情况如下。

按发掘时间的先后排序，第一处庭院建筑遗存勘探面积为 3600 平方米。南部有道路遗迹，宽约 4 米左右。"清理出的庭院建筑遗迹有庭院围墙、正房的瓦屋顶、墙体砖基础、坍塌的夯土墙等。"并出土了一些盘、盆、瓮等日常所用陶器。

第二处庭院东距第一处庭院遗存约 500 米，遗址总面积近 2000 平方米。"庭院的平面布局从南向北依次为：第一进院南墙及南大门、东厢房、西门房，第二进院南墙、南门、西厢房、正房等。"庭院西北角有一个厕所，上面带瓦顶。在南大门外约 5 米处发现一眼水井，通往水井的路用碎瓦铺设。水井壁用小砖圈砌，井口用砖砌成近方形。水井壁、井台的砖与房基用砖相同，说明这里用砖比较普遍。水井西侧约 5 米处，有一处编织场所的遗存，这里发现的砖块，其中部刻有可以缠线的凹槽，推测可能为编制席类物品的场所。庭院西侧有一座圆形水池。

第三处庭院东北距第一处庭院遗存近 100 米。庭院面积大致为 30×30 平方米，"庭院的平面布局从南向北依次为：第一进院南墙及南大门、南厢房，第二进院墙、正房等，庭院东西两侧有墙。"庭院东西墙外各有一条宽窄、长度大致相同的水沟，西侧水沟分为南北两段。南门外西侧有一眼水井。庭院东西两侧的水沟外和后面清理出了"排列整齐的十分明晰的高低相间的田垄遗迹，田垄的走向有东西向的，但多为南北向，田垄的宽度大致在 50 厘米左右。"

第四处庭院建筑遗存位于第三处庭院遗存东 25 米，布局与第三处庭院遗存相近，西侧为一行南北向的树木；院后的附属遗迹与第三处庭院遗存类似，

---

① 《中国文物报》2006 年 1 月 13 日 2 版，《人民日报》2006 年 2 月 21 日 11 版。

约为厕所。厕所后也种植有树木，并有一方形坑。

在第一处庭院遗存与第二处庭院遗址之间，还发现了2处汉代建筑遗存。在第一处庭院遗存东约 1000 米的渠道内另发现一处建筑遗存。经考古钻探，遗址区域还发现有若干条汉代道路和遗迹。目前已清理的 4 组庭院风格相同，它们均为坐北朝南，方向一致（南偏西约 10°），显系统一规定所致；均为二进院布局，南门外为小范围的经常性活动场地，且各有自己的水井；庭院之间互不相连，四周由农田相隔；所有房屋顶部均使用筒板瓦，主房屋顶更是全部用筒板扣合，由于房屋系洪水浸泡而坍塌（非冲毁），故所有瓦顶均不同程度地保留了板瓦与筒瓦扣合时的原状。①

根据已经清理的遗址情况，专家初步判断，这是西汉晚期的聚落遗址。该遗址的重要价值是不言而喻的。它首次为我们展示了汉代中原聚落的真实场景。它规整有序，庭院之外便是农田，住宅与住宅之间相距较远。孟子设想的农舍周围有树木环绕等，并非虚言。第三处宅院正房后发现有两排树木残存遗迹，从残存的树叶痕迹判断，多为桑树，也有榆树。人们使用的生产与生活用具，有石臼、石磨、石碌等石器，陶水槽、碗、甑、盆、罐、豆、瓮、轮盘等陶器，铁犁、釜、刀等铁器。这里展现的是自然经济的富足景象。第二处院落主房瓦顶东侧表层还清理出带有"益寿万岁"的瓦当。

秦汉是汉民族形成的重要历史时期。土地和房屋是农民所必须的生存条件。汉民族以定居为特点，聚族而居，可以数代不徙，才有"白首不至市井"的情况。②"城郭田宅之归居"是汉民族的显著特征之一。中国相沿已久的"三十亩地一头牛，老婆孩子热炕头"，其前提或关键词便是"田宅"两字。

秦汉时期的房舍以"一堂两内"的三间房子为基本单元。不管深宅大院还是高楼连阁，均是在其基础上的重复与组合。台湾建筑学家汉宝德《中国建筑文化讲座》一书，曾指出中国的"生活细胞"是长方形所隔成的三间房子。认为古代希腊也发展出了长方形的居住单元，而且也分隔为三间，但他们没有把这个单元重复使用于建筑上，而且三间的观念与我们也大有分别。他们的三间是直向排列，是前、中、后的连结，而我们的三间是横向排列，是中、左、右的连结。而"三间房子"的生活细胞便成熟于秦汉时期。

---

① 《中国文物报》2006 年 1 月 13 日 2 版。
② 《后汉书·循吏列传》。

# 第七章

## 居室装饰与陈设

### 第一节　居室装饰

#### 一、居室外观

秦汉时期奠定了中国古代以木结构为主的建筑体系。不同地区根据其环境与气候特点建造住宅，大体有抬梁式、穿斗式、干栏式等基本结构形式。

抬梁式是以柱子承梁，梁上置短柱，短柱上再置梁。房屋的进深越大，梁柱组合越多，层层叠叠，颇为壮观。最上层，在梁架中间安一短柱以承脊檩。抬梁式结构在北方应用较广泛。

穿斗式则多行南方。它基本以柱子直接承担檩条重量，柱子之间以穿枋联系。为加大出檐，常在建筑的前后两面用穿枋出挑以承担屋檐。如广州出土的汉代曲尺陶屋，多于侧面山墙刻出屋架，由立柱和穿枋组成。

干栏式建筑流行于江南水乡或山林之地。河姆渡遗址发现了距今 7000 年以前的木构建筑群，木桩和梁、柱、地板数量极多，有关专家推测当时"是以桩木为基础，其上架大小梁（龙骨）承托地板，构成架空的建筑基座，再于其上立柱加梁，构成高于地面的干栏式房屋。"① 干栏式房屋架竹木为屋，可隔湿防潮。

"腐木不可以为柱"② 是汉代流行的里谚俗语，人们选择盖房的木料要坚固耐用。《易林》："观之第二十"所谓"松柏为梁，坚固不倾。"梁、柱用材尤其慎重。《淮南子·说山训》记曰："郢人有买屋栋者，求大三围之木。"

顶是居室外部装饰的重点。"大屋顶"是人们对中国古代建筑的形象称

---

① 《浙江河姆渡遗址第二期发掘的主要收获》，《文物》1980 年第 2 期。

② 《汉书·刘辅传》。

呼。自先秦以来，住室便注重屋顶的装饰。《诗·斯干》曾用"如鸟斯革，如翚斯飞"形容屋顶的飘逸。翚是一种鸟，有五彩的羽毛，可见屋顶造型的灵秀，色彩的缤纷。秦汉时期的屋顶形式，一般进深较浅的房舍常用两坡悬山顶，体量大、近方型的则用四阿顶，即庑殿顶。两坡式房顶正脊、戗脊一般无装饰或有简单的装饰。如湖北随县塔儿湾古城东汉墓出土的陶屋，为两面坡式屋顶，正脊两端为蹲鸟，中间为宝瓶，均涂黄色釉。① 河南灵宝县张湾出土的东汉陶楼，正脊起翘，最高点为鸟形，正脊及戗脊的端部均以四瓣花装饰。汉画像砖、画像石中表现的房舍正脊也常有凤鸟、朱雀等吉祥动物。徐州茅村汉画像石墓中有一块建筑图象，刻制的是十几座屋顶，大概以此象征墓主人生前拥有的家产，或者是生者对广宅或仙境的一种企盼。屋顶跌宕起伏、错落有致，富于音乐的韵味。② 庑殿顶的房顶装饰更为精美，在解决室内采光问题的同时，为屋顶增添了无尽的魅力。

秦汉的屋顶一般比较平缓，再加上"反宇"的普遍运用，横的正脊与竖的瓦楞形成简洁明快的对比，使屋顶造型优美生动。《西都赋》有所谓"上反宇以盖戴，激日景（影）而纳光"的句子，"反宇"即与天空相反，屋檐略上翻以使室内采光更好。《西京赋》中则以"反宇"与"飞檐"对举，反映了西汉宫殿中舒缓的坡面尽头与灵秀的飞檐相交所产生的美感。一般房舍中为解决纳光问题，将屋顶做成"两段式"或"阶梯式"。如在四川木马山的东汉墓中出土的陶屋，将屋顶的每面分为两部分，在中间作分隔，下段的坡度便比较缓和，在一定程度上缓解了因屋顶高而造成的屋檐遮光问题。

秦汉时期建筑中已大量使用斗拱。斗拱是屋顶与屋架之间的过渡，用于平座及屋檐下，以承托建筑的悬出部分。它既是建筑构件，同时具有层层出挑的优美造型，使屋檐等部位显得雍容华贵、气度不凡。"汉代斗拱类型与外观之丰富多彩，当属我国古来历代王朝之最"，③ 汉代斗拱由一斗二升发展定型为一斗三升的形制，长期为后代所沿用。

秦砖汉瓦向来为后世传颂，瓦当作为其中的精品，更具艺术魅力。有学者认为，汉代无论是画像瓦当、几何瓦当，还是文字瓦当，其基本造型的准则和表现特征均为"圆"、"满"二字，"'圆'既是瓦当原来造型的限定，又是瓦

① 《考古》1966 年第 3 期。
② 徐州市博物馆编：《徐州汉画像石》，江苏美术出版社，1985 年版，第 62 图。
③ 刘叙杰主编：《中国古代建筑史》第一卷，中国建筑工业出版社，2003 年，第 534 页。

135

当装饰的基本特征，一切图式都适合圆形，成就于圆形；'满'同样是对'圆'的一种适应。只有满才能圆，只有圆才能统满于一。"① 观赏秦汉时代尤其是汉代千姿百态的瓦当纹饰，可深切地感受到这种圆满之美。

瓦当是作为建筑构件使用的，早在先秦即已用于建筑，它从实用到兼具美化功能，经历了漫长的过程。西周时期开始出现的瓦当是半圆形，战国晚期的瓦当已呈圆形，并有装饰性的花纹，但大多还是素面。秦汉时代瓦当满布花纹或文字，除仍担当固瓦护檐的重任外，装饰化特征愈益明显。秦代的圆形瓦当中大多在正中心置一圆圈，围绕圆圈外构图。阿房宫遗址出土的鱼形图案瓦当，咸阳一号宫址发现的马、雁、龟纹瓦当，均为此类图案。而夔凤纹、鹿纹、蟾蜍纹等动物纹饰的瓦当，无圆圈的束缚，画面上仅为飞奔跳跃的一个或几个动物形象，构图清新自然，活泼生动。秦始皇陵出土的瓦当，中间圆圈内或界以斜格、方格，或圈以圆点，画面比较规整、呆板，约为统一规格所限。其中高47.5厘米、宽61厘米的一个瓦当，以夔凤纹为饰，显然仍具青铜纹饰的风格。

汉代是圆形瓦当的盛世，瓦当绝大多数为圆形立面，直径以14~16厘米的为多，半圆形瓦当极少。圆形瓦当正面，一般仍是在中间施圆圈，再以十字道将画面划为相等的四部分，饰以同样的图案。画像、几何纹、文字瓦当，均有此种构图。

画像瓦当中有各种动物的形象，"四神"（即青龙、白虎、朱雀、玄武）瓦当，既表示方位，又代表春夏秋冬四季，应用得最为广泛。（插图十五）其它如西安北郊出土有豹纹瓦当，咸阳市出土有云纹瓦当，故宫博物院藏有鹿纹瓦当等。有学者认为，瓦当中的动物图式有明确的符号意义，"如蛙纹，玉兔青蛙纹便是日的象征，又象征阴；而被称为雁纹、鹤纹、鹿纹、嘉禾纹、葵纹的当属阳，象征太阳。"②

汉代瓦当中数量最多的还是几何纹瓦当。大概因为此种瓦当制作比较简单，刻制与翻模较易，因而价格相对便宜，下层社会亦可承受。而几何纹样虽简单，内涵却异常丰富，亦最难破解其义。如瓦当中常见的方纹，形如卷曲的羊角，可理解为阴阳和谐，祥云缭绕，亦可理解为吉祥安康（"羊"与"祥"谐音）。

① 《中国美术史·秦汉卷》，《齐鲁书社·明天出版社》，2000年版，第406页。

② 顾森：《秦汉绘画史》，上海美术出版社，2000年版，第410页。

插图十五：青龙纹瓦当（当径 18.3 厘米，轮宽 1.5 厘米，汉长安城遗址附近出土，安康历史博物馆藏）《陕西古代砖瓦图典》王世昌著，三秦出版社，2004 年版。

　　以文字作为建筑装饰纹样，是中国古建筑的一个特色。古代埃及以及两河流域早已有楔形文字出现，但西方建筑中始终没有以文字作为建筑装饰图案。中国以文字作为装饰图案，是因为汉字本身有不少是象形字，天然具有图画的美感，书画同源，汉代的字由篆书向隶书转化，仍以圆润为主。瓦当中的字随着瓦当的圆形屈伸自如，与之珠联璧合，字形如诗如画，极其优美。有的瓦当标示出宫殿的名称，如陕西黄山宫的"黄山"瓦当。[1] 有的瓦当直接表达统治者的某种意愿，具有强烈的政治意义，如"汉并天下"瓦当，内蒙古包头出土的"天降单于"瓦当，均是通过瓦当宣扬其一统天下的雄心壮志。而更多

---

① 《考古》1959 年第 12 期。

的则是吉祥用语，如"千秋万岁"、"长生无极"、"长生未央"、"延寿长久"等。（插图十六）这些瓦当上的文字与当时书写在简牍上表达文意的文字不同，它是作为房屋的一种装饰出现的，因而其结构形式以装饰性为准则。从房屋的高度来看，人们一般不容易看清文字，如阿房宫、未央宫等高大雄伟的宫室等，看到的只是纹饰。但有寓意吉祥的文字在其中，人们便得到了精神的安慰。如"关"字瓦当为象形字，本身极似雄关一座，似有泰山压顶的震慑力。文字本身的艺术化，以及与纹饰的结合，使瓦当图文并茂古朴典雅，刚柔相济。

插图十六：延寿万岁常与天久常瓦当（当12厘米，厚2.2厘米，汉长安城遗址出土安康历史博物馆藏）《陕西古代砖瓦图典》王世昌著，三秦出版社，2004年版。

## 二、居室内部装饰

地面。一般房舍地面的做法是涂一层草泥，夯平抹光即可。宫殿地面则有较多的工序。咸阳一号宫殿上层独柱厅发现的红色地面，是在夯土台基上铺一层 10～15 厘米厚的沙土，上边是厚约 10 厘米的粗草拌泥，再抹一层 1～2 厘米的碎草末拌泥，然后夯平打磨。下层第七室地面与此做法类似，夯土面上铺一层红烧土，抹一层滑秸泥，再抹一层细糠泥，最后以朱红色胶质涂地压光。西汉长安宫廷地面有青、红色等。《汉书·梅福传》中记大臣欲见皇帝的话曰"愿一登文石之陛，涉赤墀之涂，当户牖之法坐，尽平生之愚虑。"文石，是指有纹饰的石头；陛，即台阶。应劭注曰："以丹淹泥涂殿上也"，是以红颜料拌入草泥中，涂于地面。法座，指皇帝的座位。殿堂前的台阶铺以文石，殿中地面为红色，约为通常之制。有的宫殿中地面以青色为饰。《汉书·史丹传》：大臣史丹欲密奏皇帝，趁汉成帝一个人在寝宫时，"直入卧内，顿首伏青蒲上"。应劭注曰："以青规地曰青蒲，自非皇后不得至此。"

从汉代墓室地面普遍用砖铺地来看，阴宅房舍应以砖铺地面。汉代的砖窑众多，条砖已成为制砖业的主流。从河南内黄县汉代庭院遗址来看，乡村用砖比较普遍。铺地砖则是砖中的精品。汉墓出土的铺地砖有各种花纹，如菱纹、四瓣纹、小乳丁纹、回纹等。这种砖铺地给人的感觉是平整、精致，如满地锦绣。其效果自然非泥土地面可比。

墙壁。一般用夯土版筑而成。东汉时期发现有砖墙。如洛阳西郊发现的东汉时期住宅墙的内侧，用单砖镶砌，或者在墙内夹有砖柱，[1] 但为数甚少。土木结构的房屋在暴风雨的情况下，常出现漏雨或墙体倒塌的情况。如文帝五年（前 175），"吴暴风雨，坏城官府民屋。"[2]

宫殿中的墙壁往往粉刷得很漂亮。一般用白色粉刷，《景德殿赋》、《鲁灵光殿赋》中有所谓"素壁"、"皓壁"，便是指洁白无瑕的墙壁。《七举》中言"缥壁"，《淮南子·人间》谓"爝火在缥烟之中"，则为淡青色。赵飞燕曾住未央宫中的昭阳殿，因其特别受宠，殿中的装饰格外豪华，门槛为镏金黄铜，台阶为白玉，"壁带往往为黄金钉，函兰田壁，明珠翠羽饰之。"《汉书·孝成皇后传》注曰："壁带，壁之横木露如带者也。于壁带之中，往往以金为钉，若车钉之形也。其钉中著立壁，明珠翠羽耳。"班固《西都赋》谓昭阳殿"金钉衔壁，是为列线。"土木混合结构的房屋，版筑的土墙需用木构加固，墙壁竖向的是柱子，联系各壁柱的横向的杆件则称壁带。壁柱、壁带一般与壁面略

① 郭宝均：《洛阳西郊汉代居住遗址》，《考古通讯》，1956 年第 1 期。

② 《汉书·五行志》。

平，显露于外。釭是宫室壁带上的环状饰物。《广雅·饰器》中有"凡铁之中空而受枘者谓之'釭'。"1973年在陕西雍城春秋时代秦宫室遗址中发现了64件铜制构件，有学者曾对此详加考证，认为"这些铜件约即汉文献所谓的'釭'或曰'金釭'。"①大型的釭构件常用于宫殿的壁柱、壁带，小型的用于门、窗。这种金属构件既加固了土木结构的墙体，更使墙面熠熠生辉。

宫中的柱子是重点装饰的对象，常涂以红色、紫色。《七举》中所谓"丹楹缥壁，紫柱虹梁"，是指红漆涂饰的柱子，粉青色的墙壁，弯曲的拱梁，色彩搭配协调大方。东汉梁冀洛阳的第宅中"柱壁雕缕"，柱子与墙壁上为雕缕的花纹。梁冀是炙手可热的权臣，应仿皇宫装饰。东汉末年的应劭有诗曰"奈何季世人，侈靡在宫墙。饰巧无穷极，土木被朱光。"即指的是宫廷中的墙壁装饰。从两汉有关文献看，西汉京师长安此风最盛。昭阳殿中"屋不呈材，墙不露形"，"屋"应指柱子，"墙"即墙壁，柱子与墙壁均以丝织物装饰，因而看不到柱身和墙面的本来面目了。

富贵之家在墙壁和梁柱包裹或悬挂丝织品，西汉初年已经存在。贾谊从礼治的角度出发，严厉斥责当时富人和商贾的种种"僭越"行为，其中重要一点便是居室内奢华无度。他指出，古者用作天子之服的锦绣，"今富人大贾召客者得以被墙"，"靡贾侈贵，墙得被绣"。②可见这种装饰比较灵活，平时大概不必如此铺张，遇节庆或宴请宾朋时临时装饰，满墙文采，自然非常漂亮，这是民间富人富户才能有的装饰。

有一位建筑学家曾从是否"表里如一"来看中西文化的不同。指出：西方的石结构内外均为石材，砖造建筑中的砖"很在乎砖砌的技术。砖本身要烧得坚实，尺寸大小相等，而且不能有残缺。砌工要实在，泥灰要满缝，才能使砖墙坚固不倒。这样的砌法，完工之后，表面的花样自然工整可观，只要勾缝就可以了。"③中国则"没有多少人注意砖的品质，也没有人在乎砌砖的方法"，看重的是外表视觉所及的部分，眼睛看不到的地方就不去装饰了。所以砌墙外观加以瓷砖，"因为砖墙砌不平，砖质太差，不足以挡风避雨。"木材要上漆、加彩，木纹看不到。"而日本的建筑大多以原木呈现"，因此需要好的木材，精准的技术。秦汉时期的墙壁、柱子装饰，正呈现此种特点。

① 杨鸿勋：《宫殿考古通论》，紫禁城出版社，2001年版，第198～199页。
② 《新书·孽产子》。
③ 汉宝德：《中国建筑文化讲座》，三联书店，2006年版，第38页。

帷幔是居室中华丽而富于浪漫色彩的风景。汉画像石、画像砖中刻划前堂中宴饮或卧室中夫妻对坐的情景，画面上方常以逶迤秀美的帷幔为饰。这应是贵族居室中较为固定的场景。最常见的是在前堂的楹柱后挂帷幔，帷幔类似今日落地窗的大窗帘，拉下时可将楹柱之后全部遮挡，拉上时则分段收拢，以绶带束起，绶带的末端轻盈下垂，与波浪形的帷幔共同营建了优雅温馨的氛围。秦汉时，人们又常以"帷幄"连用。如刘邦谓张良"运筹帷幄之中"。幄是帷中张设的小屋。郑玄注《周礼·幕人》曰："四合象宫室曰幄。"王莽在"未央宫置酒，内者令为傅太后张幄。"幄要像宫室一样四面能合闭，必须有框架支撑。《释床帐》中说："帷，屋也；以帛无板施之，形如屋也。"西汉中山靖王刘胜墓出土的两具帷帐，使我们得以了解当时幄的形制。两具帐架均为木制，已腐朽，难以拼合，铜帐钩经复原，则可知其大概。前堂中心位置出土的一具帷帐，由大小 102 件鎏金铜质构件和木架结构组成，构件有底座、立柱柱端、立柱中段承轴、顶角构件等，多数构件有编号，可见为精心设计之作。复原后应为五脊四阿式长方形帷帐，以四根立柱为帐架，拐角等部位皆以鎏金铜构件衔合。中室西南部出土的一具四角攒尖顶方形帷帐，共有大小构件 57 件，复原后帷帐中的面积较四阿顶帷帐为小，似为陪帐。此两具帷帐前出土了石俑、陶俑、大量的青铜器、漆盘、漆杯等，[1] 秦汉时代"事死如事生"，它反映的是墓主人魂灵在前堂宴饮的情景。这是我国发现的时代最早的铜质帷帐构件。1956 年洛阳墓中出土的铁帷帐，铭文记载为魏正始八年（247）之物。帷帐的张设比较灵活，应是贵族家庭中流行之物。

皇宫中的屋梁画像装饰，动物形象栩栩如生。《西京杂记》载：昭阳殿椽梁"皆刻作甘泉宫龙蛇，萦绕其间，鳞甲分明，见者莫不颤栗。"甘泉宫的龙蛇画像当更为生动。

窗子起通风纳光的作用，同时也具有装饰效果。汉代的普通窗子为直棂窗，即在窗子中竖以木条。浙江汉宁汉画像石墓以中间的隔墙与通道区分出前室与后室，通道门柱两侧上部有长方形的两个透雕直棂窗，使前室与后室产生了通透效果。北门柱下部还以长方形的石材构件作成圆形与三角形结合的望窗。

比较讲究的人家，窗子以斜格贯连小圆环。《汉书·元后传》载：曲阳候王根第宅豪华，元帝令大臣责其"青琐"僭越礼制。青琐，据孟康、师古的注，是"以青画户边镂中，天子制也。""青琐者，刻为连环文，而青涂之也。"

---

① 刘叙杰主编：《中国古代建筑史》第一卷，中国建筑工业出版社，2003 年版。

皇宫中的窗子样式新颖，质地亦非民间所能为。从上述引文看，未央宫中的窗子无疑应是"青琐"。汉武帝宫室奢华，《太平御览》卷808引《汉武故事》曰："武帝好神仙，起祠神屋，扉悉以白琉璃作之，光照洞彻。"而赵飞燕所居的昭阳殿，"窗扉多是绿琉璃，亦皆达照毛发，不得藏焉。"殿中又"织珠为帘，风至则鸣"，如玉佩叮咚作响，悦耳动听。宫中还"设九金龙，皆衔九子金铃，五色流苏带，以绿文紫绶金银花镊。"风和日丽之时，流光溢彩，"照耀一殿，铃镊之声，惊动左右。"①门窗洞开，殿中才能产生如此效果。

屋内房顶的天井部位，常以藻井装饰。《风俗通义·佚文》："殿堂宫室，象东井形，刻作荷菱。荷菱，水物也，所以厌火。"

壁画是宫廷中常有的装饰。咸阳宫一号、二号、三号宫殿遗址均发现有壁画。由于年代久远，壁画已为残块，但亦内容丰富。一号宫址上层的一块残片，在长仅37厘米、宽25厘米的范围内，排列着矩形、菱形、三角形、圆形、环形、涡形等多种图案，运用了黑、黄、赭、朱、青、绿等色彩。这块壁画应当是用于画面边框的装饰。三号宫殿遗址回廊东、西墙上所绘的车马出行图、仪仗图、楼阁建筑图应为壁画的中心内容。车马图一车四马，马有枣红色、黑色、黄色三种，应是秦盛于武事的写照。楼阁图绘出两层楼阁，并有角楼。②

汉代宫廷中的壁画，从文献记载所见，内容大致可分为下列几种：一是古圣贤。蔡质《汉宫典》：桂宫明光殿"画古烈士，重行书赞。"曹植《画赞序》记载：明帝与马皇后"尝从观画，过虞舜庙，见娥皇、女英。帝指之戏后曰：'恨不得为妃'。又前见陶唐之像，后指尧曰：'嗟乎！群臣百僚，恨不得为君如是。'帝顾而笑。"虞舜庙应不在宫中，而尧舜禹汤文武周公等人物的形象完全可能在宫廷中绘制。二是鬼神。汉武帝听从方士"欲与神通，宫室被服非象神，神物不至"的话，"乃作画云气车"。③元封二年，令画工在甘泉宫中"画天地泰一诸鬼神，而置祭具以致天神。"应是画鬼神于墙上，摆祭具于画前。三是当代功臣。汉人视"丹青所画"与"竹帛所载"同等重要，若被绘于皇宫的功臣图中，更是荣耀无比。王充《论衡·须颂篇》说："宣帝之时，画图汉烈士。或不在其图上者，子孙耻之。何则？父祖不贤，故不画图也。"西汉中期，司马迁曾在未央宫宣室看到汉开国功臣张良的画像，"状如

① 《西京杂记》。

② 徐卫民：《秦都城研究》，第119页。

③ 《汉书·郊祀志》。

妇人好女。"① 汉宣帝甘露三年，宣帝念功臣事迹，"思股肱之美，乃图画其人于麒麟阁，法其形貌，署其官爵姓名。"② 其中有三朝重臣霍光、汉忠臣苏武、安羌功臣赵充国。成帝时因西羌叛乱倍思赵充国，"乃召黄门侍郎扬雄即充国图画而颂之"，③ 在画像旁又加上赞语。东汉明帝永平年间，"追思前世功臣，乃图画二十八将于南宫云台。"后来又加上王常、李通、卓茂等，共三十二人。④ 灵帝曾诏蔡邕在宫中画赤泉侯五代将相，并作赞语，并书写之。蔡邕的绘画、文章、书法在当时均为一流，因而此作被士人誉为"三美"。

郡县各级官府根据当地风土民情的不同，也有各种画作。《后汉书·南蛮传》载：东汉明帝时，益州境内"郡尉府舍皆有雕饰，画山海神灵奇禽异兽，以炫耀之，夷人益畏惮焉。"这里的"山海神灵奇禽异兽"与鲁灵光殿中壁画内容有相同之处。它显示的是中原文明的特色。

学校中士子众多，以读圣贤书为务，墙壁上常画孔子及弟子像。成都在西汉时曾有文翁兴学，倍受赞扬，东汉时，益州刺史张收"画盘古、三王五帝、三代君臣与仲尼七十弟子于壁间"。⑤

灵光殿的壁画集中而鲜明地体现了汉代绘画的主题。东汉王延寿《鲁灵光殿赋》中生动地描述道："图画天地，品类众生，杂物奇怪，山神海灵。写载其状，托之丹青。千变万化，事各缪形。随色象类，曲得其情。上纪开辟，遂古之初，五龙比翼，人皇九头，伏羲鳞身，女娲蛇躯。鸿荒朴略，厥状睢盱，焕炳可观。黄帝唐虞，轩冕以庸，衣裳有殊。下及三后，媱妃乱王，忠臣孝子，烈士贞女，贤愚成败，莫不载叙。恶以诫世，善以示后。"这最后一句点明了汉代壁画也是汉代所有绘画形式的宗旨。"殷鉴不远，在夏后氏之世"，中国人重历史，先秦至汉的士人屡有以史为鉴的论说，但以惩恶扬善，褒奖德行为绘画的主题，则是在汉代儒学普及以后才形成的，它彰显的是儒家的道德观。中国古代往往呈现非此即彼的绝对化思维模式，善恶判然两途，汉代画作已开其端。曹植更明确地表述曰："观画者，见三皇五帝，莫不仰戴；见三季异主，莫不悲惋；见篡臣贼嗣，莫不切齿；见高节妙士，莫不忘食；见忠臣死难，莫不抗节；见放臣逐子，莫不叹息；见淫夫妒妇，莫不侧目；见令妃顺

① 《史记·留侯世家》。
② 《汉书·苏武传》。
③ 《汉书·赵充国传》。
④ 《后汉书·卓茂传》。
⑤ 《玉海》。

后，莫不嘉贵。是知存乎鉴戒，图画也。"① 如汉画中经常出现的荆轲刺秦王、二桃杀三士等题材，主要赞颂的便是他们的忠义。

汉代的画面常有较为固定的情节表现，有的画面以榜题标明身份，后世则在人物刻画的西部表现出忠奸。宋代吴自牧《梦梁录》曰"公忠者雕以正貌，奸邪者刻以丑形，盖意寓褒贬于其中耳。"

## 第二节　居室布置与陈设时尚

### 一、居室用具

床是卧室中的必备之物。秦汉时期床的长度约为 8 尺。《居延新简》中有"八尺"床的记载，东汉服虔谓"八尺曰床"。② 8 尺约合今 5.6 尺，与现在 2 米长的床相差不多。床的高度应比较适中，既适应当时席地而坐的习惯，又可以坐在床上与客人谈话。朱买臣见张汤时，张汤"坐床上弗为礼"。③ 郦食其初次在传舍见刘邦时，"沛公方倨床，使两女子洗足。"④ 赵昭仪在昭阳殿与成帝赌气，"从床上自投地"。⑤《三国志·魏志·陈登传》：许汜去见陈元龙，"元龙无敬客之意，自上大床卧，使客卧下床"，这里的"床"，似兼坐卧之能。

床为木制，床身有一定的高度。汉武帝到长陵一民宅寻其姊，"使左右群臣入呼求之，家人惊恐，女亡匿内中床下。"⑥ 东汉的苏不韦为报杀父之仇，与其堂兄凿地道至仇人寝室，"出其床下"，仇人去厕所而不在房间，"因杀其妾及小儿，留书而去。"⑦ 人能藏身床下，"出其床下"行刺，矮床不可能出现这种情况。

一般人的床朴实无华，帝王贵族的床则饰以珠玉。《西京杂记》卷二记："武帝为七宝床，杂宝按厕，宝屏风，列宝帐，设于桂宫，时人谓之'四宝宫'"。这座"四宝宫"中的"七宝床"、"宝帐"定有不少精美的装饰。

---

① 《历代名画记·卷一·叙画之源流》引曹植观汉画后语。
② 《初学记》卷 25 引《通俗文》。
③ 《汉书·朱买臣传》。
④ 《史记·郦食其传》。
⑤ 《汉书·皇后传》。
⑥ 《史记·外戚世家》。
⑦ 《后汉书·苏不韦传》。

东汉时由西域传入洛阳的胡床，灵帝非常喜爱，因而在京师贵戚家中也比较流行。胡床，据《资治通鉴》第 242 卷胡三省的注，是"以木交午为足，足前后皆施横木，平其底，使错之地二后安，足之上端，其前后皆施横木二平其上，横木列窍以穿绳条，使之可坐。足交午处复为圆穿，贯之以铁。敛之可莢，放之可坐。"类似后世的马扎，即折叠的小凳子。

床上有帐、枕等用品。马王堆一号墓出土有绣枕、枕巾、香囊。汉末，蔡邕藏《论衡》于帐中隐处。①

承尘类似后世的顶棚。颜师古注《急就篇》中的"承尘"曰："承尘施于床上以承尘土，因为名也。"木构屋梁常落下灰尘，做承尘以避之。《居延新简》中有"卧内中韦席承尘"的简文。成都出土的画像砖表明，东汉时床上的承尘已是固定的装置，绷在木框上。《汉书·曾义传》载：豫章人曾义为郡功曹，曾经解救过别人，人"以金二斤谢之，义不受，金主伺义不在，默投金于承尘上，后葺理屋宇，乃得金。"看来承尘也要经常清理。

床上与地上要铺席子，因而席的种类很多。汉宫廷中用席是会稽所献："会稽岁时献竹簟供御，世号为流黄簟。"②

居室中有盛衣服、杂物的箱、柜，居息的坐榻、几、案等家具。

马王堆一号汉墓出土装有各种衣物的笥。西汉末杨宝家有"巾箱"。③《汉书·霍光传》载：其家有"衣五十箧"。汉代有一种储钱的陶罐，当时称为"扑满"，应为家中常见之物。《西京杂记》谓"扑满者，以土为器，以蓄钱具。其有入窍而无出窍，满则扑之。土，粗物也；钱，重货也。入而不出，积而不散，故扑之。"汉代陶器上有"日入千万"等文字，④ 反映了人们期盼富贵的愿望。扑满大概放在室内比较隐蔽的地方。

箧一般放置女子的化妆用品。有单箧，有双箧。贵族妇女用的箧制作考究，箧中梳妆用具一应俱全。马王堆一号汉墓出土的两件木制漆器妆奁，五子奁为单层，中有铜镜、镜擦、小刀、镊、清理梳子的用具等。还有五件小圆奁，分别放花椒、香草、化妆品等。九子奁为双层，上层放有手套、镜衣等，下层的九个凹槽中，分别放置有梳篦、油状或粉状化妆品。

江陵凤凰山秦墓出土的一把木梳，上部手执部分为半圆形，两面均有彩色

---

① 《后汉书·蔡邕传》。

② 《西京杂记》。

③ 《后汉书·杨震列传》注引《续齐谐记》。

④ 陈直：《两汉经济史料论丛》，陕西人民出版社，1980 年版，第 166 页。

漆画。一面为主人、客人相对席地而坐，中间站立两个侍女。另一面为歌舞场景，画面正中间一女子长裙曳地，舒展广袖，翩翩起舞；对面一女子似为伴舞者，或者是伴唱的歌女；背后一男子伏地仰首面对中间女子，约为乐师。该墓出土的一把木篦，形制与木梳一致。木篦两面图案，一面为送别的情景，一面为三个仅穿短裤的男子相扑场面。两把梳子、篦子画面内容的不同，也许属不同的主人。梳子更多地为居家女子所用，篦子则为出门在外的男子携带。

居室中有榻、案、几等物。《释名·释床帐》谓："长狭而卑曰榻，言其榻然近地也。小者独坐，主人无二，独所坐也。"《通俗文》："床三尺五曰榻，板独坐曰枰。"榻比较灵活，长榻可以躺卧。《风俗通义·愆礼》载：邓子敬礼让年长三岁的张伯大，使"伯卧床上，敬寝下小榻。"应为卧室中的床和榻。河北望都二号汉墓中室出土的石榻长1.6米，宽1米。榻前置一石案，长1.75米，宽0.5米。石榻较常见的榻要大，从石榻所在的位置及其与案配套的情形看，似介于床与榻之间。

河北望都二号汉墓为大型多室墓，建于东汉灵帝光和五年（182）。前后五重墓室沿中轴线依次排列。前两室似为庭院，后两室为寝室，中室则应为主人休憩会客之所。石榻、石案位于中室之西北隅，榻较一般的床要短，较榻为长，正符合其休闲之需。

通常所用的坐榻比较低矮。1958年河南郸城县竹凯店汉墓出土一件石榻明器，以青色石灰岩制做，上刻"汉故博士常山大傅王君坐榻"，据考证为西汉成帝以前的物品。石榻为长方形，长87.5厘米，宽72厘米，高19厘米。下部四角为方足。[①] 其长度折合汉尺为3.65尺，与《通俗文》所述榻的尺度基本吻合。这大概是汉代常用坐榻的基本形制。"王君"看来对坐榻非常喜爱，特意刻字铭记。也许文人雅士埋首书案，更钟爱此物。

汉画像石墓中的讲经图中，众弟子席地而坐，老师一人踞蹐，执经而讲。此处坐榻是一种身份的体现。辽阳三道壕汉墓壁画，帷帐之下，女主人悠闲自得坐在榻上，坐榻两旁有女仆侍奉。

作为冥器，汉墓中的石榻，应为现实生活中木榻的替代物。陈蕃为乐安太守，礼遇高士周谬"在郡不接宾客，唯谬来，特设一榻，去则悬之。"[②] 应为木塌。

---

①　曹桂岑：《河南郸城发现汉代石坐榻》，《考古》1965年5期。
②　《后汉书·陈蕃传》。

木榻适宜人坐，东汉末年人管宁曾使用一只木榻50余年。① 胡坐从西域传入内地后，使传统跪式坐姿开始改变。洛阳东汉晚期墓中出土的坐俑凳，俑坐的小凳子有两条凳腿，凳腿向两侧伸开，以保持平稳。上面有座面，类似于后代的马扎。② 汉代跪坐的习俗，似无使用高桌的必要。因而出土明器及绘画中，绝大多数为几案。但也有个别的例子。四川彭县的市井画像砖，有四角为长足的桌子，依画面上人物身高推测，其高度应在50～60厘米之间。四川成都出土住室画像砖中，亦有四高足之方桌。大概应劳作之实际需要而兴。

案是一种比较轻巧灵便的器具。最小的案，大概属盛食物的托盘。汉高祖刘邦七年时"过赵，赵王张敖自持案进食，礼甚慕"。③ 东汉时梁鸿"每归，妻为具食，不敢于鸿前仰视，举案齐眉。"④ 这种案一般有浅足，有的无足。贵族的食案有精美的装饰。元帝时谏大夫贡禹至凰太后宫，"见赐杯案，尽文画金银饰。"⑤ 郑玄注《礼记·礼器》谓："禁，如今方案也。隋长，局足高三寸。"这是指矮足的方案。长沙马王堆一号汉墓出土的矮足漆案，绘以纹饰，上置杯、盘等食用器。另有书案、奏案、祭案等，出土有陶案、铜案、木案。据判断木案、铜案为实用器皿，木案常以油漆漆过，有图纹。江苏邗江县101号西汉墓出土的漆案，长46.7厘米，宽23.2厘米，高8.5厘米。案面边缘均以几何纹、条形纹等装饰。案面用褐色油漆漆过后，以朱、黑两色绘出云纹、羽人、鸟兽等形象。

铜案案面多刻有花纹。广州市沙河汉墓出土一组三件铜案，中间一件为长方形，两边为圆形。三件案的案面边棱均有纹饰，长方形铜案案面有不对称的鸟、鱼、龙等形象。经考证为实用器。广西梧州市旺步村二号墓出土的铜案也是长方形，案中央刻龙、鱼等物，内外框刻龙、凤等形象。

江苏邗江县101号汉墓出土的漆几，长74厘米，宽16厘米，高25厘米。甘肃武威县磨嘴子62号汉墓的木几，长117厘米，宽19厘米，残高26厘米。同一地方22号汉墓的木几长97.5厘米，宽12.5厘米残高30厘米。⑥ 汉墓壁画与画像石、画像砖中，凡表现起居与宴饮的画面，一般总有几的形象。因为

① 《太平御览》卷907引《高士传》。

② 洛阳市文物工作队：《洛阳发掘的四座东汉玉衣墓》，《考古与文物》1999年第1期。

③ 《史记·田叔列传》。

④ 《后汉书·梁鸿传》。

⑤ 《汉书·贡禹传》。

⑥ 刘叙杰主编：《中国古代建筑史》第一卷，中国建筑工业出版社，2003年版，第556页。

它是席地而坐时必不可缺的凭依，一般为一人凭几而坐。几的两端常为三条曲线状的栅条撑起几面，其外观既墩实又漂亮。

## 二、居室陈设时尚

汉代宫廷中冬有温室取暖，夏有清凉殿避暑，民间则冬有火炉，夏有扇子。满城汉墓出土了铁温炉和铁方炉，① 还有供一人使用的温炉。茂陵出土的温手炉上刻有铭文。②《红楼梦》中的王熙凤悠闲自得，"手内拿着小铜火拄儿拨手炉内的灰，"可见一直为人们所使用。20 世纪 70、80 年代乃至今日，河南西南部农村冬日里仍可见到提着小手炉取暖的人们。温炉为提蓝式，瓦制，里边装的是燃烧的炭块或小木块，可焐手，亦可暖足。夏天的扇子有圆形的，也有方形的。傅毅《扇赋》谓"织竹廓素，或规或矩。"以竹制成的扇子本身即给人以清凉之感，团扇更有无穷的意味。《文选》载班婕《怨诗》曰："新裂齐纨素，鲜洁如霜雪。裁成合欢扇，团团似明月。出入君袖怀，动摇微风发。"山东沂南画像石中，女主人背后有两侍女分别执圆扇，男主人身后则是一男仆手持方扇，以方圆显现出男女刚柔之别。西汉长安宫中则有特制的七轮扇，"连七轮，大皆径丈，相连续。一人运之，满堂寒颤。"③ 与今日的电扇相似，不过当时借用的是人力而已。

屏风在汉代的宫廷及贵族家中为常用之具。其作用一则避风，二则起隔断作用，"屏风，言可以屏障风也"。④ 宫廷中比较随意的场合中，屏风作为一种轻灵的隔断，可随时更换。东汉初年的大司空宋弘曾"燕见"光武帝，看到御坐周围陈设一组新屏风，"图画列女，帝数顾视之。弘正容言曰：'未见好德如好色者。'帝即为撤之。"⑤ 可见屏风画面依主人的爱好、志趣而设，随时可更换。这是光武帝寝宫中的坐屏，而非床屏。西汉东方朔专有《屏风赋》，依东方朔诙谐多端之性，约借屏风以讥刺武帝奢侈之风。光武帝的姐姐湖阳公主寡居，看中了宋弘，"后弘被引见，帝令（公）主坐屏风后"，试探宋弘之意。⑥ 这里也是坐屏，应为寝宫之设，而非殿堂所陈。文人们的解释便往往附会于政治，《佚文》："天子有外屏，令臣下屏气息。屏，卿大夫以帷，士以

---

①　中国社会科学院考古研究所：《满城汉墓发掘报告》上册，第 102、103 页。

②　陕西地区文管会：《陕西茂陵一号无名冢一号丛葬坑的发掘》，《文物》，1982 年 9 期。

③　《西京杂记》。

④　《释名·释宫室》。

⑤　《后汉书·宋弘传》。

⑥　《后汉书·宋弘传》。

廉，稍有弟以自鄣蔽也，示臣临见自整，屏气处也。"东汉李尤《屏风铭》曰："舍则潜避，用则施张。立必端直，处必廉方。……雾露是抗。奉上蔽下，不失其常。"① 屏风既用于遮挡视线，便要有一定的高度。《西京杂记》卷四："江都王劲捷，能超七尺屏风。"七尺屏风约有160厘米高，比较高大。马王堆一号汉墓遣策记录：随葬屏风"木五菜（彩）画并（屏）风一，长五尺，高三尺"。高69厘米，则属于较低矮的屏风了。但屏风中龙的形象生动传神。出土的实物通高62厘米，的确是一具彩绘木胎屏风。屏风板下有足座。屏风两面髹漆，一面红漆，地上满绘浅绿色油彩，中心绘一谷纹圆璧，周围绘几何形方连纹。另一面髹黑漆，地上祥云朵朵，一条龙游弋盘旋其中。龙昂首张口，龙躯以绿色油漆绘之。鳞、爪以丹色勾勒，形象生动，这应是屏风的正面，利于人们观瞻。

屏风的制做一般比较讲究。屏风在宫室中使用最为普遍，皇宫中有五彩屏风，"望视，则青、赤、白、黄、黑，各各异类；就视，则皆以其色为地，五色文之"。② 成帝时减省椒房掖庭用度，许皇后上书表示不满，谓"妾欲作某屏风张于某所"即受限制，实为不便。③ 可见宫庭中设置屏风习以为常。赵飞燕在昭阳殿中"设木画屏，凤文如蜘蛛丝缕"。④

汉代宫廷中的"七宝床"与帐、屏风是配套使用的，屏风用于遮蔽床。西汉后期，御史大夫陈万年教诲其子陈咸"于床下，语至夜半，咸睡，头触屏风。"⑤ 可见屏风距床很近。

灯是生活中不可少的用品。汉代出土的灯具，以河北满城西汉中山靖王刘胜之妻窦绾墓出土的"长信宫"铜灯最为独特。"长信宫"铜灯通体鎏金，整体形象为一跪坐捧灯的年轻宫女。宫女戴着帽子，身着长衫，袖子宽大舒展，姿势优美典雅，表情恬静自然。她的左手握住铜灯底座，右臂高抬，袖口笼罩在灯的上部，宫女的右臂和身躯中空，实为排烟道，烛火产生的油烟可通过右臂进入体内。灯盘可以转动，灯罩可以开合，宫女的头部、身躯、右臂，灯的座、盘、罩六个部分分别铸造，然后合为整体，因而开合自如。灯盘的一侧有手柄，执此可将灯从宫女手中取出。长信宫灯曾辗转于诸宫殿之中。宫女右臂

① 《艺文类聚》卷69引《屏风铭》。
② 《太平御览》卷701引桓潭《新论》。
③ 《汉书·皇后记》。
④ 《西京杂记》。
⑤ 《汉书·陈万年传》。

外侧、灯盘外侧、灯罩屏板内方、外方分别刻有"阳信家"的铭文，灯座底部周边刻"长信尚浴……今内者卧"等字样。据考证，该灯最初应为阳信夷侯刘揭所有。景辛前元六年（前179）刘揭之子刘中意有罪国除，该灯没入少府的"内者"，归长信宫使用，为亳太后送与窦馆。①长信宫灯代表着当时铸造技艺的水平。

汉代灯具形式之丰富，构思之精巧，雕饰之华贵，为前人与后代所难以企及。

飞禽走兽灯千姿百态，生动形象。兽畜灯如羊灯、牛灯、犀灯，因动物体量较大，灯的形制既敦厚稳重，便于使用，又活泼可爱，宜于观瞻。羊尊灯刻划出丰满温顺的卧羊的形象。羊尊灯的羊背平面是活动的，燃灯时将其翻转置于羊头之上，不用时扣合其上，则是完整的卧羊形象。禽鸟灯则俊俏精致，活现飞禽灵秀之姿。满城汉墓的铜朱雀灯，朱雀嘴衔灯盘，双足立于一昂首圆盘身的动物之上，展翅欲飞。双翅和尾部的羽毛栩栩如生，灯盘有凹槽，分为三格，每格有烛插一根。灯盘本身比较重，而朱雀作为支撑灯盘的灯架，立于圆盘之上，足以支撑灯盘的重量。上方圆形的灯盏与下方圆形的底座原本单调无趣，通过朱雀这一鲜活形象的联结，整个造型生机盎然。

山西襄汾县吴兴庄汉墓出土的雁鱼灯，雁身硕圆，雁颈修长，雁回首衔鱼脊，圆灯座置于雁背，灯上有罩，灯罩顶部衔入雁嘴。燃灯照明时，灯烟由灯罩入雁鸟体类。雁腹中空，有水，油烟入水，室内基本无烟。

多枝灯在汉代比较流行。圆灯座之上，或伸出三五盏灯，或十余只灯，错落有致，造型简洁优美。河北望都县汉墓出土的釉陶三枝灯，圆形灯座、灯柱之上，托起一盏大灯，灯柱下方对称排列两盏小灯，是最为简单的枝形灯。河南洛阳涧西七里河东汉墓出土的十三支陶灯，则如山峦起伏，似闻流水淙淙。灯柱立于圆形灯座之上，灯柱上部置灯一盏，其余灯盏皆由底盘或灯拉伸出弯弯曲曲的细小条干，托起小小的灯盏。主灯柱的粗重与各分支盘旋蜿蜒的纤巧灯柱形成强烈的对比，奔逐嬉戏于其间的羽人鸟兽更使此灯情趣无穷。

人物造型的灯较少见，且此种灯具中，人物形象常给人以压抑之感。《文物》1959年11期刊出的山东诸城太平葛阜口村出土的汉铜人擎双灯，是一个站立的人的形象，但为保持灯的平衡与稳定，灯底座为一车轮状的圆盘，人站于其上，双臂平伸，擎起两盏圆灯盏，灯底座的粗壮与灯盏的硕大，使中间的

---

① 《满城汉墓》，文物出版社，2003年版，第152~154页。

人物显得矮小。也许人物灯所要表现的正是低眉顺眼侍奉主人的奴仆形象。满城汉墓的铜俑灯，铜人俑半跪，左手按在左膝，右手上举，托起灯盏。灯盘和俑分开铸造，用铜钉铆合于俑的右臂。盘壁刻铭文"御当户锭一，第然于"，"当户"为匈奴的原名，排列于骨都侯之上，大都尉之下。中山国与北方匈奴矛盾较深。此处铜俑身着左衽短衣，脚穿长靴，为典型的胡服。在灯盏下方铸跪擎的匈奴官吏形象，示"御"从之意，与长信宫灯所表现的服侍主人的宫女意图一样。

广州发现的托灯俑，一般为深目高鼻，裸体，头顶灯盏，或手托灯盘，其姿态或箕踞，或踞矮座，与中原跪坐形象迥然不同。粗犷的外表与本地出土的乐午俑清秀形象也有明显区别。估计刻画的是来自南海诸国的奴隶形象。与满城汉墓出土的"当户灯"以匈奴官吏为执行卑贱劳作的形象一样，岭南的托灯体现的是汉族对周边民族的役使心理。

灯具的质地有铜、铁、陶、石，铜质灯多精致华贵，为贵族所用。陶灯则形式多样，简朴实用，一般墓葬中多用。铁灯、石灯数量极少。

秦汉时期，贵贱贫富的区别在居室陈设上很容易体现出来。富贵人家的居室用具价格昂贵，陈设豪华。宦官石显"资巨万"，被免官乡时，"留床席器物数百万值"，欲以送故人。[1]

中等资产的人家，其居室布置亦富有情趣。陇西人秦嘉于桓帝时为上计吏至洛阳，后留为黄门郎。曾"遣车"欲接妻子徐淑至洛阳小住，结果"车还空返"，秦嘉很失望，"兼欲远别，恨恨之情，顾有怅然。"因而捎给妻子镜、钗等物，信中写道：

间得此镜，既明且好，形观文采，世所稀有，意甚爱之，故以相与。并至宝钗一双，价值千金，龙虎履一两，好香四种各一斤，素琴一张，常所自弹也。明镜可以鉴形，宝钗可以耀首，芳香可以馥身去秽，麝香可以辟恶气，素琴可以娱耳。

作为一般的黄门侍郎，俸禄微薄，家产并不丰饶，但由秦嘉情真意切的信与物，我们可以推知，当时稍有资产且有一定文化素养的人家，其居室布置应典雅温馨，特别是年轻夫妇的卧室。秦嘉的一首《赠妇诗》中，遥想妻子独居的冷清：

暧暧白日，引曜西倾，啾啾鸡雀，群飞赴楹。皎皎明月，煌煌列星，严霜

---

[1] 《汉书·游侠传》。

凄怆，飞雪覆庭。寂寂独居，廖廖空室，飘飘帏帐，莹莹华烛，尔不是居，帏帐何施？尔不是照，华烛何为？

明明是身在洛阳的秦嘉思念家乡的妻子，落笔却写夕阳落山，鸡雀归窝，一年四季中妻子的无尽等待与不由自主的哀怨。这位徐淑虽独守空房，但有丈夫的一片真情与体贴入微的呵护，袅袅清香中，对镜理妆，弄琴拨弦，当自得其乐。

《孔雀东南飞》述东汉末年建安年间，焦仲卿妻"鸡鸣入机织，夜夜不得息"，是其家中有织机。秦汉时期小农经济方兴未艾，当时一般家庭应有织机。她心灵手巧，辛勤劳作，却因婆婆的成见被休回娘家，临走嘱丈夫"妾有绣腰襦（绣花的短袄）"，有"红罗复斗帐，四角垂香囊。箱帘六七十，绿碧青丝绳。物物各自异，种种在其中。"斗帐下宽上窄，形如覆斗。六七十个箱帘中所装物品各不相同，应是四季衣服及各种生活用物。她回到娘家，其兄逼婚并令其作嫁妆时，"阿女默无声，手巾掩口啼，泪落便如泻。移我琉璃榻，出置前窗下。左手持刀尺，右手持绫罗。朝成绣襦裙，晚成单罗衫。"琉璃榻移置前窗下做衣，自然因为前窗下光线好。年轻女子当窗作衣的鲜活场景，跃然眼前。

山东沂南汉墓后室南侧隔墙东西画像中，所刻室内家具较多。可明显分为两部分。上半部，垂幛纹饰勾勒出室内景象。上刻一几，几面放三个长方形漆箧，几下有一圆形漆奁。下刻一物，圆柱高擎起一个圆盘，柱中间贯穿一方形板，板上放有豆、盘等物，柱下为圆础。右边又有一几，几上放四足的方形案，几上、案上均放有壶、耳杯等物。下半部仍为垂幛纹，三个侍女行走，手中均有拂尘等物。下为一几，几上有樽、耳杯等，旁边有一案，置于地上，上有 17 个耳杯。这是宴饮场面的一个局部特写。

沂南汉墓后室北侧隔墙西面画像的下半部，上刻一衣架，架上搭有衣服。下为一几，两边几足呈弯曲状向上拱起，使几身显得高而敦实。几上整齐地排列着四只鞋。显然是卧室中的陈设。

居室的温情，在汉代诗文中常有委婉的表达。《古诗十九首》中"明月何皎皎，照我罗床帏。忧愁不能寐，揽衣起徘徊"。罗帐应轻薄柔软。《客从远方来》中写到：远在异乡的丈夫托人捎回两丈绚丽的绸子，女子欲以此做成锦被："文采双鸳鸯，裁为合欢被。著以长相思，缘以结不解。以胶投漆中，谁能别离此。"在合欢被中絮入丝绵，如夫妻深长绵绵的思念；被子边缘饰以永不解开的丝结，以象征夫妻的生死相守。此诗为想象之作，明陆时雍《古诗镜》卷 2 论曰 "极缠绵之致"，但鸳鸯被面、丝绵胎、被子四周之丝结，均取自现实生活。长沙马王堆汉墓出土的锦被色彩典雅，被头设计类似领窝，凹入为半圆形，人在睡觉时被子不至于拥住脖颈，舒适实用。河北望都二号东汉墓出土有彩绘石枕。

### 三、居室卫生

秦汉时期的上层社会衣食住行都很讲究，不仅舒适，而且要卫生。

仅居室中的沐浴便有不少名称。王充《论衡·讥日》谓："沐者，去首垢也；洗，去足垢；盥，去手垢；浴，去身垢。"洗头的日子也要选择，《沐书》中讲："子日沐，令人爱之；卯日沐，令人白头。"王充觉得"皆去一形之垢，其实等也"，均为洗沐，不必如此烦琐区分。"洗、盥、浴不择日，而沐独有日"，也没有道理。而当时的字典《说文解字》中"水"部谓："沐，濯发也。""沫，洒面也。""浴，洒身也。""澡，洒手也。""洗，洒足也。""盥"部曰："盥，澡手也。"可见生活中人们约定俗成地如此称呼。西汉的墓葬中屡见浴盆。如满城汉墓出土的带"常沐"铭文的铜盆，口径 66 厘米；高 19.5 厘米；① 徐州崖墓出土的"赵姬沐盘"，口径 68.5 厘米，高 15.6 厘米；② 长沙汉墓出土的"张端君沐盘"，口径 64 厘米，高 13.6 厘米。

保持居室卫生整洁是人们生活的需要。首先是饮食卫生，常用的饮用器，食具要保持清洁，"涤杯而食，洗爵而饮，浣而后馈。"③《说文》"中部"谓"帷在上曰幕，覆食案亦曰幕。"看来食案不用时也要盖上布，以防止落脏物。其次是衣物清洁。居室中衣物被褥之类要及时洗晒。《四民月令》二月"命缝人浣冬衣"，七月七日"曝经书及衣裳"。再次是日常卫生。打扫卫生的用具主要是帚、箕等物。箕用以装垃圾，由于家务一般由女子作，所以《后汉书·列女传》称"妇奉箕帚而已。"比较讲究的人家有唾器，以盛唾痰。《太平御览》卷 703：马融在遗言中交代，坟墓中不得随葬铜唾壶。人们在家中宴请客人时，须洒扫庭堂，并迎候于门。西汉中期窦婴宴请丞相田蚡，"夜洒扫张具至旦。"④ 汉画像石中常见门外拥彗以迎接客人的形象，意在表示庭堂已打扫，正恭候客人光临。东汉名士陈蕃少年时"庭宇荒秽"，有客人来访，即

---

① 《满城汉墓发掘报告》，文物出版社，1981 年版，第 58 页。
② 《徐州汉墓清理报告》，《文物》，1984 年 11 期。
③ 《淮南子·诠音》。
④ 《汉书·田蚡传》。

惊讶地问："孺子何不洒扫以待宾客？"①

居室中香料的使用，尤其体现了精致优雅的生活情趣。

香料的使用首先在南方兴起。屈原的诗歌中记有木兰、桂、椒、辛夷等十余种香料。西汉前期，南方贵族中使用的香料也比较多，马王堆一号墓出土的香料最为典型。墓中发现一个装满佩兰的绣花枕头；四个绣花香囊，或装茅香，或装花椒、辛夷；一个满装茅香的竹笥；两件陶熏炉，一个装满茅香、辛夷等，一个里边是已经燃烧过的茅香。墓主人手中放有两个绢包，里边是花椒、茅香、桂皮、高良姜等。还有六个绢袋子，装的仍是花椒、茅香、桂皮、高良姜等。② 下葬如此多的香料，说明死者生前经常使用。

南越王墓的下葬时间是公元前122年左右。出土铜熏炉11件，陶熏炉2件。

北方出土的满城汉墓，其年代约在公元前113年左右。出土有八件熏炉，以刘胜墓的金博山炉最精致。此炉的炉身、底座、炉盘分别铸就，以铁钉铆合。通体为错金纹饰。炉盖铸造出群山，树木禽兽，猎人等形象。另一件骑兽人物熏炉，底座盘中为一擎灯的力士，力士下着短裤，上身赤裸，跪坐于张口嘶鸣的卧兽身上，左手按兽头，右手托起炉身。火炉上有流云、龙虎朱雀等各种神兽形象。熏炉香烟袅袅上升时，山川流云，飞禽走兽朦朦胧胧，当别具风情。还有一件鼎形熏炉，高28.5厘米，口径26厘米，盘径30厘米。铸有圆形漏灰孔，周有长方小孔，盖子上有12个圆孔，除烟灰时，盘壁开一缺口即可进行清洁。另有置于提笼中的熏炉。熏炉高18.4厘米，口径15.9厘米，长11.8厘米；提笼高26.6厘米，口径与底径均为30.5厘米，与熏炉为配套的器物。熏炉置于提笼之中，可灵活用于各房间清洁空气。满城汉墓的铜枕中亦有花椒。

皇宫中常以香熏之。西汉中后期，长安皇宫中的香料使用更普遍。赵飞燕曾收到妹妹赵昭仪送她的青木香、沉水香、九真雄麝香，五层金博山香炉等。皇帝至尊，向皇帝奏事的人也要讲究。《后汉书·钟离意传》注引蔡质《汉官仪》曰：尚书郎留宿尚书台，"女侍使洁被服，执香炉烧熏"。《汉官典职仪式选用》：尚书郎上朝奏事，要"怀香握兰"。桓帝时，有一个侍中"年老口臭"，桓帝给他鸡舌香含之。宫廷中熏香成风，以至马皇后曾令"左右但著帛

---

① 《后汉书·陈蕃传》。
② 湖南省博物馆：《长沙马王堆一号汉墓》，文物出版社，1973年版。

巾，无香熏之事。"① 建安年间，曹操在《内戒令》中说："昔天下初定，吾便禁家内不得香熏。后诸女配国家为其香，因此得烧香。吾不好烧香，恨不遂所禁，今复禁不得烧香，其以香藏衣着身亦不得。"② 但他在《遗令》中又说："余香可分于众夫人"，可见他家中有相当数量的香料。

皇帝有纯金香炉，后妃公主等有纯银香炉。但东汉末年，曹操送汉献帝时，因动乱流失遗物的清单中，有皇帝所用的金香炉和后妃、太子、公主使用的纯银及铜香炉 39 件。③

秦嘉从洛阳捎给妻子的礼物中有"好香四种各一斤，"显然与其宫廷生活的耳熏目染有关，同时也说明民间用香已比较普遍。

西汉长安的丁缓所造九层博山香炉极为精巧："镂为奇禽怪兽，穷诸灵异，皆自然连动"，"又作卧褥香炉，一名被巾香炉。"④

香炉或熏笼中用以熏香的香料是熏草。汉诗咏熏炉有"香风难久居，空令蕙草残"的句子，可见燃的是蕙草。《广雅·释草》："熏草，蕙草也。"又有兰草和杜衡。汉魏乐府诗中有兰草自生香，生于大道旁，十月钩帘起，并在束薪中。⑤ 杜衡又名杜若，郭璞曰："杜衡也，似葵而香也"，⑥ 屈原《离骚》中多次提及杜衡，另有桂皮、茅香等，桂树产于南方，《说文解字》卷六上说："桂，江南木，百药之长。"桂皮多由南方入北方。茅香即丁香，大约即是所谓"蕙草"。

龙脑、苏合等高级香料此期也分别从南海西域输入中国。《后汉书·西域传》说大秦国"会合诸香，煎其计以为苏合"。龙脑、苏合等属于树脂类香料，与茅香不同，茅香本身燃烧即可产生香味。龙脑等则需要借助其他燃料熏烧生烟。所以此类熏炉的炉身比较深，将树脂类香料放于碳火之上。广州汉墓出土的熏炉内，曾发现尚未烧完的碳块。另外值得注意的是，熏香的风气以南方为盛，如广州发掘的四百余座汉墓中，共出土熏炉 112 件。而北方同期墓葬中则数目明显为少。⑦

① 《后汉书皇后记》。
② 《太平御览》卷 981 引《内戒令》。
③ 《艺文类聚》卷 70 引曹操《止物疏》。
④ 《西京杂记》。
⑤ 《先秦汉魏晋南北朝诗》汉诗卷 10，第 292 页。
⑥ 《太平御览》卷 983。
⑦ 孙机：《汉代物质文化资料图说》，文物出版社，1999 年版。

# 第八章

# 从人居到魂居——阴宅文化演绎

　　有生必有死，墓地是每个人的最终归宿，这是个沉重而压抑的话题。然而，在秦汉时期，阴阳五行、神仙说等思潮的盛行，厚葬的风靡天下，在一定程度上淡化了死亡的悲哀。当我们看到汉代豪华的地下墓室时，那里展示的是立体化的微型住宅，前堂后室，门窗俨然，从衣食住行的各种用具，到神仙世界的珍禽异兽，画面中应有尽有，琳琅满目。尤其是规模较大的画像石墓，从门扉到后室，从四壁到屋顶，均有画面，更铺陈出一派祥云缭绕、龙飞凤舞、生机盎然的景象。死者生前的荣耀和地位，在这里可以得到充分的体现；死者未能实现的夙愿，在这里统统可以变为"现实"。秦汉时期盛极一时的天人合一观念，将冥冥中灵魂的居所演绎得异常生动。时人非凡的想象力，秦汉时代特有的豪情与浪漫，在墓地环境中得到了淋漓尽致的表现。

## 第一节　阴阳流变

### 一、"事死如事生"

　　《礼记·中庸》谓："敬其所尊，爱其所亲，事死如事生，事亡如事存，孝之至也。"这是秦汉时期为社会各阶层所基本认同的伦理原则，"事死如事生"有深刻的社会背景。

　　秦汉时期有不少达观之士对于生死有精彩的论述。西汉扬雄在《法言》中说："有生者必有死，有始者必有终，自然之道也。"道家思想在汉代有深远的影响，其归真反朴的主张尤为智者所赞许。汉武帝时的薄葬论者杨王孙很典型，他家中很富有，养生之具尽备，死前却遗命其子"吾欲裸葬，以反吾真，必亡易吾意！"① 这是矫枉过正的一个例子。而在世俗生活中，人们从血

---

　　① 《汉书·杨王孙传》。

缘亲情、礼义规范、家族兴旺等诸多因素考虑，仍然非常重视丧葬的过程，特别是死者的居所。

首先，亲情难以割舍。人们对亲人的离去，总是有痛彻肝肠的感觉。《吕氏春秋·节丧》：

凡生于天地之间，其必有死，所不免也。孝子之重其亲也，慈亲之爱其子也，痛于肌骨，性也。所重所爱，死而弃之沟壑，人之情不忍为也，故有葬死之义。葬也者，藏也，慈亲孝子之所慎也。慎之者，以生人之心虑。以生人之心为死者虑也，莫如无动，莫如无发。

墓室是亡者尸骨的安葬之地，阴阳相隔，生死殊路，与人间永世隔绝，那是一个幽深冷凄的去处。东汉都城洛阳的北面为绵延不断的邙山岭，其上有无数的墓葬，从当时的诗篇中我们可以体察到汉代人在遥望墓地时的复杂心境。《古诗十九首》中《驱车上东门》一诗曰："驱车上东门，遥望郭北墓。白杨何萧萧，松柏夹广路。下有陈死人，杳杳即长暮。潜寐黄泉下，千载永不寤。浩浩阴阳移，年命如朝露。人生忽如寄，寿无金石固。万岁更相送，圣贤莫能度。服食求神仙，多为药所误。不如饮美酒，被服纨与素。"上东门是洛阳东面城墙三门中最北边的城门，出门即可望见北邙山，不少王公贵族葬于此。"陈死人"、"潜寐黄泉下"、"杳杳即长暮"、"千载永不寤"的诗句令人触目惊心，这里呈现的是凄凉阴森的场景，使人们倍感压抑。《古诗十九首》中另一首《去者日以疏》曰："出郭门直视，但见丘与坟。……自伤多悲风，萧萧愁杀人。"终点站墓地给人们的感觉最为沉重，因而需要一种形式使感情得以释放，得以宣泄，得以疏通。尽管"服食求神仙，多为药所误"，"不如饮美酒"，但美酒不能延寿，人终有一死，人们还是愿意相信有海上三神山，有西王母，希望先祖亡灵永存，福泽后世。因而当埋葬死者时，墓室便有了多重的含义。生者愿亡者安息，不受鬼魅侵扰，灵魂升天，永享快乐。同时墓室是展示人间、冥界、仙境的特殊空间。人间生机勃勃，冥界阴森恐怖，仙境因虚无缥缈而令人神往。将人间的生活图景与人们想象中金碧辉煌的宫殿，祥云缭绕、瑞兽毕集的仙境融为一体，在墓室中予以尽情的展示，冥界的阴森感便在一定程度上被消融化解。

因此，坟墓要高大，墓室要幽深，希望亲人灵魂不受干扰。山东东阿县发现一块东汉桓帝时期所建石祠堂的门柱石，为四角形，正面刻题记，其它三面刻画像，正面上部题额"东郡厥县东阿西乡常吉里芗他君石祠堂"，这是芗氏两兄弟为死去的父母所立的祠堂。郡、县、乡、里，清楚地标示出死者的籍贯。题记的前半部分记述芗他君夫妇及其已故的长子芗伯南的经历，后半部分写祠堂的建造过程。其中曰"克念父母之恩，思念切怛悲楚之情，兄弟暴露在家，不辟晨昏，负土成墓，列种松柏，起立石祠堂，冀二亲魂（灵）有所依止"，真切地表达了芗氏兄弟对父母的眷恋之情。自先秦到两汉乃至整个中国古代社会的丧葬礼俗中，父母之丧最为重要。《礼记》中曾反复论述三年之丧的意义，认为其本质是一种报恩行为，子生三年方离于父母之怀，父母离去，人们极端悲痛的心情要有一个逐渐释放、平复的过程，所以要行最隆重的三年之丧。父母的墓地营作之事必须认真。

其次，孝道不可违。东汉王充曾说，儒家"以为死人无知，不能为鬼，然而赙祭备物者，示不负死以观生也"，[1]是得儒家精义的。儒家强调"慎终追远，民德归厚"，是从血缘亲情这个根本，从人的感情角度出发，培育孝悌观念。汉代统治者深谙此理。东汉开国皇帝刘秀宣称"以柔道理天下"，所谓"柔道"，便是以儒学为主的统治术，以孝治天下的观念即形成于汉代。《孝经》已经普及于学校，不仅士人要读，汉明帝曾下令"自期门羽林之士，悉令通《孝经》章句"。[2] 由孝道引伸出忠君观念，巩固刘姓江山，这便是汉代统治者大力倡导读经、重丧祭之礼的用意所在。汉明帝在南宫，同行至掖庭池阁时，看到其母"阴太后旧时器服，怆然动容"，命宫中留下五十箱衣服，其余全部分给诸王、公主及子孙在京师者。他说，鲁国孔氏尚"有仲尼车舆冠履，明德盛者光灵远"，皇室更应继承先人衣钵，彰显其志，因而下令将光武帝刘秀、阴太后所用器物分赐于诸侯王，"令后生子孙得见先后衣服之制"，[3]使他们睹物思人，奉行孝道。汉代陵寝制度更为详尽地规定了对先人的祭祀方式。《汉官仪》曰："秦始皇起寝于墓侧，汉因而不改。诸陵寝皆以晦、望、二十四气、三伏、社、腊及四时上饭，其亲陵所宫人，随鼓漏理被枕，具盥水，陈庄具。"《汉书·韦玄成传》载曰："自高祖下至宣帝，于太上皇、悼皇考，各自居陵旁立庙，又园中各有寝、便殿。日祭于寝，月祭于庙，时祭于便殿。寝，日上四食；庙，岁二十五祠；便殿，岁四祠。又月一游衣冠。"颜师古注："寝者，陵上正殿，若平生路寝矣；便殿者，寝侧别殿耳"。寝殿象征皇帝生前的正殿，便殿象征生前休息闲晏之处，衣冠陈列于此，日日供奉不

---

① 《论衡·薄葬篇》。
② 《后汉书·儒林列传》。
③ 《后汉书·十王列传》。

绝。汉明帝又首创上陵之礼。汉光武帝刘秀于中元二年（57）三月葬于原陵，明帝刘庄于次年春正月到原陵祭祀，令公卿百官及诸侯王、郡国计吏"皆当轩下，其郡国谷价，四方改易，欲先帝魂魄闻之也。"此后东汉一直遵循不改，每年正月皇帝率百官祭陵，"王、侯、大夫、郡国计吏，各向神坐而言。"到东汉季世灵帝时，仍是如此。《后汉书·礼仪志》注引《谢承书》曰：建宁五年（172）正月，蔡邕以司徒掾的身份从灵帝祭原陵，"到陵，见其仪，慨然谓同坐者曰：'闻古不墓祭。朝廷有上陵之礼，始谓可损。今见其仪，察其本意，乃知孝明皇帝至孝恻隐，不可易旧。'"他认为明帝之"本意"即在于彰示"天子事亡如事存之意"，以使天下效法。蔡邕的体察是正确的。

帝陵既有上陵之礼，东汉民间也开始有墓祭，形式不同，其意则一。高大的帝王陵寝昭示着皇族的威严与香火延续，民间的祠堂和家族墓地亦为增强家族凝聚力的最佳场所。生命有限，居室陵替，但衣钵相传，孝道永存，秦汉陵寝制度的意义和影响便在于此。

再次，时人于墓地营建中寄托着对家族兴旺的企盼。秦汉时期的住宅营建与居住有许多禁忌，阴宅的选址与建造较之阳宅似乎更为重要。在人们的意识中，它担负着荫庇后代，子孙昌盛，家族兴旺的重任。汉墓中镌刻的"富贵宜子孙"便直白地表达了这种心愿。

人们选择墓地一般要选高敞之地。《吕氏春秋·节哀》载："凡葬必于高陵之上"，《安死篇》又说："葬不可不藏也，藏浅则狐狸掘之，深则及于水泉，故凡葬必于高陵之上，以避狐狸之患，水泉之湿。"这是一种朴素的愿望。韩信为布衣百姓时，母死，贫无以葬，却"行营高敞地，令其傍可置万家"，[①] 访求高敞之地葬母，设想将来有万家守陵之户，表现的是韩信高远的志向和充分的自信，同时也带有一些神秘的意味。《史记·樗里子传》：秦昭王七年，樗里子死后，葬于渭南章台之东。樗里子预言"后百岁，是当有天子之宫夹我墓。……至汉兴，长乐宫在其东，未央宫在其西，武库正直其墓。"此处托言先秦之事，反映的却是汉人的观念。《后汉书·冯衍传》中，讲冯衍择墓地时说："新丰之东，鸿门之上，寿安之中，地势高敞，四通广大，南望郦山，北瞩泾渭，东瞰河华，龙门之阳，三晋之路，西顾丰镐，周秦之丘，宫观之墟，通视千里，览见旧都，遂定营。"冯衍此言比较空泛，他因

---

① 《史记·淮阴侯列传》。

仕途失意而还乡，追念先祖功德，借以表明对朝廷的忠心和眷恋，但也可看出当时的风水思想。成帝建昌陵，墓址地势低，需"取土东山"，引起群臣反对，谓"昌陵因卑为高，积土为山，度便房犹在平地上，客土之中不得保幽冥之灵，泄外不固"，不如原来选定的陵址"因天性，据真土，处势高敞"，昌陵因此而废。① 洛阳北邙岭上众多汉墓的分布，正是在这种思想下形成的。可见无论帝王还是庶民，墓地"行营高敞地"是共同的追求。

东汉汝南袁氏世代传习《周易》，四代出了五个宰相，是东汉最负盛名的门阀士族，号称"门生故吏遍天下。"之所以如此，据说便是先人墓地风水好。《后汉书·袁安传》载："初，安父没，母使安访求墓地，道逢三书生，问安何之，安为言其故，生乃指一处，云'葬此地，当世为三公。'须臾不见，安异之。于是遂葬其所占之地，故累世隆盛焉。"这段故事中颇具神秘色彩，当然是后人的附会，但它说明了时人对选择墓地的重视，以及对祖坟与家族关系的看法。在人们的思想观念中，墓地与家族命运是休戚相关的。

博学睿智如张衡，也在《冢赋》中描绘了对自己墓地的设想："高岗冠其南，平原承其北。列石限其坛，罗竹藩其城。柔以修隧，洽以沟渎。曲折相连，迤靡相属。乃树灵木，灵木戎戎。……乃相厥宇，乃离厥堂。……祭祀是居，神明是处。……恢其广坛，祭我兮子孙。"张衡此赋描写的墓地，地理环境优越，墓园宽敞，翠竹环绕，祭坛居中。子孙后代祭祀不绝，象征着家族兴旺，后继有人。这是当时普遍存在的社会心理。

中国古代推崇金石之固，汉代的地上石祠与地下的画像石墓，以石为材，精心雕刻，有其深厚的寓意。有学者认为，"人们摆弄巨石的神学意义有二：其一，认为巨石是有灵性的，因而建造巨石群列，首先表达出人对巨石的服膺与崇拜；其二，被人崇拜的巨石，在人想来，其体积庞大，质量沉重，一定有一种镇压妖孽的无比的威慑力，这是人祈求于巨石的一种原始宗教幻想"。② 这是一种合理的推测。泰山石敢当在汉代已经出现，作为镇宅或镇墓之用，它一直为后世沿用至今。山东发现的汉代祠堂，其上的文字言辞恳切，嘱托再三，如"观者诸君，愿勿攀伤，寿得万年，家富昌"，希望经过墓地的人不要破坏祠堂设施，"明语贤仁四海士，唯省此书，无忽矣"，特别是"牧马牛羊

---

① 《汉书·陈汤传》。
② 王振复：《建筑美学》，云南人民出版社，第58页。

诸僮","来入堂宅,但观耳,无得刻画。"陕西旬邑百子村汉墓甬道前端西壁有墨书题记曰"诸观者皆解履乃得入",东壁又有"诸欲观者皆当解履乃得入观此"。人们追求金石之固,希望石祠永存,香火不绝,它寄托着家族的希望。

基于上述种种原因,"事死如事生"的观念非常流行。东汉士人郑曾兴说:"兴闻事亲之道:生,事之以礼;死,葬之以礼,祭之以礼。奉以周旋,弗敢失。"① 贫者尽其能力即可,儒家强调的是丧葬以及祭祀时的真情实感,而不是墓室的豪华与随葬品的多少。但世俗社会"谓死如生,闵死独葬,魂孤无副,丘墓闭藏,谷物乏匮,故作偶人以侍尸柩,多藏食物以歆精魂",②富者更奢侈无度,此种风气西汉时已屡受文人抨击,但一直流行不绝。在墓域地面上营建陵寝或祠堂,在地下墓室中营构第宅化墓室,随葬"诸养生之具",在东汉中后期尤为普遍,是"事死如事生"的具体表现。

**二、墓域第宅化**

秦汉时期,墓葬形制明显具有第宅化的特点。

帝王墓园充分体现其尊贵的地位和威仪。墓地的地面建筑有象征宫殿围墙的陵垣,有供墓主灵魂饮食起居的寝以及四时供奉祭享的便殿。墓前有供天子、贵族灵魂出行的神道,有石像生,有高耸的阙。高大的封土堆下边,横向墓取代了此前的竖穴墓。墓室建筑呈立体化,第宅化。

民间墓葬也呈现第宅化的趋势。河南唐河发现的王莽时期郁平大尹冯君孺人夫妇合葬墓,是一座画像石墓,在不同的门柱、门楣、门上等处清楚地刻出"车库"、"中大门"、"南方"(房)、"北方"等字。有学者指出,洛阳烧沟汉墓极为清楚地反映了中小型砖石墓的第宅化过程,"西汉早期流行平顶空心砖墓,至西汉中期,由于夫妇合葬墓的出现,刺激了墓石构筑的立体化发展。正是因为合葬的需要,刺激了墓室构筑的立体化发展,于是两面坡式的屋顶状墓室取代以往的平顶墓,以至于更像夫妇生前共处一室的景象。"③ 此外,大型的第宅化墓葬多发现于东汉中后期,与各地豪族的发展有密切的关系。

**三、墓室:天人合一的形象展示**

秦汉时代的人们按照现实生活的模样在墓室中摹拟、再现甚至创造出来了

① 《后汉书·郑兴传》。
② 《论衡·薄葬篇》。
③ 韩国河:《秦汉魏晋丧葬制度研究》,陕西人民出版社,1999年版,第269页。

亡者所居的幽冥世界。"从根本上说，坟墓艺术即为安葬死者而施行装饰并被置于封闭门扉后将不再开放的幽冥世界之中。坟墓艺术并不以给生人观看为目的，经历着与后者一同幽禁于冥世之命运。"① 但墓葬承载着子孙后代的深切期望，墓室要将墓主人未竟的心愿与生者的期盼变为"现实"，便出现了独具特色的秦汉墓葬艺术。汉代有为数众多的画像石墓，画像砖墓，壁画墓，其中第宅化的画像石墓最具时代特点。本来，在墓中展示宇宙形象，小小石棺即可为之，先秦的棺椁也早已表现了此类主题，而第宅化的墓室作为微型的房屋，空间开阔，有充分的展示余地。

秦汉是一个进取的时代，一个充满生机和活力的时代。天人合一是这个时期主要的社会思潮。任继愈先生主编的《中国哲学发展史》秦汉卷中说："秦汉哲学基本上讲的是关于宇宙构成的认识之学"，"宇宙演化，万物生成的问题，是秦汉哲学中心问题之一"。② 金春峰《汉代思想史》也指出：汉代哲学的主题和基调，"是人的强大有力和对天（神）的征服。在天人关系中，形式上是天支配、主宰人，实质上是人支配天。"③ 的确，秦汉时期的"天"是为人服务的，人们充分利用"天"这个能够无穷无尽挖掘发挥的资源为实现政治、社会生活所用。

"宇宙"一词，先秦典籍中已有之，如《庄子·齐物论》曰"旁日月，挟宇宙"。秦汉时期对宇宙的解释，一类比较抽象玄虚。如《淮南子·天文训》中，讲天地没有产生以前，混沌未开，后来"宇宙生气……清阳者，薄靡而为天；重浊者，凝滞而为地。清妙之合专易，重浊之凝竭难。故天先成而地后定。天地之袭精为阴阳，阴阳之专精为四时，四时之散精为万物。"《精神训》中曰："古未有天地之时，惟像无形。……有二神混生，经天营地，孔乎莫知其所终极，滔乎莫知其所止息。于是乃别为阴阳，离为八极。刚柔相成，万物乃形。"这种说法具有代表性，见于不少典籍，似乎不容置疑，但仔细推敲便难以成立。比如天地的形状，《周髀算经》谓："方属地，圆属天，天圆地方。"对于这种"天圆地方"的笼统说法，《大戴礼·曾子·天圆》记一位质疑者的提问：单居离问曾子，天圆地方是否如此？曾子回答说：如果天圆地方，那么圆的天就难以笼盖地的四角。他引用了孔子的一句话"天道曰圆，

① （日）土居淑子：《古代中国的画像石（序）》，见南阳汉画馆《汉画研究》1991年创刊号，第48页。

② 任继愈：《中国哲学发展史》，秦汉卷人民出版社，1985年版，第4页、第21页。

③ 金春峰：《汉代思想史》，中国社会科学出版社，1997年版。

地道曰方"。这里将"天"和"地"变成"天道"和"地道",解释的余地便很大。先秦以来,关于"天"的属性有不少议论,"天"究竟是自然的天还是神意的天,人们有不同的理解和说法。如果视天为日月星辰的实体,地为山川草木、河流、溪谷的实体,天圆地方说自然难以成立;如果以抽象的天道、地道言之,那么就可以尽情发挥。东汉人赵爽在为《周髀算经》作注时说:天圆地方"非实天地之体也。天不可穷而见,地不可尽而观,岂能定其方圆乎?"天道、地道有无尽的内涵,任何问题都可以套在这个公式里予以解决,秦汉时期儒学已政治化,儒生对"天"的解释尤为繁琐,人们对它的认识是模糊的。

另一类解释则简洁明快。《淮南子·齐俗训》中有"古往今来谓之宙,四方上下谓之宇",这是抽象、空泛意义上的"宇宙"。汉人高诱注《淮南子·览冥训》时曰:"宇,屋檐也;宙,栋梁也。"东汉学者许慎《说文解字》对"宇"的解释与此相同:"宇,屋边也。"说明这是社会上较流行的说法。汉代宫殿建筑中注重"反宇"即屋檐上挑以向阳采光,也是从这个意义上使用"宇"。这便是"具象"的,人们触手可及、能自由出没其中的"宇宙"。

在战国秦汉的流行观念中,还有天柱,天门,也是从住宅的空间形象去推论宇宙结构。

天柱。人们认为天体由柱子撑起。《楚辞·天问》中有对"天极"、"八柱"的一连串的发问:"天极焉加?八柱何当?东南何亏?"说明战国后期楚人的思想中,对于八柱、天极,已有较为深入的思考。《淮南子·览冥训》回顾"往古之时,四极废,九州裂,天下兼覆,地不周载,……女娲炼五色石以补苍天,断鳌足以立四极"的传说,提出"天地之间,九州八柱"之说。[1]《初学记》则明确:"昆仑山为天柱,气上通天,昆仑者地之中也。"昆仑山应是大地之中的天柱,正如住室中的顶梁柱。

天门。天门是人们想象中的天宫之门。《楚辞·九怀》有"天门兮地户"的说法,[2] 天门与地户相对。《九歌·大司命》中又有"广开兮天门"。[3]《淮南子·原道训》:"是故达于道者,反于清静。究于物者,终于无为。以恬养

① 《淮南子·地形训》。
② 洪兴祖:《楚辞补注》,中华书局,1983 年版,第 270 页。
③ 洪兴祖:《楚辞补注》,中华书局,1983 年版,第 68 页。

性，以漠处神，则入于天门。"清心寡欲的人才能得道入天。"天门"在汉画像石中往往以双阙的形象出现，有的在双阙中明确刻以"天门"二字。四川石棺以及铜牌中屡有此类画面。《汉代画像石棺》一书中收录的二十余幅"天门（双阙）画像"，绝大多数刻于石棺前端。（插图十七）天门完整的配置即标准形式是天门前面有人、天门顶上有鸟，简略形式则是仅有双阙，或双阙前或中间有人，或双阙上有鸟。最常见的是双阙。①

插图十七：凤阙（48×40厘米成都羊子山）龚延年等编著：《巴蜀汉代画像集》，文物出版社，1998年版。

① 罗二虎：《汉代画像石棺》，巴蜀书社，2002年版。

中国古代观察自然现象是粗疏的，直观的，感性的，不可能真正认识天体的本质。人们仰观天象，俯察人文，只能用具象的事物来表现抽象的概念和万物，而用眼前的住宅来比附宇宙，便清楚明了。宇宙的抽象与"具象"，"天地"的生成与演变，尽在跟前。

"宇宙"既然是可以把握的，那么在现实社会中便可以去表现它，驾驭它。秦汉都城、宫室建筑居所的象天，便是在这样的背景下产生的。帝王所居的都城、宫殿"其规矩制度，上应星宿"，一般民居没有资格象天，但民众也希望得天地之恩泽，企盼富贵，长寿，升仙，常见于屋檐瓦当上如"长生无极"、"长生未央"、"延寿长久"等吉祥用语，生活起居中用具如铜镜上的吉祥文字等，说明这种思想观念在社会上具有非常广泛的影响。而神仙思想的盛行，墓域的仿生，又将天上人间和合为一，人与天，人与神，人与仙，似乎浑然一体。

秦汉时期宫殿建筑的体天象地之势，墓室第宅化、立体化的形制，画像石墓、画像砖墓、壁画墓的大量出现，均前所未有。它们集中体现了秦汉王朝所特有的磅礴气势。同时，墓室中，立体的空间，天圆地方的场景，前堂后室的格局，不同种类的生活用品，弹琴的女俑，匍匐跪地好像随时听从使唤的男俑，与满壁飞动的画面形成和谐的整体，如水乳交融，珠联璧合，天人合一的境界于此达到极致。阴阳流变，荟萃一室。

阳宅的象天，阴宅的仿生，墓室中的天人合一，充分彰示了秦汉居住文化的特点。


## 第二节　帝王陵墓

### 一、开秦汉厚葬之先的秦始皇陵

秦始皇陵南依骊山，北临渭河。郦道元《水经·渭水注》说："秦始皇大兴厚葬，营建冢圹于丽戌之山，一名蓝田。其阴多金，其阳多玉，始皇贪其美名，因而葬焉。"骊山山南盛产蓝田玉，山北有大量白云母碎片，阳光照射，金光闪闪。这大约是当年选址的原因之一。更重要的则是礼制的要求。秦王陵墓随着秦国东进开拓疆土的路线由西向东延伸，大体在一条直线上。秦始皇陵与秦国先祖陵墓东西遥望，永相厮守。

秦始皇陵的修建，严格地说，应当从公元前221年开始。因为"始皇帝"这一名词是秦始皇个人的发明，统一六国之后他才开始称"始皇帝"。但实际上，这座陵墓于前246年秦王政即位已开始营建。不过此期的陵墓形制是一国之君的规格，与历代秦王陵墓相比，无特殊之处。秦始皇统一天下后，作为第一座皇帝陵墓，自然迥异于春秋战国任何一国的王陵。《汉书·贾山传》说始皇陵动用"吏徒数十万人，旷日十年"，即是指公元前221年至前210年这十年中的大规模兴建。

公元前210年，浩大的修陵工程正有条不紊地进行，秦始皇猝死于东巡返京的途中。秦二世胡亥将秦始皇下葬后，陵园的地上建筑及陪葬墓仍继续施工。直到公元前208年冬，农民起义军逼近骊山北麓，秦二世仓促调集修陵工徒迎战，秦始皇陵的修建工程才被迫结束。至此，始皇陵的营建经历了三十余年。

秦始皇陵地宫情形，司马迁在《史记·秦始皇本纪》中有一段经典性的记述："穿三泉，下铜而致椁，宫观百官奇器珍怪徙臧满之。令匠作机弩矢，所有穿近者辄射之。以水银为百川江河大海，机相灌输，上具天文，下具地理。以人鱼膏为烛，度不灭者久之。"这是有关秦始皇地宫的较全面而朴素的记载。此前，文帝时的贾山在《至言》中谓地宫"下彻三泉，合采金石，冶铜锢其内，漆涂其外，被以珠玉，饰以翡翠，中成观游，上成山林。"此后，《汉书·刘向传》谓"石椁为游馆，人膏为灯烛，银为江海，黄金为凫雁"。似均有夸张之嫌。汉代士人鉴于亡秦教训，对秦始皇多有批判，对秦始皇陵地宫的描述也多有夸张之辞。魏晋南北朝时期，人们在此基础上又有新的发挥。晋王嘉《拾遗记》说："于冢中为江海川渎及列山岳之形。以沙棠沉檀为舟楫，金银为凫雁，以玻璃杂宝为龟鱼，又于海中作玉象鲸鱼。"民间传说过程中，秦始皇地宫的内容愈增愈多。

"上具天文"，天文之象是如何表现的？《三秦记》中谓：始皇冢中"殿悬明珠昼夜光明"，《三辅故事》谓"以明珠为日月"。地宫中是否有夜明珠，目前难以推测。郦道元《水经注·渭水注》写作"上画天文星宿之像"。究竟是以珠宝缀合以呈天文之象，还是以画笔绘成星宿之图？从目前所知的秦汉墓葬画像来看，画以天文星宿是完全可能的，汉墓内常在墓顶部位绘出天文星像。

始皇陵中"以水银为百川江河大海"，三国魏刘劭《皇览》："关东贼发始皇墓，中有水银"。《水经·渭水注》："以水银为四渎、百川、五岳、九州，具地理之象。"考古测试已证实此说基本可信。20世纪80年代初，有关专家对始皇陵地宫进行了含汞量的测试，发现在始皇陵封土中心有面积约1.2万平方米的强汞异常区，其结论说明始皇陵封土中的强汞含量"是封土堆积后由陵墓的地宫中人工埋藏的汞挥发而渗透于其中的"。① 地宫中确有大量水银存在，以水银"机相灌输"呈现出百川、江河大海之像，其构思奇特，场面应异常壮观。

"宫观百官"，唐张守节《正义》解释道："言冢内作宫观及百官位次"。这一说法为人们相沿已久，袁仲一先生却认为不妥。他以秦简《法律答问》中"今舍公官"为例，认为如"公官"读作"公馆"一样，这里的"百官"应读作"馆"，"宫观百官"是讲"地宫中有象征生前住的宫殿及众多别馆。"他强调地宫为皇帝正寝，寝宫内不应出现百官形象。并认为地宫内有象征咸阳宫的正殿，其周旁还有象征着离宫别馆的附属建筑设施。这一见解富有启发意义。②

秦始皇陵地宫上有天文星宿，下有百川江河大海，中有咸阳宫及众多离宫别馆，表明秦始皇在地宫中仍享有与生前一样至高无上的特权。地宫的形制应是立体的。

秦始皇地宫毕竟是难为世人所知的幽深之处。寝殿、便殿作为供奉秦始皇亡灵的地面建筑，似乎更具人间气息。

东汉末年的大学者蔡邕在《独断》中讲到："古不墓祭。至秦始皇出寝，起之于墓侧，故今陵上称寝殿，有起居衣冠象生之备，皆古寝之意也。"先秦时期已有墓上建筑，如中山王陵兆域图上有五座墓，墓上建筑分别标明为王堂、王后堂哀后堂、夫人堂等。③ 然而建于墓冢之上的享堂毕竟受限制较大，不可能修筑高大雄伟的殿堂。正如地宫规模前所未有一样，秦始皇的墓上建筑也要独一无二，因而广辟陵园，开始在地面上修筑寝殿、便殿。

据考古工作者的发掘，秦始皇陵园内寝殿、便殿等地面建筑位于始皇陵封土堆的北侧及内城北区的西区。南北长约 750 米，东西宽约 250 米，占地面积约 18.75 万平方米。是一处廊院式的大型宫殿群，南部通畅（固是大门所在），东、北、西三面封闭。发现的甲、乙、丙三组宫殿基址中，甲组建筑基址紧靠始皇陵封土北部，占地面积达 3575 平方米；乙组、丙组则距封土较远，

① 常勇、李同：《秦始皇陵中埋藏汞的初步研究》，《考古》，1983 年第 7 期。

② 袁仲一：《秦始皇陵的考古发现与研究》，陕西人民出版社，2002 年版，第 39 页。

③ 河北省文物管理处：《河北省平山县战国时期中山国墓发掘简报》，《文物》，1979 年第 1 期。

面积最大者 1000 平方米，小者仅 64.6 平方米。在建筑形制上，甲组建筑近方形，四周有环廊，主体建筑现存之平台高出环廊 1.2 米，中心建筑为双层或三层的四阿大型建筑。"① 乙组六个建筑基址中，一、四号基址分别为方形、长方形宫殿建筑，亦带有环廊，但规模远不及甲组建筑。甲组应是陵寝中的正殿（即寝殿），乙组、丙组为附属建筑（即便殿）。

《水经·渭水注》曾言及秦始皇陵"周迴三十余里"。秦始皇陵园内外两层城垣，均为呈南北向的长方形，两城相套合如"回"字。内城南北长 1355米，东西宽 580 米，占地面积 78.59 公顷。内城的中部有一道夯土墙，将之分为南北两部分。南半部的中心为封土堆，占据约三分之二的面积，封土堆北侧发现的一处大型建筑遗址，专家推测为寝殿所在。② 内城之中，封土堆周围发现陪葬坑十六座，东、南、西边各三座，北边七座。西边的二号陪葬坑发现了举世闻名的两乘铜车马。内外城之间，东南方向发现石甲胄坑、百戏俑坑。出土的百戏俑与真人大小相似，多为形体高大的男子，上身赤裸，下身着短裙，似为杂技俑。

秦始皇陵于公元前 231 年设置丽邑，应是陵邑设置之开端，此制为西汉所继承。公元前 212 年又迁徙三万户于丽邑。

秦始皇陵兵马俑是中国古代陪葬制度的创举，为海内外所瞩目。兵马俑坑位于秦始皇陵园东侧 1.5 公里，1974 年这里发现了陶俑碎片，考古队开始试掘，至今一、二、三号兵马俑坑共发现陶俑、陶马约 8000 件。

一号坑呈东西向，长方形，东西长 230 米，南北宽 62 米，总面积 14260平方米。全坑共有陶俑、陶马约 6000 件，战车 50 余乘，排成长 184 米，宽 57米的长方形军阵。整体格局为：东端长廊内为前锋，西端长廊内为后卫，中间10 条东西向的夯土隔粮把偏坑分隔成 11 条过道，每个过道长约 180 米。前锋为三列横队面东排列，每列有步兵俑 68 件。左右两侧各有步兵俑两列，外边的一列面外排列，以防侧面的袭击。后卫三列步兵俑与前锋一样，是南北向排列，不同的是最后边的一列横队面朝西排列，以防背后的袭击。为前锋、左右两翼、后卫四面步兵俑所护卫的中心部位，由战车与步兵排列而成 9 条过道内，每排 4 人，形成 36 路纵队，共有 4000 余件步兵俑，50 余辆战车。一号坑军阵浩荡，规整有序，给人以极大的震撼。

① 袁仲一：《秦始皇陵的考古发现与研究》，陕西人民出版社，2002 年版，第 83 页。
② 袁仲一：《秦始皇陵的考古发现与研究》，陕西人民出版社，2002 年版，第 54 页。

二号坑由四个小型军阵组成，东北角由弓弩步兵组成方阵，左侧由骑兵组成长方阵，右侧由战车组成方阵，中部由车兵、骑兵、步兵组成长方阵。

三号坑分为三个区域，南区内有铠甲武士俑42件，北区内有铠甲武士俑22件。中区内有战车一乘，车上有四件陶俑。对秦始皇陵有深入研究的袁仲一先生认为，一、二、三号兵马俑坑是有机的整体。一号坑为右军，二号坑为左军，三号坑为指挥部。中军所在兵马俑坑大概未及建设，秦即灭亡，这个推测是有一定根据的。[①]

秦始皇陵兵马俑坑的发现震动了全世界，被誉为世界第八大奇迹。其性质亦众说纷纭。有人认为它象征秦始皇征服东方六国的伟业，有人认为它位于秦始皇陵园正门外城垣的东侧，象征京城的屯卫军。也许前一种说法更符合秦朝的气势与秦始皇的性格特征。汉代画像石墓、壁画墓中，也有不少刻画墓主人生前担任各级官吏时的场景，表现的是死者一生的功德与才能。无论皇帝还是普通官吏，功名之心皆同。

### 二、汉代帝王、贵族陵墓营建

汉高祖刘邦死于公元前195年，葬于长陵。《三辅黄图》载："高祖长陵在渭水北，去长安城三十五里。……长陵城周七百八十步，为殿、垣门四出，及便殿、掖庭诸宫寺皆在中"。这里的"殿"，应为正殿即寝殿。据此，长陵陵园有围墙，每面墙有一门，有寝殿、便殿、掖庭等建筑。经实测，长陵陵园为方形，每面边长780米，总周长3120米。垣内有两座土丘，一座位于陵园内西侧中部，封土高32.8米。一座位于陵园内东南角，封土高30.7米。应分别为刘邦与吕后的墓葬。陵区曾出土"长陵东当"、"长陵西当"、"长陵西神"等文字瓦当。距吕后陵南垣外30米处发现一夯土台基，上边有柱础石、残砖瓦及红色墙皮。咸阳周围宫殿"土被朱紫"是广为人知的。看来此处建筑所用色彩同阳宅相同，墙皮亦用红色。

汉高祖长陵邑的南墙即是长陵的北墙。安陵邑、阳陵邑、茂陵邑距陵园一般不超过2.5公里，均四面垒墙。西汉帝陵又建庙园，庙内供奉皇帝的牌位，寝殿内放置皇帝生前的衣冠、几杖等。庙、寝，象征着宫廷的前朝与后寝。《后汉书·祭祀志下》："寝庙奕奕，言相通也。"当时的寝殿、便殿等建筑均

---

① 袁仲一：《秦始皇陵的考古发现与研究》，陕西人民出版社，2002年版，第238页。

有装饰。《西京杂记》卷一载："汉诸陵寝皆以竹为帘，皆为水纹及龙凤之像。"

汉高祖与吕后墓是汉代唯一的帝后合葬同一陵园之例，他们的子孙并未遵循这一成规。帝陵的坟丘高度与长陵相仿，一般高30米左右，唯武帝茂陵高46.5米。西汉十一个帝陵，九个位于渭北咸阳原上，唯文帝霸陵、宣帝杜陵分别位于今西安的东郊与南郊。

西汉诸陵园中，目前经考古发掘的唯有宣帝杜陵。宣帝杜陵陵园为方形，每边长430米。以夯土筑成垣墙，基宽8米，可知当时夯土墙之高大。垣墙每面中间开一门，垣内中央为封土堆，为覆斗形，现高度为29米。陵园东侧大门经发掘得知，由门道、左右塾、左右廊组成，大门宽6米，两侧为门塾。

陵园东南为寝园，寝园的北墙利用陵园南墙的东段。寝园平面为长方形，东西宽174米，南北长120米，周围以夯土筑墙。面积较陵园为小，园内分为东区与西区。西区东西长108米，南北宽111米，其中最重要的礼制建筑是寝殿。寝殿南面、北面各开三门，北面的三个门均宽4.2米，南面的三门宽4米。有专家认为"即古制之中、宾、阼三阶，符合西汉宗庙施阶之制。"① 寝殿面阔十三间，进深五间，四周以宽2.1米的回廊环绕。有如此规模，当时的寝殿必定高大壮观，气势雄伟。寝殿台基的壁面抹麦糠拌泥，表面涂以粉红色。长陵垣外夯土基的墙皮为红色，这里的粉红色有何寓意，不得而知。东区西南隅有一庭院遗址，庭院北端发现一座殿堂遗址，约为便殿所在。

宣帝王皇后陵园位于宣帝陵园东南575米。平面亦为方形，每边长约330米，每面中央开门，封土位于陵园中心。寝园在其西面，利用陵南墙西段为寝园北墙。寝殿亦设于寝园西部，殿北面辟二门，南面一门，均宽2.75米。

诸侯王寝园的考古调查中，目前发现的有梁孝王寝园。遗址为长方形，南北长110米，东西宽60米，面积6600平方米。1992年至1994年两年，考古部门在此发掘各类遗址40处，其中院落6处，房基9处。诸侯王陵寝制度与皇室相仿，规格不同而已。

诸侯王的墓室亦为其生前宫室的缩影。徐州市北郊10公里处的北洞山西

---

① 刘叙杰主编：《中国古代建筑史》第一卷，中国建筑工业出版社，2003年版，第446页。

汉崖墓，南北长达 55 米，东西宽 32 米，平面布局可分为东、西两部分。西部纵深狭长，为墓室的主体部分。墓门两侧有阙，然后是墓道（两边凿有壁龛）——东西耳室——东西侧室——甬道——前室——后室。东、西耳室的墙面及天花均用黑漆漆过后再涂以朱色。前室、后室的室顶及四壁均涂以黑漆。前室有曲道，通至东北方的厕所。该墓的东部分布着客厅、库藏、厨房、水井、厕所、柴房等。厨房由灶房、旁室、柴房组成，灶房面积为 6.9 平方米，附设水井的旁室面积为 25.3 平方米。① 徐州狮子山汉墓中，厨房三间的面积分别为 44 平方米、18 平方米、18 平方米。② 贵族宴饮场面人数众多，厨房应比较宽敞。客厅中有编钟、石磬、歌舞俑。该墓数次被盗，从墓中尚存的"楚邸"、"楚宫司丞"等印章，以及零星的椭圆形立衣残片，推断应为西汉楚王墓。

河北满城一号、二号汉墓开凿于岩石之中，是西汉中山靖王刘胜及其妻子窦绾的墓。刘胜墓全长 51.7 米，最宽处 37.5 米，最高处 6.8 米。窦绾墓全长 49.7 米，南耳室、北耳室延伸很长，所以墓室内最宽处达 65 米，中室最高处 7.9 米。③ 如此的长度与高度，使墓室完全可以模仿人间住宅去营造。两座墓葬的形制大体相同，均为墓道、甬道，甬道两侧为南北耳室、中室、后室，每个洞室顶部均做拱形或穹窿顶，室壁凿成弧形。刘胜墓甬道有实用车 6 辆、马 16 匹，北耳室主要是陶器，部分陶器中原来装粮食、酒、鱼等。中室是接见客人的厅堂，刘胜墓中有两具可以灵活张设的帷帐，以及大量的食用器皿与礼器。后室放棺椁，正是寝室。

东汉前期倡导俭约，但诸侯王仍很奢华。《后汉书·光武十王列传》载：中山简王刘焉死后，"大为修冢墓，开神道，平夷吏人冢墓以千数，作者万余人。发常山、钜鹿、涿郡柏黄肠杂木…"，应为黄肠题凑之制。据考古发掘，刘焉墓的棺椁外砌有石墙，用长宽各 1 米、厚约 25 厘米、重约 300公斤的青砂岩石 4000 余块砌成。由墓中石刻的提名看，石土大多来自中山县，也有来自附近郡县如常山、山阳、河东、河内等地的工匠。④ 石墙似象征宫城四面。

① 徐州市博物馆：《徐州北洞山西汉墓发掘简报》，《文物》，1988 年第 2 期。
② 韦正：《江苏徐州狮子山西汉墓的发掘与收获》，《考古》，1988 年第 8 期。
③ 郑绍宗：《满城汉墓》，文物出版社，2003 年版，第 73 页、118 页。
④ 河北省文化局文物工作队：《河北定县北庄汉墓发掘报告》，《考古学报》，1964 年第 2 期。

## 第三节 "生人有里，死人有乡"——民间祠堂与墓室

### 一、民间祠祭

1. 立祠之"制"

两汉时期，从朝廷到民间，从官吏到百姓，丧葬的表现形式因等级身份的不同而各异，"事死如事生"的原则是一致的。

东汉的上陵礼，是请皇帝亡灵听取百官汇报工作，民间的百姓则在墓前祠堂敬献祭品，家中的大事也必须告知祖先神灵。人们平时在家中也有祭祀之事，如《艺文类聚》卷63引后汉李尤《堂铭》记在厅堂祭祖："因邑制宅，爰兴殿堂。夏屋渠渠，高敞清凉。家以师礼，修奉蒸尝。延宾西阶，主近东厢。宴乐嘉宾，吹笙鼓簧。"但墓地最宜致孝思，上坟是民间哀悼先人的最佳方式。

西汉中后期的《盐铁论·散不足篇》记录贤良文学的一席话曰：

古者，不封不树，反虞祭于寝，无坛宇之居，庙堂之位。及其后则封之，庶人之坟半仞，其高可隐。今，富者集土成山，列树成林，台榭连阁，集观增楼。中者祠堂屏阁，垣阙罘司。

六十多位贤良文学来自全国各地，他们所言应是当时社会的一种普遍现象。东汉的王符在《潜夫论·浮侈篇》中，也斥责洛阳达官贵人以及郡县豪家"造起大冢，广种松柏，庐舍祠堂，崇侈上僭。"

民间祠堂一般规模较小。东汉和帝永元十七年（105），幽州的秦仙为死去的父母所立墓阙和墓表中，刻石勒文，表达其沉痛的心情。其中说道："欲广祠庙，尚无时日。鸣呼！非爱财力，迫于制度。"看来不同身份的人立祠有限制。崔寔在《政论》中斥责官吏和豪强的"高坟大寝"曰"是可忍，孰不可忍"，说明民间祠堂墓室有"僭制"者。那么反过来说，当时祠堂坟冢等建造是有"制"可循的。而王府所谓墓地旁边的"庐舍祠堂，崇侈上僭"，也说明东汉民间祠堂有定制，否则便不存在"僭"越的问题。据信立祥先生的研究，目前所发现的汉代石祠堂大致有四种类型。第一种是小型单开间平顶房屋式建筑，第二种是单开间悬山顶，第三种是双开间单檐悬山顶，第四种是后壁有龛室的双开间单檐悬山顶。① 其规模相差不远。

---

① 信立祥：《汉代画像石综合研究》，文物出版社，2000年版，第75~76页。

2. "食堂"永供

山东境内发现的汉代祠堂画像石中往往刻文曰"食堂"。"食堂"的名称形象地说明了它的性质。如同皇帝寝殿要定时给祖先供奉食物一样，民间祠堂也要定期祭祀，为祖先送食物。山东汶上路公祠堂画像石有"天凤三年立食堂"，微山两城永和四年画像石有"治此食堂"，永和二年画像石有"乃治冢作小食堂"。①"小食堂"相对于"食堂"而言，规模较小。

汉代唯一基本完整保留至今的山东长清孝堂山石祠，为两开间。而山东嘉祥宋山汉画像石可基本复原出的四座小石祠中，1 号小石祠高约 1.64 米，面阔 1.89 米，进深 0.88 米，空间狭小，祠堂虽小，雕刻画像却费时费力。山东东阿县的芗他君石祠堂刻文曰："岁腊拜贺，子孙懂喜。堂虽小，经日甚久，取石南山，更逾二年，迄今成已。使师操义，山阳瑕丘荣保，画师高平代盛、邵强生等十余人。价钱二万五千。"这座小"食堂"历时两年，倾注了石工、画师等十几人的心血。山东嘉祥县武氏家族墓地中的"从事武梁碑"碑文曰："孝子仲章、季章、季立，孝孙子侨，恭修子道，竭家所有，选择名石，南山之阳，擢取妙好，色无斑黄，前设坛石旦，后建祠堂。良匠卫改，雕文刻画，罗列成行，摅骋技巧，委蛇有章。垂示后嗣，万世不亡。"

嘉祥宋山永寿三年（157）所建的许安国石祠，画像石题铭上径直称作"堂宅"，叮咛人们"来入堂宅，但观耳，无得涿画"。汉代人在墓地旁建石祠，可谓虑之深远。当时的木结构祠堂，早已颓毁无迹。据冯云鹏等人《金石索》以及罗振玉《唐风楼秦汉瓦当文字》所载"万岁冢当"、"冢祠堂当"等汉代祠堂瓦当文字，可知当时木建筑的祠堂形制应当仿房屋而建。石结构的祠堂以其特有的质地得以保存，但因年代久远，完整保留者也为数极少。山东发现的带有纪年铭的石祠有十余处，所刻纪年从王莽天凤二年（16）到桓帝延熹元年（158），以东汉中后期为多。

民间还有在墓地建石楼者。据《水经注》：南阳郡西鄂县南（今南阳市石桥镇一带），"有二石楼"，这里是南阳西鄂人王子雅的墓地。王子雅曾为蜀郡太守，家累千金，有三个女儿，没有儿子。王子雅去世后，女儿们商议，家中"无男兄弟，今当安神玄宅，翳灵后土，冥冥绝后，何以彰吾君之德？"于是决定各出钱五百万，一个女儿负责筑墓，两个女儿负责建楼，"以表孝思。"石楼之建极为罕见，其形制与石祠应有明显差异。

---

① 信立祥：《论汉代的墓上祠堂及其画像》，《汉代画像石研究》，文物出版社，1987 年版。

许安国祠堂的盖顶石有文曰："造立此堂，募使名工，……采石县西南小山阳山。……雕文刻画，交龙委蛇，猛虎延视，玄猿登高，狮熊嗥戏，众禽群聚，万兽云布。台阁参差，大兴舆驾。上有云气与仙人，下有孝友贤人。尊者俨然，从者肃侍。……作治连月，工夫无极，价钱二万七千。"这里所言的内容为祠堂画面所常见，"上有云气与仙人，下有孝友贤人。尊者俨然，从者肃侍"是祠堂画面表现的宗旨。

3. 墓祭"以笃恩纪"

有地位的人家墓前有道路，正如人间的"第"要面向大路一样。墓前有松柏。《风俗通义·佚文》载："《周礼》：'方相氏，葬日入圹，驱魅象。'魅象好食亡者肝脑，人家不能常令方相立于墓侧以禁御之，而魅象惧虎与柏，故墓前立虎与柏。"应为汉代比较普遍的认识。

两千石官吏的墓前一般有石雕神兽，表明其政治身份。建和元年（147年）建的山东嘉祥县武氏墓前，建安十年（205年）所建巴郡太守范敏墓前，汝南太守宗资墓前，都有一对石兽。它们是职位、品级的象征。晋代已对祠堂、石碑、石表、石兽明令禁止，不得再造。

墓侧往往盖有冢舍，供祭祀者居住。陈蕃祖父家在召陵，陈蕃"岁时往祀……止诸冢舍。"[①] 应劭评汝南戴幼起因让财于兄而"将妻子出客舍中，住官池田以耕种"的行为时说："既出之日，可居冢下，冢无屋，宗家犹有赢田庐田"，不必"官池客舍"。看来冢旁一般有屋。西汉后期的原涉家住茂陵，其父曾为南阳太守，父死，"行丧冢庐三年"。后又"大治起冢舍，周阁重门"。原涉是著名的游侠，交游广，"欲上冢，不欲会宾客，密独与故人期会。……会涉所与其上冢者数十乘到，皆诸豪也。"[②]上冢成为原涉加强人际联系的一种方式。

墓地的祖先祭祀时亲友聚会，是加强宗族凝聚力的绝好时机。《四民月令》记豪族岁时祭祀："后三日，礼冢，事毕，乃请召宗族、婚姻、宾族，讲好和礼，以笃恩纪。"谏大夫楼护为齐人，出使郡国时顺便上冢祭祖："过齐，上书求上先人冢，因会宗族故人，各以亲疏与束帛，一日散百金之费。"[③]借以联络宗族亲情。

① 《风俗通义·过誉》。

② 《汉书·游侠传》。

③ 《汉书·楼护传》。

汉代还有一些为百姓所爱戴的官吏，不愿葬在自己的家乡祖墓，而愿在任官之地安葬。西汉宣帝时人朱邑，官至大司农，至其病且死，嘱其子曰："我故为桐乡吏，其民爱我，必葬我桐乡。后世子孙奉尝我，不如桐乡民。"（师古曰："尝谓蒸尝之祭。"）"及死，其子葬之桐乡西郭外，民果共为邑起冢立祠，岁时祠祭，至今不绝。"①在朱邑看来，子孙之家祭远不如百姓之公祭，而且确实也比家祭持久，直到班固时其祠中香火仍在。朱邑此人此事，足见汉代部分官吏之清正，官民关系之融洽。同时，如此清正官吏之坟墓、祠堂，立于异乡，受百姓之祭，也是居住环境中之道德纪念碑，对民众教化心态起着潜移默化的作用。

### 二、地下墓室

地下墓室，有的直接称为"室"或"宅"。如陕西米脂东汉牛文明墓题"永初元年九月十六日牛文明千万岁室"，绥德王德元墓有"永元十二年四月八日王得元室宅"。

地下墓室与地面祠堂都是供死者灵魂饮食起居之地，相比较而言，地上的祠堂朴素一些，人间气息更浓，地下墓室则一方面生活化，仿阳宅的样式，另一方面自由想象的空间大，生前未能实现的理想在这里可以得到尽情的展示。

1. 墓葬形制

汉代民间画像石墓的形制，一般按中轴线对称布局，从单室发展到前堂后室，以及前、中、后室，左右耳室的布局。规模大的墓葬，甬道长长，洞室幽深，与诸侯王墓有相似之处。

前堂后室的墓室，如浙江海宁汉画像石墓。这是一座东汉末年的砖石混用券顶结构墓。前室有东西两耳室，前后室之间筑有隔墙。中部留有通道，通道两侧的隔墙上部各有一个石棂方窗。前室的西南角、西北角各用砖砌成祭台，前室四壁雕刻丰富的画像，为设奠之所，是墓主人灵魂宴享的小天地，后室则象征墓主寝居。整个墓葬规模并不大，因而在后室正中的墙壁上，以砖砌出一道拱形假门的形状。这一别出心裁的装饰，扩大了视觉空间，给人们以丰富的联想余地。

泰安大汶口画像石墓，南北长约 6 米，北端宽 6.4 米，南端宽 4.65 米。由墓门，前室及两耳室、后室组成。墓门是并开的两门，前室两间，后室两

---

① 《汉书·朱邑传》。

间，各室间有门道相通。

前、中、后世的墓葬，如山东诸城前凉台画像石墓，由墓门、前室、中室、后室及前室的两耳室、后室的三个后仓和一东侧室构成，形制比较繁复。前、中、后室与各中室之间有甬道相连。

2. 汉画墓中的神灵世界

汉代墓室中出现的画面，有帛画、壁画、画像砖、画像石。相比较而言画像石的内容最丰富。

帛画中，西汉前期马王堆汉墓帛画堪称汉画的经典之作。其画面布局，一般认为是天上、人间、地下三大部分，有的学者将画面分为四个层次："幅面最宽的是非衣帛画最上层，是画有日月星辰和诸神的天上世界；其下的第二层是死者已经到达的昆仑山仙界；第三层是画有祭祀场面的现实人间世界；第四层是画有一位脚踏巨鱼、双手托撑大地神怪的地下世界。"① 但它是平面的形式，且帛画数量及其有限。壁画墓色彩艳丽，画笔随墙体屈伸，如洛阳北郊东汉壁画墓在中室壁画中，在穿隆顶与墙壁的结合处画出一条长带，以表示上为天体，下为大地，天圆地方，表现手法受到一定的限制。画像砖为压模而成，画面内容较单一。画像石既为建筑构件，又为画面构成，形式灵活，满壁飞动，表现力异常丰富。

汉画像石墓中经常出现的仙界生灵，各有不同的"功能"，刻于不同的位置，使墓室活力充沛。典型如四灵。四灵以一套四个的动物形象出现。《礼记·礼运》："何谓四灵？麟、凤、龟、龙，谓之四灵。故龙以为畜，故鱼鲔不淰；凤以为畜，故鸟不獝；麟以为畜，故兽不狨；龟以为畜，故人情不失。"汉代通常的说法中，则麒麟不在四灵之中。《三辅黄图·汉宫》："苍龙、白虎、朱雀、玄武，天之四灵，以正四方，王者制宫阙殿阁取法焉。"其方位是"前朱雀，后玄武，左青龙，右白虎"。② 四灵象征四宫二十八宿的形像，人们相信有四灵镇守，则阴阳和谐，长乐未央。故画像墓中四灵形象不可或缺。据研究，四灵并非同时出现，龙、虎、凤早，而龟蛇合体的玄武是汉朝的新产品。"武帝至西汉晚期，整套的四灵图像开始出现于越来越多种类的墓葬文物上"。③ 在河南濮阳西水坡墓的蚌壳摆塑龙虎图案，说明龙虎早已被赋予

---

① 信立祥：《汉代画像石综合研究》，文物出版社，2000年，第193页。

② 《礼记·曲礼》。

③ 黄佩贤：《汉代流行的四灵图像始见于新石器时代？——河南濮阳西水坡及河北随县曾侯乙墓出土龙虎图像再议》载《中国汉画学会第九届年会论文集》上册，中国社会科学出版社，第71页。

了沟通天地、护驾升天的功能。凤凰也往往被视为仁义祥和的代表。《山海经·南次三经》："丹穴之山……有鸟焉。其状如鸡，五采而闻，名曰凤凰，首文曰德，翼文曰义，背文曰礼，膺文曰仁，腹文曰信。是鸟也，饮食自然，自歌自舞，见则天下安宁。"广西钟山的西汉规矩镜铭文："左龙右虎掌四静，朱雀玄武顺阴阳，子孙备具居中央，长保二亲如侯王，千秋万岁乐未央。"①四灵说在中国影响极其深远。

麒麟的形象代表吉祥圆满。《说文》中曰："麒麟者，仁兽也。麇身、牛尾、一角。"还有玉璧，《说文》曰："璧，瑞玉，环也。瑗，太孔璧也；璜，半璧也。"另有木连理，比目鱼，嘉禾，芝草，等等，均为人们想象出的吉祥之物。仙人更是画像中活跃于天地之间的精灵。王充《论衡·无形篇》中曾批判说："图仙人之形，体生毛，臂变为翼，行于云则年增矣，千岁不死。此虚图也。世有虚语，亦有虚图。……蝉娥之类，非正人也。海外三十五国，有毛民羽民，羽则翼矣。毛羽之民土行所出，非言为道身生毛羽也。禹、益见西王母，不言有毛羽。不死之民，亦在外国，不言有毛羽。毛羽之民，不言不死；不死之民，不言毛羽。毛羽未可以效不死，仙人之有翼，安足以验长寿乎？"而王充之语正可反证四灵、仙人、芝草等说法在当时的广为流行。

汉代宫室、日常用品、墓室有诸多祥云、仙境的图像，它们被视为一体天地，贯通阴阳的神物。汉画大气磅礴、气韵生动的特点正来源于此，它基于对天地之理的感悟。

3. 冥界"生活"

汉代夫妻合葬墓为数较多。洛阳东汉墓壁画描绘的夫妇宴饮场面，色彩非常艳丽。两人坐于榻上，男子面目清秀，一袭红袍，面前置小圆案，上有五个小耳环。女子身着素雅，神情端庄。墓室中的画面寓意夫妇的和睦与温馨。

内蒙古新店子和林格尔壁画墓约建于东汉桓灵时期。该墓规模宏大，全长20米，由前、中、后三室和三耳室组成，每室均有壁画。前室、中室描绘主人一生的仕途升迁、宴饮、乐舞及历史人物等，后室北壁右侧绘屋宇，画面题有"武城长舍"、"堂"、"内"、"灶"、"井"等文字，后壁正中偏上绘墓主夫妇坐帐像，下绘侍女等形象，有"卧帐"、"侍婢"、"诸倡"等榜题。后室顶部绘青龙、白虎、朱雀、玄武四神与翻滚的流云。这既是墓主人在人间起居生活的写照，更表达了将人间富贵延续至仙境永久享用的期盼。

---

① 莫测境：《广西钟山发现西汉规矩镜》，《考古》，1992 年第 9 期。

山东沂南北寨画像石墓"功能齐全"。该墓室南北长 8.70 米，东西宽 7.55 米，墓室由墓门、前室、中室、后室以及东边三个侧室、西边两个侧室组成，全部以石材构筑。面积并不大，但画面内容异常丰富。

墓门的门楣及立柱画像均为浅浮雕。墓门有三立柱。中间立柱的中心画面，一个胫股生翼的羽人弓腿扬臂，奋力托举一虎。西立柱画像下部为山字形高几，西王母端坐于中间几座上，两侧几上有玉兔持杵捣药。东立柱画像，下部同为山字形高几，不同的是两旁为羽人捣药，中间端坐东王公。上部刻一力士，双臂揽人身蛇躯的伏羲、女娲于怀中，双肩上分别有一规一矩。升仙是汉画像石中表现的主题，这里西王母，东王公，伏羲，女娲，一规一矩，是标准的配置。开宗明义，墓门画面已点名升仙主题。

前室西壁横额画像，最右端刻门楼，两扇门均饰铺首衔环。正对门口的地上放置一几，几上放简册。门前有四人，应为主人家的奴仆或管家，均面南，一人拥彗立于门前，两人执挺立其前边两侧，一戴冠老者双手持案，踞坐于地，案上有简册。四人对面的二十余人或跪或立，排列有序，均右向。自右至左依次为：一人执笏而跪，一手向后指，似介绍宾客。后一排四人，共两排八人，匍匐跪地，两列六人，一列五人，均双手执笏站立施礼。其后一人执笏跪坐，后边两排为排列整齐的两个案子，案子上各放十个耳杯。另有盒、壶、篋等。最后两人站立，似为摆放礼品的侍者。这是一个隆重的迎接仪式，来客之多，礼仪之肃，可以推知这户人家的地位之高。

前室东壁横额画像，一端为一座曲尺形房屋，房前一人执彗而立，迎接宾客。对面两人拱手，似陈述来意，后边四列共 12 人恭立。

前室南壁东侧画像上方刻一大建鼓，下附一小建鼓，下有一人踞坐于席，一手执两桴。西侧画像上方同样为大建鼓附小建鼓，一人双手执桴，踞坐席上。

中室东壁横额刻热闹非凡的乐舞图。整个画面可分为左、中、右三组。左边的一组，最左边，一艺人飞旋跳七盘舞，一艺人头顶上竖十字形悬竿，一艺人飞 剑掷丸。左上方依次排开，一男子高扬双臂奋力击建鼓；编钟架上悬两个编钟，一男子侧身撞击；磬架悬四磬，一女子踞坐击磬。左下方，有三排共 14 人坐席，为伴奏乐队，有吹排箫、击铙、吹笙、抚琴的乐人。中间一组，为鱼龙曼衍之戏，有三人伴奏，右边一组，为戏车、马戏之乐。车上竖建鼓，车内四位乐人，建鼓顶端倒立一艺人；艺人左右两侧，相向飞驰的两匹奔马上，各有一艺人表演杂技。

中室南壁横额东段为庖厨图，左边为一楼房，下层为双门、双台阶。中室南壁横额西段画像，画像中间为双阙，右端12人，似恭候客人（或主人）到来，左端三排平行的房屋加上围绕两侧的厢房，很自然地构成了一处"日"字形的院落。（插图十八）前后两个庭院意即前堂、后室，前院东侧有一井，表示东侧房舍为厨房所在。后院出墙外有一小屋，当为厕所。前院、后院左边各有一角楼。后院地上放一几，几两边有壶、罐等生活用品。中室西壁以及北壁为浩浩荡荡的车骑出行图。

插图十八：沂南汉墓中室南壁横额西段画像"日"字形房屋.《中国美术分类全集》，《中国画像石全集》，山东汉画像石，山东美术出版社，河南美术出版社，2000年版。

后室乃墓主人寝息之地，因而后宫南侧隔墙东面画像有侍女捧篋、几、茶、耳杯等物，侍奉主人起居。（插图十九）西面画像上下四个架上，却为刀、剑、戟等物，两侍者为男性，一人捧篋，一人手执似为马具，地上放置有提梁壶，右下方有台灯。东面与西面画像的不同，显然表示男女墓主人的不同侍仆。

沂南北寨墓从墓门至后室的画面内容显然经过精心设计。从拜谒、宴饮、乐舞到入寝，展示的是墓主人的灵魂起居情况。

"艺术是自由的女儿"。汉画像石墓所展示的画面是汉人思想意识的形象表述。天人合一在生活中只是幻想或幻觉，在汉画墓中却统统得以"实现"。

插图十九：沂南汉墓后室南侧隔墙东面画像《中国美术分类全集》,《中国画像石全集》,山东汉画像石,山东美术出版社,河南美术出版社,2000 年版。

### 三、聚族而居的家族墓地

汉代的丧葬习俗，从朝廷到民间，自上而下，所体现的宗族观念是一致的。

朝廷皇室陵园以昭穆为序，诸侯王陵墓亦相依相偎。河南永城县北约30公里的梁国王室墓，在芒砀山及周围的保安山、僖山、黄土山、夫子山、铁角山、马山、桃山等上，分布有西汉初至王莽篡位（9年）梁怀王刘揖、梁孝王刘开、梁恭王刘买、梁平王刘襄、梁贞王毋伤、梁敬王刘定国、梁夷王刘遂、梁荒王刘嘉等的陵墓。人们生前聚族而居，死后也要葬在一起。

著名的湖南长沙马王堆汉墓，轪侯夫妇异穴合葬，其子祔葬于母亲脚下。

汉代除少数高官葬于京师附近外，绝大多数官吏死后归葬宗族墓地。如以四世三公闻名的弘农杨氏，杨震归葬故里。《金石录》、《隶释》等载，华阴弘农杨氏墓地的七座墓中，有杨震及其子杨统、杨著、杨馥四人。《隶释·天下碑录》载有"汉司徒刘崎神道碑"，刘崎亦为华阴人。南阳的郁平大尹墓，王子雅墓，宗资墓，均为太守级的墓。

汉代的镇墓文中有"上天苍苍，地下茫茫；死人归阴，生人归阳；生人有里，死人有乡"的说法。1988年，山东济宁师专清理出25座西汉中、晚期的墓，其中M7、M10、M21分别出土了郑元、郑广、郑翁孺铜印，《简报》"推断这三座墓之间的地段当是郑氏墓地。"[1] 全国各地出土的家族墓葬比较多。如山东临沂金雀山周氏家族墓，安徽芜湖贺家园曹姓家族墓，洛阳烧沟墓群中的郭氏、赵氏、商氏、吴氏、肖氏等家族墓，河南陕县刘家渠东汉墓群中的羊氏、唐氏、刘氏家族墓，以及洛阳金谷园西汉中期以后的左氏、唐氏、樊氏、郑氏、郭氏、王氏、闫氏等家族墓。[2]

天人合一、阴阳流变、生死相依，秦汉人的居住环境中，阳宅与阴宅便是如此的密不可分。

---

① 济宁市博物馆：《山东济宁师专西汉墓群清理简报》，《文物》，1992年第9期。
② 韩国河：《秦汉魏晋丧葬制度研究》，陕西人民出版社，1999年版，第249页。

# 第九章

# 秦汉人的居住环境与居住禁忌

## 第一节　居住禁忌与民族文化心理

### 一、阴阳学说的流行

秦汉是阴阳五行学说最为盛行的时期。司马谈《论六家要旨》中，分析诸家学派的长短优劣，首先评论的便是阴阳家的学说："尝窃观阴阳之术，大祥而众忌讳，使人拘而多所畏，然其序四时之大顺，不可失也。"可见其当时的地位。《黄帝内经·四时调神大论》载："夫四时阴阳者，万物之根本也，所以圣人春夏养阳，秋冬养阴，以从其根，故与万物沉浮于生长之门。逆其根，则伐其本，坏其真矣。故阴阳四时者，万物之终始也，死生之本也，逆之则灾害生，从之则苛疾不起，是谓得道。"《黄帝内经》将病理的根本归于阴阳和谐之理。阴阳学说将万事万物均纳入其体系，他们认为阴阳是否和谐关系着王朝的兴衰与一家一姓的安危。《汉志·兵书略》阴阳类说："阴阳者，顺时而发，推刑德，随斗击，因五胜，假鬼神而为助者也。"因其"假鬼神而为助"，所以易于为民众接受，且阴阳学说本身也出自民间。"阴阳家都是些'怪迂'的方士。他们传授秘方，讲术数，讲析禳禁忌，显然保存许多民间流传的原始迷信。所谓'四时，八位，十二度，二十四节'，多与农事有关。"①

信奉阴阳学说，"大祥而众忌讳"，是秦汉社会风俗的重要特点。人们祈求富贵，追求圆满，吉祥，长寿，有丰富的想象力，同时便必然有很多禁忌，这是一个问题的两个方面。

汉代人希望拥有良田广宅，五谷丰登，生活富足，史籍中往往将"田"

---

① 《嵇文甫文集》上集，河南人民出版社，1985年版，第368页。

和"宅"连在一起。洛阳北郊公路桥头发掘的汉代墓葬群，M2 为西汉末年的夫妻合葬墓，男女的明器各有一组，每组中有陶仓 5 件。男方的 5 件陶仓上均有朱书文字，分别为"黍万石"、"豆万石"、"麦万石"、"粟万石"、"麻万石"，① 仓内还有残存的谷物。这是民众朴素愿望的直白表述。反之，则是对灾祸、死亡等不吉利事物的诅咒与回避。而住宅在趋吉避灾方面的"功能"，人们最为重视。

## 二、建筑与居住禁忌

生老病死，是人生的自然流程，汉代道家思想强有力地影响着社会，儒家思想也是一种理智的学说，因而有不少达观之士对生死问题有精彩的论述。但世俗社会中，人们往往将生活中某些难以理解的现象归之神秘，便有种种禁忌的产生。住宅是人们繁衍生息之地，也是养老送终之所，福与祸，生与死，在这里都是司空见惯的事。为了避灾趋吉，保证家庭平安，人们从建房之初到入住其中，有一系列的禁忌。

《汉书·艺文志》"数术略"中"形法"类记载有《宫宅地形》二十卷，专讲择胜之术，并解释曰："形法者，大举九州之势以立城郭室舍，形人及六畜骨法之度数、器物之形容，以求其声气贵贱吉凶。"建城立郭、修造住宅，最重要的即是辨其"贵贱吉凶"。

东汉中期的王充在《论衡．辨祟》中曾说：

世俗信祸祟，以为人疾病死亡，及更患被罪，戮辱欢笑，皆有所犯（触犯鬼神），起功、移徙、祭祀、丧葬、行作、入官、嫁娶，不择吉日，不避岁月，触鬼逢神，忌时相害，故发病生祸，法入罪，至于死亡，殚家灭门，皆不重慎，犯触忌讳之所致也。

这里所列的诸种须择日而行的活动中，首先即是动土盖房（"起功"）与移徙（搬家）。武威汉简日忌简所举有"治宅、纳财、置衣、渡海、及盖屋、裁衣……等事"，② 亦将治宅放在首位，可见营建住宅时的趋吉避凶非常重要。时人常将疾病归结为天、人两方面的原因："夫百病之始生也，皆生于风雨寒暑，阴阳喜怒，饮食居住，大惊卒恐。"③ 自然界的风雨人类不能控制，饮食

---

① 中国科学院考古研究所洛阳发掘队：《洛阳涧滨古文化遗址及汉墓》，《考古学报》1956 年第 1 期，第 20～23 页。

② 《武威汉简》，文物出版社，1964 年版，第 138 页。

③ 《灵枢·口问》。

居住掌握在人们自己手中，须时时处处留心，而居住中禁忌最多。从择址、周围环境到盖房的季节、伐木的时间、房屋的样式、朝向，到房屋盖好后答谢仪式等等，有一系列的规矩。

秦汉有专门的相宅者。民间世代沿袭此俗，所以有的官吏也顺应民情。广陵太守张纲曾亲自为当地百姓"卜居宅"，① 百姓非常满意，可见当时风俗。

盖房的季节。《吕氏春秋·十二纪》谓孟春"禁伐木"，孟夏"无发大树"，"无起土功"，季夏"树木方盛"，"不可以兴土功"，孟秋、仲秋则可"修宫室"，"筑城郭，建都邑"。《淮南子·天文训》谓冬至"阴气极，阳气萌，……不可以凿地穿井"；夏至"阳气极，阴气萌，……不可以夷丘上屋"。这与前引《黄帝内经》可以互证，是从阴阳之根本着眼。睡虎地秦简《日书》有"不可盖屋"、"可为室屋"的记载（分见甲种简68正壹、71正壹）。110正壹："二月利兴土西方，八月东方，三月南方，九月北方"。《四民月令》中，修缮房屋的时间集中在九月和十月。这些文献所载大同小异。睡虎地秦简《日书》中也有"五月六月不可兴土攻，十一月、十二月不可兴土攻，必或死。申不可兴土攻"之说。透过阴阳五行这层神秘的面纱，反映的是盖房须视农时忙闲的实际。秋收之后，农事较闲，气候不冷不热，季节比较适中。《风俗通义·佚文》载有通俗的说法曰"五月盖屋，令人头秃"，应劭分析这种说法的来历，并引《易》、《月令》之文，认为五月正是"趣民收获，如寇盗之至，与时竞也。除黍稷，三豆当下，农功最务，间不容息，何得晏然除覆盖屋寓乎？"当然，五六月不兴土功的说法也并不绝对，从睡虎地秦简《日书》"土忌"看，一年四季均有"不可为土功"、"不可以垣"、"毋可有为，筑室，坏"的建筑忌日。"春三月，毋起东向室。夏三月，毋起南向室。秋三月，毋起西向室。冬三月，毋起北向室。有以者大凶，必有死者。"应与四时、四神有关。

盖房起屋的时日。当时有专门讲择日的书，《论衡·讥日》："工技之书，起宅盖屋必择日。"睡虎地秦简《日书》记载颇多。东汉时讲"冢宅禁忌"的书讲坟墓的营构与禁忌，其样本应为阳宅营构之术。② 睡虎地秦简《日书》中记载一年四季中的建筑忌日，简文内容简洁，语气严峻，不容置疑："不可垣，必死。"

---

① 《后汉书·张纲传》。

② 《后汉书·循吏列传》。

《日书》中的"帝"篇，有学者认为应读为"帝"，"凡为室日，不可以筑室"便是"帝为室日"，在这样的日子里，"筑大内，大人死。筑右圹，长子妇死。筑左圹，中子妇死。筑外垣，孙子死。筑北垣，牛羊死。"由此简文可知秦汉一般民宅的建构，长者居主屋，儿子们居左右，长子居右为上，孙子居外垣。

时人认为，日月星辰的运行对盖房亦有妨碍。《论衡·谰时篇》："世俗信起土兴功，岁月有所食，所食之地，必有死者。假令太岁在子，岁食于西，整月建寅，月食于巳，子、寅地兴功，则西、巳之家见食矣。见食之家，作起厌胜，以五行之物悬金木水火。假令岁月食西家，西家悬金，岁月食东家，东家悬炭。设祭祀以除其凶，或空亡徙以辟其殃。连相仿效，皆谓之然。"这里的"岁月"分别指岁神和月神，其运行对某一方位有碍，便要以厌胜之物镇之。

房屋的样式。睡虎地秦简《日书》甲种简15背壹—23背贰记载："凡宇最邦之高，贵贫。宇最邦之下，富。宇四旁高，中央下，富。宇四旁下，中央高，贫。宇北方高，南方下，毋（无）宠。宇南方高，北方下，利贾市。宇东方高，西方下，女子为正。宇有要（腰），不穷必刑。宇中有谷不吉。祠木临宇，不吉。垣东方高西方之垣，君子不得志"。长期流传于农业社会的天井、肥水不外流、财不外露等说法，与房屋样式均有一定关联。房屋四边高，中间低被视为聚财，反之则散财。中国的四合院，必以"合"，必以围，除居家安全的因素外，深层的文化内涵应在于此。而房屋旁边有祠木，显然不吉利。秦汉时代门前房后种桑树并不忌讳，后世则很忌讳。中原农村至今流传"前不栽桑，后不栽柳，坟园不栽鬼拍手"之说。"桑"谐音丧，"柳"谐音"留"，农村称遗腹子为"留生子"（父亲已死，孩子尚未出生）。"鬼拍手"指杨树，杨树树叶厚大，风刮时响声一片，像拍手一样，坟地里栽杨树似欢迎人们埋葬于此，不吉利，因此不能栽杨树，只能栽四季长青的松柏。

住宅的位置与宅门的朝向，最为人们所重视，要请"宅家"即专门推算住宅吉凶的人结合五行、五音等多方面进行论证。《论衡·诘术篇》引《图宅术》的话曰："宅有八术，以六甲之名数而第之，第定名立，宫、商殊别。宅有五音，姓有五声。宅不宜其姓、姓与宅相贼，则疾病死亡、犯罪遇祸。……商家门不宜南向，徵家门不宜北向。"从《图宅术》的名称看，应有图有文，是专门推算住宅吉凶的书籍。"术"约与不同的方位即住宅东、西、南、北、东南、西南、东北、西北有关。十天干与十二地支顺序相配得六十组，即六十甲子，"六甲"指六十甲子中的甲子、甲寅、甲辰、甲午、甲申、甲戌。"五

音"即宫、商、角、徵、羽五个音级。汉代推算住宅吉凶的人将姓氏与五音
相配，如钱属商，田属徵，冯属羽，孔属角，洪属宫，"商金，南方火也；徵
火，北方水也。水胜火，火贼金，五行之气不相得，故五姓之宅，门有宜向。
向得其宜，富贵吉昌；向失其宜，贫贱衰耗"。姓属于商的人家，门不能向南
开。因为"商"属金，南方属火，而火克金。姓属于徵的人家门不能向北开，
因为徵属火，北方属水，而水是克火的。《图宅术》的理论基础是当时流行的
五行相生（金生水，水生木，木生火，火生土，土生金）和相克（金克木，
木克土，土克水，水克火，火克金）之说，它迎合了人们趋吉避凶的心理。
如一处住宅的方位在东，与五音相配属角，与五行相配属木，那么姓田的人住
于此宅吉，因为田属徵音，徵属火，而木能生火，即为"宅宜其姓"。如果姓
洪的人家住，即为不吉利。因为洪是宫音，宫属土，而木能克土，即所谓
"姓与宅相贼"。

　　住宅的方位选择如此，宅门的朝向也依此类推。《潜夫论·卜列》中也有
类似的记载："亦有妄传姓于五音，设五府之宅第。……俗工又曰：'商家之
门，宜西出门。'……又曰：'宅有宫商之第，直符之岁。'"

　　从居住生活实际出发，秦汉住宅一般为南向，中轴线左右对称。中国地处
北半球，建筑尤其是大型建筑，采光，取暖，通风最为重要。种种建筑禁忌，
目的只有一个，尽量趋吉避凶，保证家庭平安。

　　房屋盖好后，人们要答谢土神："缮治宅舍，凿地掘土，功成作毕，解谢
土神，名曰解土。为土偶人，以象鬼神，令巫祝延（祷告），以解土神。已祭
之后，心快意喜，谓鬼神解谢，殃祸除去。"①

　　"世谓宅有吉凶，徙有岁月"，②治宅如此，迁徙也是如此。宅有吉宅凶
宅，搬家有年月禁忌。王充言之的"宅家"、"工技射事者"，③是专门推算治
宅与住宅吉凶的人："宅家言治宅犯凶神，移徙言忌日月，……皆有鬼神凶恶
之禁。"这些"宅家"即后世的阴阳先生。

　　"宅不西益"是先秦以来的一种说法。据说鲁哀公欲向西边扩展宫室，后
来在大臣的婉言劝谏下，打消了念头。东汉的应劭与王充均批驳过"宅不西
益"，可见汉代的中原和吴越均盛行此说。"宅不西益"的原因约有两方面。

---

① 《论衡·解除》。
② 《论衡·偶会》。
③ 《论衡·辨祟》。

一是西方为上。《礼记·曲礼上》："为人子者，居不主奥。"郑玄注："谓与父同宫者也，不敢当其尊处。室中西南隅谓之奥。"《论衡·四讳篇》曰"俗有大讳四"，第一即是"西益宅，西益宅谓之不祥，不祥必有死亡。相惧以此，故世莫敢西益宅。"应劭《风俗通义》载："西者为上，上益宅者，妨家长也。"二是西方有冢墓之意。《汉书·郊祀志》载：赵人新垣平善"望气"，对文帝言"长安东北有神气，成五采，若人冠冕焉。或曰东北神明之舍，西方神明之墓也。"注引张晏的解释曰："神明，日也。日出东北，舍谓阳谷。日没于西，故曰墓"。师古认为"此说非也。盖总言凡神明以东北为居，西方为冢墓之所。"东方为日出之所，西方为日落之地，后世贴于东门的"紫气东来"等对联均为此意。

秦汉时期对居住禁忌记载最集中、批判最力者，当属东汉的王充，但他的批判并未产生大的影响。

王充对汉代迷信思潮的批判，常常逆向推理，一语中的。他批驳"宅不西益"曰："西益不祥，损之能善乎？西益不祥，东益能吉乎？"如果是地神恶之，"益东家之西，益西家之东，何伤于地？"如果是"宅神恶烦扰，则四面益宅，皆当不祥。"简洁有力，令人回味。地神、宅神、日月之神、天地之神，汉代人心目中的神灵实在多，而这些造出来的神灵其实是服从人们感情的驱使。王充进一步深入分析，认为所谓"不祥者，义理之禁，非吉凶之忌也"。因为西方是"长老之地，尊者之位也。尊长在西，卑幼在东"，一家的尊长只有一个，晚辈却很多，西益宅等于增添尊长而不增添晚辈，"于义不善，故谓不祥"。王充对"宅不西益"的批判和分析是比较透彻的。

"引物事以验其言行"也是王充经常采用的一种方法。如对选择宅址与宅门朝向以趋吉避凶的说法，他从经验主义与一般的生活常识入手，层层推理批驳曰：人之有宅，"犹鸟之有巢，兽之有穴"，甲乙之神为何"独在民家，不在鸟兽"？田间阡陌、府廷吏舍、市肆巷街，为何不行此术，"何以独立于民家也"？甲乙之神既然不能行之于所有场所，便没有神威。门的朝向有讲究，那末堂、户的朝向为何没有讲究？吉凶与姓氏并无关联，匈奴人有名无姓、字，一样以寿命终。"南向之门贼商姓家"，其实为畏火，此时"虽为北向门，犹之凶也"。

作为汉代杰出的思想家，王充批判迷信学说时，也注重分析其思想根源。他认为人们"好信禁忌"的原因是"俗人险心"，一般人都存在避祸求福的心理，因而很容易信禁忌之说。这是比较客观的看法。但他的不少批驳则类似于文字游戏。如他对房门朝向的选择不以为然，认为官府之中无此禁忌，官员的提升与贬黜也并不受影响："今府庭之内，吏舍连属，门向有南北；长吏舍传，闾居有东西。长吏之姓，必有宫、商；诸吏之舍，必有徵羽。安官迁徙，未必徵姓门南向也；失位贬黜，未必商姓门南出也。"反驳可谓有力，但换一个角度考虑，官府毕竟不是私家住宅，"铁打的营盘流水的兵"，官吏在此流动无常居，住宅则是传于子孙的基业，其寓意深厚，与官府不可等同。在古代社会，尤其如此。即使今日，家庭的电话号码、门牌号，人们总愿意挑个所谓的吉利号码，带"4"（谐音"死"）的号码便比较忌讳，用于单位则无所谓，因为人们认为与个人的家庭无关。这是存活至今的吉祥文化自觉不自觉的表现。况且汉代官府房舍建造也有禁忌。如东汉人赵兴"不恤讳忌，每入官舍，辄更缮修馆宇，移穿改筑，故犯妖禁"，① 不管这种"妖禁"是否为人们的附会，它说明官舍建筑也是有禁忌的。

又如王充批驳"解土"时曰："如以动地穿土神恶之，则夫凿沟耕园亦宜择日。"但反过来讲，开沟耕作是经常性的农事，盖房起屋毕竟是家庭中的大事。人们希望建造的住宅安全、吉祥，不受鬼魅的侵扰，这是一种宽厚、平和的民众心态。东汉初年县令钟离意为民众建房后，对解土者说"兴工役者令，百姓无事，如有祸祟，令自当之。"② 百姓听后很欣慰，说明造好房屋后"解土"是理所当然的一道程序，人们很看重这最后一关。贵族们还会为自己的住宅取一个吉利的名字。《潜夫论·忠贵》曰："贵戚惧家之不吉而聚（制）诸令名，惧门不坚而为作铁枢"。为住宅取"令名"之风大概始于秦，《史记·秦始皇本纪》载："阿房宫成，欲更宅择令名名之"。汉代宫殿的名称繁多，长乐宫、未央宫、永安宫，无不寄托着刘姓皇室欲长保天下、永享富贵的殷切期望。"长乐未央"是秦汉宫殿文字瓦当中屡屡表现的主题。在金碧辉煌的宫殿中，脊头与房檐瓦当的"长乐未央"等文字已是一种图案化的装饰，文字本身并不醒目，但人们从中得到的是一种心理的安慰和满足。宫廷如此，民间住宅中选择"令名"以求吉利亦很自然。建房过程中从选址到答谢土神，寄寓着一个家庭或家族的无限希望。

《论衡》中专有《解除篇》对"解土"等习俗进行批判，在社会生活中，解除之法运用得很普遍。《后汉书·董宣传》载：东汉北海豪族公孙丹"新造

---

① 《后汉书·郭躬传》。
② 《后汉书·循吏列传》。

居宅，而卜工以为当有死者"，公孙丹即指使其子"杀道行人，置尸舍内，以塞其咎"。这是比较特殊的例子。通常情况下，人们在动土盖房的过程中，已考虑到了种种解除灾祸的办法。他们认为设置有某种神秘力量的石头，便可免受灾祸。成书于汉代的识字读本《急就章》中有"石敢当"的记载，正说明了解除之法的广泛运用。另有"土禁"之说。《后汉书·来历传》记载，安帝的乳母王圣倍受宠幸，皇太子因"惊病不安"而住她家中，太子身边的王男等人"以为圣舍新缮修，犯土禁，不可入御"，这大概是他们为阻止太子外宿王圣家所找的一个借口，但此事可证当时有这种说法。此说应当有其合理的成分在。房子盖好后，待湿气散发一段时间再入住，有利于人的身体健康。禁忌的背后往往是长期生活经验的积累与总结，而以禁忌的面目出现，人们更容易无条件地服从它。

汉代的居住禁忌长期影响着后世。如"宅不西益"之俗至今在河南、山东一些地区仍有遗存。清末民初豫东社旗县的山陕会馆平时开东门，遇馆中道士丧葬之事才开西门。如今豫西南一带盖房子时，仍有设置"泰山石敢当"的习俗。至于择址盖房更是非常普遍，只要有可能，人们必定会想方设法寻求理想的宅基地。这些习俗相沿已久，与汉代形成的民族文化心理有千丝万缕的联系。

由睡虎地秦简《日书》，到王充《论衡》、应劭《风俗通义》、王符《潜夫论》，均有关于居住禁忌的记载，可知秦汉时期的居住禁忌影响很大。以时间而言，自战国后期一直延续到东汉中后期；从地域来看，西北、中原、东南均有此俗；其内容繁杂，书籍众多。"石敢当"作为随处可见的镇物，《急就章》作为普及于民间的启蒙读物，"图宅术"、"工技之书"作为每家每户通过"宅家"都可能耳闻目睹的书，自然而然地影响着民众，百姓"日用而不知"，久而久之，成为他们思想观念中不可或缺的重要内容。

与此形成鲜明的对比，《论衡》一书在王充的家乡越地只有少数的文人知晓，他死后百余年才被避难至吴越的大学者蔡邕与会稽太守王朗由越地带往洛阳周围。据《后汉书·王充传》注引《袁山松书》曰："充所作《论衡》，中土未有传者，蔡邕入吴始得之，恒秘玩以为谈助。其后王郎为会稽太守，又得其书，及还许下，时人称其才进。或曰：不见异人，当得异书。问之，果以《论衡》之益。由是遂见传焉。"蔡邕、王朗欣赏的大概是文章中所显示的批判方式之新奇，《论衡》在中原的传播也主要在文人圈子中。王充批判的大多是民间习俗，而民间习俗有其深厚的土壤和长期的传承，为民众和官方所沿袭，王充的书不可能直接在民间传播，他对于居住禁忌等种种迷信的批判只能是纸上谈兵。

### 三、家居诸忌

"宅盛则留，衰则避之"，① 人们相信宅有吉凶盛衰，为保证住宅吉利安康，阳气畅通，不受鬼魅侵扰，常以"神物"镇之。《后汉书·礼仪志》记载民间常"以桃印长六寸，方三寸，五色书文如法，以施门户。……五月五日，朱索五色印为门户饰，以难止恶气"。《论衡·解除》谓："宅中主神有十二焉，青龙、白虎列十二位。龙虎猛神，天之正鬼也，飞尸流鬼安敢妄集。"门户与梁枋上有龙虎等镇宅形象，人们的心中便有了安全感。

《淮南子·氾论篇》："枕户而卧者，鬼神荐其首。"《风俗通义·佚文》："卧枕户砌者，鬼陷其头，令人病颠。""五月五日，不得曝床荐席。"其中有合理成分，如当门而睡易受风寒，而五月五日不得晒床席等，则与此日子的特殊神秘意味有关。

《东京赋》描写"大傩"的场面，巫觋、童子驱鬼时的穿着与神勇，异常生动。

宫廷中如此，民众家庭中一年到头也有各种驱鬼祭神的常礼。如岁末的驱鬼之礼，它寄托着一家人对来年吉祥的企盼。《论衡·解除》："岁终事毕，驱逐疫鬼，因以送陈迎新，内（纳）吉也。"

出土于河南县城西垣探方中的汉代遗物有陶釜、解注瓶。此瓶的腹部周壁有朱书符录一道，符文后有"解注瓶，百解去（长？）如律令"九字，同出的都是东汉器物。这是汉人以符驱病习俗的实物遗存。所以巫祝是当时社会中很活跃的人物，有其用武之地。《盐铁论·散不足》曰："街巷有巫，闾里有祝。"《潜夫论·浮侈》也说妇人多"起学巫祝，鼓舞事神"。《春秋繁露》中讲到祈雨和止雨都离不开巫。

家庭通常的祭祀活动，有岁祭、腊祭，祭门户、井灶等。五祀，即祀门、户、井、灶、中留。中留，郑玄注《礼记·月令》曰："犹中室也"。《礼记·曲礼下》谓，自天子、诸侯、大夫、士均有祭祀，大夫以上祭五祀，"士祭其先"。《白虎通义·五祀》曰："独大夫以上得祭之何？士者，位卑，禄薄，但祭其先祖耳。"《论衡·祭意篇》亦引用《礼记》之文，说明《礼记》所记之

---

① 《论衡·辨祟》。

俗汉代仍流行。《礼记·祭法》又有"王为群姓立七祀,"其中有中留、国门(城门神)、户、灶,王立七祀,诸侯五祀,大夫三祀,"庶士、庶人立一祀,或立户,或立灶。"《论衡·祭意篇》同样也引用了这段文字。汉代庶民祭户、灶比较普遍。五祀的目的是报答诸神恩德。王充解释"五祀"曰:"报门、户、井、灶、室中之功,门、户,人所出入;井、灶,人所饮食;中留,人所托处。五者功均,故俱祀之。"《白虎通义·五祀》记:祭五祀要顺应阴阳变化,不同季节所祭对象不同:"春祭户,户者,人所出入,亦春万物始触户而出也。夏祭灶,灶者,火之王,人所以自养也。夏亦灶,长养万物。秋祭门,门以闭藏自固也,秋亦万物成熟,内各自守也。冬祭井,井者,水之生藏在地中,冬亦水王,万物伏藏。六月祭中留,中留者,象土在中央也,六月亦土王也。"白虎观会议是在章帝主持下对儒家经典的讨论会,现实生活中并非如此刻板。《四民月令》载,十二月腊日前一天有"五祀"。《后汉书·阴识传》载:汉光武帝阴皇后为南阳新野人,阴家据说先祖出自管仲,由齐到楚国阴为大夫,秦汉之际在新野安家,世代奉管仲之祀。宣帝时"腊日晨炊而灶神形见",注引《杂五行书》曰:"灶神名禅,字子郭,衣黄衣,夜被发从灶中出,知其名呼之,可除凶恶。"阴家以黄羊祀之,据说此后暴富,"故后常以腊日祀灶,而荐黄羊焉。"是在腊月祭灶。至今北方农村仍保留腊月祭灶王爷的习俗。

宅门在家庭中的地位很重要。如同阙是宫殿入口处的标志一样,宅门是住宅对外的第一道景观,是醒目之处。《说文解字》解释"闾"字曰:"闾,里门也,从门吕声。《周礼》:五家为比,五比为闾。闾,侣也。二十五家相群侣也。"各家的家门与居住区"里"的里门(闾)均有重要的象征意义。《史记·魏世家》曰:魏文侯"客段干木,过其闾,未尝不轼也",表示对贤人的尊礼。对于有忠孝节烈之行者,统治者往往旌表其门闾,以为荣耀。有德行者则欲高大其门闾,以求福报和瑞应,如西汉时于定国之父高大门闾事。

宅门的实用价值是保证住宅安全,所谓"门之设张,为宅表会,纳闭恶,击邪防害"① 门有锁、钥匙。洛阳东汉墓出土有方柱形状的铜锁。② 汝南人应劭的《风俗通义》中有"钥施悬鱼,鐍伏渊源,欲令楗闭如此。"当时的方言,陈楚、关东一带称钥匙曰"楗",关西称为"钥"。为门户的谨严,有的

---

① 《太平御览》卷183引李尤《门铭》。
② 洛阳市文物工作队:《河南洛阳市第385号东汉墓》,《考古》,1997年第8期。

人家以铁为门枢。

门闾自坏，则往往是灾厄的预兆。战国秦汉时期，门闾几乎成为人们居住之地的代名词，甚至与居住者的命运有关。门上常有绘画，目的是除灾禳祸。《论衡·乱龙篇》载："上古之人有神荼，郁垒者，昆弟二人，性能执鬼。居东海度朔山上，立桃树下，简阅百鬼。鬼无道理，妄为人祸，荼与郁垒缚以卢素，执以食虎。故今县官斩桃为人，立之户侧；画虎之形，著之门阑。夫桃人非荼、郁垒也，画虎非食鬼之虎也。刻画效象，冀以御凶。"《论衡》中"订鬼篇"引《山海经》，以及《风俗通义·祀典》均有此说。汉画像石墓中墓门常刻以神荼、郁垒图像，印证了人间确有此习俗。某些特殊的日子，要在门上挂桃印。如五月五日是个不吉之日，民间有五月五日"生子不举"之说。此日要以红色绳子挂长六寸、方三寸的桃木印于门，以"止恶气。"

桃木在时人看来，具有神异的力量。睡虎地《日书》甲种："人毋故，鬼攻之不已，是刺鬼。以桃为弓，牡棘为矢，羽之鸡羽，见而射之，则已矣。"《左传·昭公四年》记载："桃弧棘矢，以除其灾"，《焦氏易林》卷三《明夷·未既》中谓"桃木苇戟，除残去恶，敌人执服。"此中的"苇戟"与"棘矢"不同。成书于唐开元年间的《初学记》卷28引《典术》曰：'桃者，五木之精也。故厌伏邪气治百鬼。故今人作桃符著门以厌邪。此仙木也。'《太平御览》所引《典术》还有"桃之精生在鬼门，制百鬼，故令作桃鞭，人着以厌邪"的话。"棘矢"，棘是丛生的小枣树，即酸枣树，有刺。棘被认为有辟鬼的功能。王莽建议发掘傅太后、丁太后冢，改葬以应礼。将故冢发掘填平后，"周棘四处以为世戒云。"① 颜师古注："以棘围绕也。"于此可见以棘避鬼的风俗。饶有趣味的是，西方某些民族中也有类似风俗。不列颠哥伦比亚的舒什瓦普人对死者的防范措施是，"用带刺的灌木作床和枕头，为了使死者的鬼魂不得接近；同时他们还把卧铺四周也都放了带刺灌木。这种防范做法，明显地表明使得这些悼亡人与一般人隔绝的究竟是什么样的鬼魂的危险了。其实只不过是害怕那些依恋他们不肯离去的死者鬼魂而已。"②

正因为宅门有此避鬼止凶的"功能"，所以宅门有异常现象，人们便视为不祥之兆。西汉权臣霍光死后，霍家威势日去，加上住宅"第门自坏"，霍云

① 《汉书·外戚传·定陶丁姬》。

② （英）詹姆斯·乔治·弗雷泽：《金枝：巫术与宗教之研究》，许育新等译，大众文艺出版社1998年1月版，第313页。

所居尚冠里"宅中门亦坏"，霍氏举家为此惶恐不安。① 董贤曾宠贵无比，其"大门无故自坏"，人们后来便将这件事与董贤的失势自杀联系起来。② 燕王刘旦"欲入所卧处，户三自闭，使侍者二十人开户，户不开。其后，旦作谋反自杀。夫户闭，燕王旦死之状也。死者，凶事也，故以闭塞为占。"③ 淮阳国历阳县有一位老妇常行仁义，遇有两人对她说："此国当没为湖"，让她注意东城门阃，其上有血便马上到山上去，不要迟疑。④ 她依言而行，果真躲过一祸。这个传说旨在说明善行有善报，折射的则是国门、城门对一个国家、一个城市的重要程度。王莽为安汉公时，其长子王宇与舅吕宽惧罹祸，"谋以血涂莽门第，欲以惧莽，令归政"。⑤ 可见宅门有异常，是对一个家庭最严厉的警告。而城门有异常，一城即要遭灾。门与家庭、国家的命运联系如此紧密，所以铺首衔环成为阳宅与阴宅大门最常见的装饰。

居住的一系列禁忌，不少是荒诞不经的，但都世代沿袭，有的习俗甚至一直流传至今。其中心内容是趋吉避凶，保证一家人平安健康，反映的是农业民族宽厚平和的心态。

## 第二节　移风易俗与汉文化传播

### 一、尚武与崇文

汉代在中国历史上是一个特别重要的历史时期。社会经济、文化在这四百余年中得以持续稳定的发展，由此奠定了中华文化的基石，铸就了汉民族的共同心理文化基础。

汉代是儒学渐次普及的时期。在这个过程中，世风的变化是明显的。由尚武向崇文转变，是其重要特点。兹以中原区域的颍川一带为例。

豪强大姓难以为治是西汉时期颍川的突出现象。阳翟为颍川郡政治中心，"阳翟轻侠赵季、李款多畜宾客，以气力渔食闾里，至奸人妇女，持吏长短，纵横郡中。"⑥ 赵季等人依仗宾客众多，挟制地方官吏，不仅在"闾里"为

① 《汉书·霍光传》。
② 《汉书·佞幸传》。
③ 《论衡·别通篇》。
④ 《淮南子·天文训》注。
⑤ 《汉书·游侠传》。
⑥ 《汉书·何并传》。

雄，在一郡之中也形成强大的势力。西汉前期，郡中的原、诸两大姓，"家族横恣，宾客犯为盗贼"，历任太守，"莫能禽治"。灌夫家族也是颍川一霸，史载灌夫"不好文学，喜任侠，已然诺。诸所与交通，无非豪杰大猾。家累数千万，食客数十百人，陂池田园，宗族宾客为权利，横颍川。"以至于郡中流传诅咒灌氏的儿歌。

宣帝时，太守赵广汉果断干练，明察秋毫。到颍川数月，即诛原、诸首恶，郡中震栗。但豪强势力盘根错节，"豪杰大姓相与为婚姻，吏俗朋党"，根本问题远未解决。赵广汉为分化瓦解豪强势力，"历使其中可用者受记，出有案问，既得罪名，行法罚之。广汉故漏泻其语，令相怨咎。"又让下属做可投入书信而不可取出的信箱，赵广汉阅后"削其主名，而托以为豪杰大姓子弟所言"。这种以毒攻毒、分化瓦解的离间策略取得了暂时的成功，其后强宗大族家家结怨，"奸党散落，风俗大改。吏民相告讦，广汉得以为耳目，盗贼以故不发，发又辄得，壹切治理，威名流闻"。① 但赵广汉得做法只能是一种权益之计，成功的同时也造成了紧张、恐怖的气氛，"颍川由是以为俗，民多怨仇"。②

继赵广汉之后的颍川太守韩延寿是一位儒生。他转变策略，采取软的一手，极力表示出与赵广汉的不同：

延寿欲更改之，教以礼让，恐百姓不从，乃历召郡中长老为乡里所信向者数十人，设酒具食，亲与相对，接以礼意。人人问以谣俗，民所疾苦，为陈和睦亲爱消除怨咎之路。长老皆以为便，可施行。因与议定嫁娶丧祭仪品，略依古礼，不得过法。延寿于是令文学校官诸生皮弁执俎豆，为吏民行丧嫁娶礼，百姓遵用其教，卖偶车马下里伪物者，弃之市道。③

韩延寿所召集的这数十位"为乡里所信向"的"郡中长老"，显然是乡里的头面人物，或者就是豪杰大姓中的代表人物。韩延寿为他们陈述和睦之理，并和他们一起根据当地风俗及古礼议定婚丧嫁娶之礼，目的是让他们率先垂范，端正自己的行为，并在民众中造成影响。韩延寿从"议定嫁娶丧祭仪品"、"古礼"入手，并令儒生在公开场合演示"丧嫁娶礼"，是从"礼缘于人情"的根本着手。韩延寿此举，缓和了豪强大姓间的紧张关系，收到了较

① 《汉书·赵广汉传》。
② 《汉书·韩延寿传》。
③ 《汉书·韩延寿传》。

好的治理效果。

接替韩延寿的颍川太守黄霸，曾"为条教，置父老师帅伍长，班行之于民间，劝以为善防奸之意"。黄霸对吏事洞若观火，谁也不敢隐瞒他，"咸称神明"，所以颍川得以治理，"奸人去入他郡，盗贼日少"。宣帝特地下诏书道："颍川太守霸，宣布诏令，百姓向化，孝子弟弟贞妇顺孙日以众多，田者让畔，道不拾遗，养视鳏寡，赡助贫穷，狱或八年亡重罪囚，吏民向于教化，兴于行谊，可谓贤人君子矣。"赐爵关内侯，黄金百斤。①

《汉书·地理志》谓颍川"好争讼论分异，黄、韩化以笃厚"，《汉书·韩延寿传》也说：黄霸代韩延寿为颍川太守，"霸因其迹而大治"，似乎颍川民风已因为两位太守的努力而趋于敦厚，但实际远非如此简单。哀帝时，太守严诩"本以孝行为官，谓掾史为师友，"温文尔雅，苟且度日，"终不大言，郡中乱。"当王莽派使者征严诩到京师为官，颍川数百名官员为他送行时，严诩扑地大哭。人们很奇怪，说他是高迁，是"吉征"，不宜如此。他说："吾哀颍川士，身岂有忧哉！我以柔弱征，必选刚猛代。代到，将有僵仆者，故相吊耳。"可见严诩当政时，官吏或地方豪强仍有不少作奸犯科者，他不加惩处，保持表面上的政治安定而已。

果然不出严诩所料，继任的太守何并以"能治剧"出名。何并的做法与赵广汉类似，先诛首恶以震慑人心。群吏钟威仗恃其兄尚书令钟元的权势，"臧千金"，恶名远扬，钟威、赵季、李款听说何并将至，"皆亡去"，何并追捕之，三人均被杀，并"悬头及其具狱于市。"一时"郡中清静"。

由此看来，颍川的强宗大族在西汉一代始终未得到根本的治理，它一直在困扰着历任太守。

颍川如此，其它郡国豪强游侠之风也非常盛行。与颍川毗邻的南阳一带，游侠为盛。南阳穰（今河南邓州）人宁成先后为济南都尉、关督尉，后因罪受刑，自己解脱刑具逃回南阳，"贷陂田千余顷，假贫民，役使数千家"，数年后，遇到大赦，他已"致产数千万，为任侠，持吏长短，出从数十骑，其使民，威重于郡守"。宁成与南阳的孔、暴两大家族交结甚密。他们持吏长短，权重太守。

济南瞷氏宗族 300 余家聚族而居，横行乡里，地方官吏无可奈何。景帝任郅都为济南太守，郅都先来个下马威，到郡即诛瞷氏首恶，其宗族皆不敢再为

---

① 《汉书·黄霸传》。

非作歹。①

王温舒为河内太守，捕郡中豪强，连坐 1000 余家，大者族诛，小者处死。②

东汉初年，公孙丹父子被北海相董宣处决后，公孙氏的"宗族"、"亲党" 30 余人，持武器至公庭闹事，董宣果断地将他们"尽杀之"，方平息其气焰。③

由此可见，西汉的区域文化环境中，尚武任侠之风盛行，东汉时期则发生了明显的变化。

在颍川郡，活跃于郡中并扬名全国的不再是豪强大姓，而是士人。李膺便是东汉著名的党人领袖，他在颍川有一个文人圈子。他与荀淑、荀爽、贾彪、韩融等颍川名士都曾从郡中的陈寔受学。陈寔"在乡间，平心率物，其有争讼，晓譬曲直，退无怨者"，当地有言曰："宁为刑罚所加，不为陈君所短。"《后汉书·陈寔传》载：有一年"岁荒民俭，有盗夜入其室，止于梁上。寔阴见，乃起自整拂。呼命子孙，正色训之曰'夫人不可不自勉，不善之人未必本恶，习以性成，遂至于此。梁上君子者是矣！'盗大惊，自投于地，稽颡归罪，寔徐譬之曰：'视君相貌，不似恶人，宜深己反善，然此当由贫困。'令遗绢两匹。自是一县无复盗窃"。这就是"梁上君子"的出处。此事致使"一县无复盗窃"当然是夸张，儒家历来强调并附会教化的能量。然而陈寔等士人以儒家伦理道德教化乡里所，起到的积极作用，是不容忽视的。荀爽为郎中，曾在对策中对公卿、二千石不行三年之丧提出异议，认为"公卿群僚皆政教所瞻，而父母之丧不得奔赴。夫仁义之行，自上而始，敦厚之俗，以应乎下。……古者大丧三年不呼其门，所以崇国厚俗笃化之道也"。他如此倡导孝行，自己首先笃行其道。司空袁逢曾举荐他为官，他谢绝未出。但袁逢去世后，他依据《礼记》为君父服三年之丧的礼制，为袁逢"制服三年"，在颍川引起较大反响，"当世往往化以为俗"。另外，"时人多不行妻服，虽在亲忧犹有吊问丧疾者，又私谥其君父及诸名士，爽皆引据大义，正之经典，虽不悉变，亦颇有改"。④

李膺非常推崇荀淑、钟皓，赞之曰："荀君清识难尚，钟君至德可师"。

---

① 《汉书·郅都传》。

② 《汉书·王温舒传》。

③ 《汉书·朱博传》。

④ 《后汉书·荀淑传》。

荀淑因不愿依附外戚而返乡教授。钟皓"父、祖至德著名。皓高风承世，除林虚长，不之官"，其德行为乡人所仰慕。士人之间互相品评德行，一个家族之内也不例外。如陈寔的两个孙子"各论其父功德，争之不能决"。荀淑有八子，并有名称，时人谓之"八龙"。其中荀爽经学明习，12岁通《春秋》、《论语》，成人后"耽思经书"，颍川为之语曰："荀氏八龙，慈明（荀爽的字）无双"。

与颍川相邻的汝南有"月旦评"很有名。它是由许靖、许劭兄弟发起的。许靖、许劭，"俱有高名，好共核论乡党人物，每月辄更其品题，故汝南俗有'月旦评'焉"。① 评论乡党人物，其标准自然就是儒家思想。它于被品评者是一种约束，同时对品评者本身也提出了很高的道德要求。许劭"少峻名节，好人伦，多所赏识"。他很注重礼仪，被誉为"山峙渊停，行应规表"，他的从兄许相家三世三公，许相的太尉之职以能谄媚宦官而来，许劭"恶其薄行，终不候之"。他曾为郡功曹，"抗忠举义，进善黜恶……所称如龙之升，所贬如坠于渊，清论风行，所吹草偃"。他以评论人物、"简别清浊为务"，在汝南造成很大影响。"府中闻子将为吏，莫不改操饰行。"袁绍为濮阳长，回汝南时，"副车从骑，将入郡界，乃叹曰'许子将秉持清格，岂可以吾舆服见之邪？'遂单马而归"。②

许劭品评别人，他自身也被汝南士人所品评。谢甄是汝南士人中又一位品评人物的专家。他称许劭兄弟为平舆之渊的"二龙"。说许劭"正色忠謇，则陈仲举（陈蕃）之匹；伐恶退不肖，范孟博（范滂）之风"。③

汝南士人中，陈蕃、范滂、黄宪等人一直享有盛誉，他们成为汝南士人的骄傲、汝南士人为官的楷模。从谢甄对许劭的评价可知陈蕃、范滂在汝南士人心目中的位置。陈蕃、范滂等出身名门，黄宪是一位处士，他"家世贫贱，为牛医"，但他学识渊博，屡辞征辟，因而被汝南士人视为超越于功名利禄之上的高士。陈蕃、周举常说："时日之间不见黄生，则鄙吝之萌复存于心。"大名士郭林宗游汝南，谓黄宪"汪汪若千顷陂，澄之不清，淆之不浊，不可量也"。④ 作为在朝与在野的不同代表，陈蕃、范滂、黄宪等人在汝南当地有很大影响。汝南安城人周乘"天姿聪朗，高峙岳立，非陈仲举、黄叔度（黄

① 《后汉书·徐劭传》。
② 《世说新语·赏誉》。
③ 《世说新语·赏誉》。
④ 《后汉书·黄宪传》。

宪）之俦则不交"。他曾为侍御史、公车司马令，不畏强势，"以是见怨于幸臣"，后为交州刺史，"上言愿为圣朝扫清一方，太守闻乘之威，即上疾乞骸，属县解印，四十余城"。① 周乘的为人转而得到陈蕃的由衷赞叹，曰"若周子居者，真治国之器，比如宝剑，则世之干将"。② 汝南的这批名士，从陈蕃、范滂、黄宪、周举到许劭兄弟，在地方上很有影响。

颍川、汝南之间，士人也经常来往。如汝南许劭曾至颍川，"多长者之游"。③ 颍川荀淑到汝南访黄宪等人，对黄宪的德行、学识大加赞扬。士人中有门生故吏的关系，又交织着一些婚姻关系（如荀彧之女为陈群之妻；李膺的姑母为钟皓之嫂，妹妹又嫁与钟皓之侄；李膺与袁绍两家又联姻），世交关系（如陈群"所善皆父党"。）④ 这些文人之间的交往过程即是儒家道德观念的传播过程。他们的品评人物，敦促士人自身以儒家道德标准去立身行事，也给当地民众以积极的影响。正如《汉书·艺文志》谓"儒家者流，盖出于司徒之官，助人君顺阴阳明教化者也。"

南阳在东汉为"帝乡"，但宗室、外戚在南阳为非作歹者较少。因为这些宗室、外戚已研习经学，有较高的文化修养，能够知往鉴来，非肤浅之辈。如刘秀欲封阴丽华的弟弟阴兴时，阴兴"固让"，阴丽华问其故，阴兴回答曰："贵人（时阴丽华为贵人）不读书记邪？'亢龙有悔'，夫外戚家苦不知谦退……富贵有极，人当知足，夸奢益为观听所讥。"阴丽华感悟其言，"卒不为宗亲求位"。⑤ 邓太后立安帝，临朝称制后，第一件大事即是诏告司隶校尉、河南尹、南阳太守道："每览前代外戚宾客，假借威权……为人患苦"，今邓氏"宗门广大，姻戚不少，宾客奸猾，多于禁宪，其明加检敕，勿相容护"。⑥ 阴氏、邓氏能够从家族的长远利益着想，对其可能出现的骄奢之风自然起到一种抑制的作用。

新野（今南阳新野县）人邓彪，是邓禹的宗亲，"少励志，修孝行"，"与同郡宗武伯、翟敬伯、陈绥伯、张弟伯同志好，南阳号曰'五伯'"。⑦ 与邓彪"同志好"的宗武伯诸人，自然也是当地道德方面比较杰出的人。南阳安

---

① 《书抄》卷 36 引《汝南先贤传》。
② 《世说新语·赏誉》。
③ 《后汉书·许劭传》。
④ 《世说新语·德行》注引《魏书》。
⑤ 《后汉书·阴识传》。
⑥ 《后汉书·皇后纪》。
⑦ 《后汉书·邓彪传》。

众（今南阳县西南）人宗慈，屡辞征辟，后为修武令，因看不惯太守收受贿赂而弃官还乡，"南阳群士皆重其义行"。① 他未出仕时已是宾客满门，均为其志同道合之人。宗慈的儿子宗承，"少而修德雅正，确然不群，征聘不就，闻德而至者如林"。据说曹操时年少，"屡造其门，值宾客猥积，不能得言"，等到宗承空闲之机，"往要之，提手请交，承拒而不纳"。② 《世说新语·方正》记此事道："南阳宗世林，魏武同时，而甚薄其为人，不与之交。及魏武做司空，总朝政，从容问宗曰：'可以交未？'答曰：'松柏之志犹存。'"

如陈寔、荀爽、黄宪等德化一方的士人，史籍载之甚多。士人的这些行为是自觉主动的而非官府意志，是随时随地而非一时一地，因而无形中成为一支稳定的教化队伍。他们居住于乡里，活跃于乡里，儒家的道德观念通过他们广泛地传播于民间，渗透于民众的心灵。

## 二、"化民成俗"

《礼记·学记》曰："化民成俗，其必由学。"汉代的地方官吏不管是儒生还是文吏，发展小农经济，保一方平安，是他们的职责。儒家主张富而教之，儒生出身的官吏在发展生产的同时，更注重对民众进行礼仪道德的教育。

汉代循吏以务农桑、敦教化出名，他们往往根据当地民情民俗扶植小农经济。在中原传统农业区，有的官吏因地制宜，对每一户农家从生产到生活都有规划，敦促每个家庭实行。如陈留人仇览为蒲亭县长，这是基层官吏，仇览却做得有声有色。他"劝人生业，为制科令。果菜为限，鸡豕有数。"农闲季节，"乃令子弟群居"，到学校读书习礼，"其剽轻游恣者，皆役以田桑，严设科罚。"仇览的工作细致入微。有一老妇告子不孝，他到家中，"与其母子饮，因为陈人伦孝行，比以祸福之言"，此人后来成为孝子。③ 有的地方官吏对民情风俗乃至每家农户情况都了如指掌，能够对症下药。建安年间河东太守杜畿"课民畜牛、草马、下逮鸡豚犬豕，皆有章程。"仇览制定的"科令"，杜畿所定的"章程"，都是小范围内的土政策。而这些政策措施的目的在于发展小农经济，让百姓富足、安定，保一方平安。

对于一家一户中因财产或其它纠纷导致的矛盾，地方官吏采取文物并用的办法，先礼后兵，教育不成则施以刑罚。

---

① 《后汉书·党锢列传》。

② 《楚国先贤传》。

③ 《后汉书·循吏列传》。

西汉后期丞相魏相就各地"风俗尤薄"的情况上言，当年有"子弟杀父兄、妻杀夫者，凡二百二十二人"，他认为"此非小变也"，① 应严为之制。《后汉书·贾彪传》：初仕州郡，举孝廉，补新息长。小民困贫，多不养子，彪严为其制，与杀人同罪。城南有盗劫害人者，北有妇人杀子者，彪出案发，而掾吏欲引南。彪怒曰："贼寇害人，此则常理，母子相残，逆天违道。"遂驱车北行，案验其罪。这是从伦理的角度去判案，汉代所谓礼法的作用即体现于此。

出任边远地区的官吏，则将推广内地农业生产经验、婚丧制度、伦理规范作为其首要工作。《后汉书·崔寔传》载：（崔寔）为五原太守，"五原俗不知织绩。民冬日无衣，积细草而卧其中，见吏则衣草而出。"崔寔令人做"纺绩、织纴"之具并教以技术，"民得以免寒苦。"五原地处西北，民俗淳朴，至东汉中期居住情况仍如此简陋，可见各地域差别之大。

贵阳郡内曲江等县为越人之故地，离郡远的人家达千余里，"民居深山，滨溪谷，习其风土，不出田租。"河内修武人卫飒为贵阳太守十年中，修道路，百姓"渐成聚邑，便输租赋，同之平民。"②

桂阳太守茨充在任期间，教当地百姓种植桑麻，劝令养蚕织布，"民得利益焉"，《后汉书·茨充传》注引《东观记》曰"建武中，桂阳太守茨充教人种桑蚕，人得其利，至今江南颇知桑蚕织履，皆充之化也。"将江南蚕桑之盛归于茨充之力，显然是夸大其辞，但中央派去的官吏强有力地将中原文化传播于边远地区，则是无可置疑的。

汉代地方官在边远各地政策的共同点，即是敦课农桑，扶植小农经济，教民礼仪，把中原先进的生产技术与生活方式、思想观念传播至这些地区。汉文化日益扩大它的影响，汉民族在此过程中逐渐壮大。

---

① 《汉书·魏相传》。
② 《后汉书·卫飒传》。

# 主要参考书目

林剑鸣等:《秦汉社会文明》,西北大学出版社,1985。

徐卫民、呼林贵:《秦建筑文化》,陕西人民教育出版社,1994。

何清谷:《三辅黄图校注》,三秦出版社,1995。

陈桥驿:《水经注校释》,杭州大学出版社,1999。

沈福熙:《中国古代建筑文化史》,上海古籍出版社,2001。

孙机:《汉代物质文化资料图说》,上海古籍出版社,2008。

刘叙杰主编:《中国古代建筑史》第一卷,中国建筑工业出版社,2003。

袁仲一:《秦始皇陵考古发现与研究》,陕西人民出版社,2002。

陈平:《居所的匠心——中国的居住文化》,济南出版社,2004。

王振复:《中华建筑的文化历程——东方独特的大地文化》,上海人民出版社,2006。

丁俊清:《中国居住文化》,上海人民出版社,1997。

顾森:《中国汉画图典》,浙江摄影出版社,1997。

贺西林:《古墓丹青——汉代墓室壁画的发现与研究》,陕西人民美术出版,2001。

信立祥:《汉代画像石综合研究》,文物出版社,2000。

蒋英炬、杨爱国:《汉代画像石与画像砖》,文物出版社,2001。

郑军:《汉代装饰艺术》,山东美术出版社,2006。

彭卫、李振红:《中国风俗通史》秦汉卷,上海文艺出版社,2001。

阎爱民:《汉晋家族研究》,上海人民出版社,2001。

# 后 记

秦汉人的居住文化这一选题，最早是应一家出版社之邀撰写的，后来由于种种因素，未能按时出版。这本书稿已经搁置多日，还是让它早日问世吧。

撰写过程中曾得到师友们的教益和启发，出版得到教育部高校社科文库和杭州师范大学出版专项经费以及杭州师范大学人文学院历史学科建设费的资助，对于曾经给予帮助的人，感念在心。

中国古代的居住环境与文化有许多题可作，希望这本书能起到引玉之效。

作者

2009 年 9 月